Aktuelle Forschung Medizintechnik

Editor-in-Chief:
Th. M. Buzug, Lübeck, Deutschland

Unter den Zukunftstechnologien mit hohem Innovationspotenzial ist die Medizintechnik in Wissenschaft und Wirtschaft hervorragend aufgestellt, erzielt überdurchschnittliche Wachstumsraten und gilt als krisensichere Branche. Wesentliche Trends der Medizintechnik sind die Computerisierung, Miniaturisierung und Molekularisierung. Die Computerisierung stellt beispielsweise die Grundlage für die medizinische Bildgebung, Bildverarbeitung und bildgeführte Chirurgie dar. Die Miniaturisierung spielt bei intelligenten Implantaten, der minimalinvasiven Chirurgie, aber auch bei der Entwicklung von neuen nanostrukturierten Materialien eine wichtige Rolle in der Medizin. Die Molekularisierung ist unter anderem in der regenerativen Medizin, aber auch im Rahmen der sogenannten molekularen Bildgebung ein entscheidender Aspekt. Disziplinen übergreifend sind daher Querschnittstechnologien wie die Nano- und Mikrosystemtechnik, optische Technologien und Softwaresysteme von großem Interesse.

Diese Schriftenreihe für herausragende Dissertationen und Habilitationsschriften aus dem Themengebiet Medizintechnik spannt den Bogen vom Klinikingenieurwesen und der Medizinischen Informatik bis hin zur Medizinischen Physik, Biomedizintechnik und Medizinischen Ingenieurwissenschaft.

Editor-in-Chief:
Prof. Dr. Thorsten M. Buzug
Institut für Medizintechnik,
Universität zu Lübeck

Editorial Board:
Prof. Dr. Olaf Dössel
Institut für Biomedizinische Technik,
Karlsruhe Institute for Technology

Prof. Dr. Heinz Handels
Institut für Medizinische Informatik,
Universität zu Lübeck

Prof. Dr.-Ing. Joachim Hornegger
Lehrstuhl für Bildverarbeitung,
Universität Erlangen-Nürnberg

Prof. Dr. Marc Kachelrieß
German Cancer Research Center,
Heidelberg

Prof. Dr. Edmund Koch,
Klinisches Sensoring und Monitoring,
TU Dresden

Prof. Dr.-Ing. Tim C. Lüth
Micro Technology
and Medical Device Technology,
TU München

Prof. Dr. Dietrich Paulus
Institut für Computervisualistik,
Universität Koblenz-Landau

Prof. Dr. Bernhard Preim
Institut für Simulation und Graphik,
Universität Magdeburg

Prof. Dr.-Ing. Georg Schmitz
Lehrstuhl für Medizintechnik,
Universität Bochum

Janine Olesch

Bildregistrierung für die navigierte Chirurgie

Spezialisierte Ansätze zur Anwendung in der navigierten Leberchirurgie

Janine Olesch
Fraunhofer MEVIS Projektgruppe Bildregistrierung
Lübeck, Deutschland

Dissertation Universität zu Lübeck, 2013

ISBN 978-3-658-05654-4 ISBN 978-3-658-05655-1 (eBook)
DOI 10.1007/978-3-658-05655-1

Die Deutsche Nationalbibliothek verzeichnet diese Publikation in der Deutschen Nationalbibliografie; detaillierte bibliografische Daten sind im Internet über http://dnb.d-nb.de abrufbar.

Springer Vieweg
© Springer Fachmedien Wiesbaden 2014
Das Werk einschließlich aller seiner Teile ist urheberrechtlich geschützt. Jede Verwertung, die nicht ausdrücklich vom Urheberrechtsgesetz zugelassen ist, bedarf der vorherigen Zustimmung des Verlags. Das gilt insbesondere für Vervielfältigungen, Bearbeitungen, Übersetzungen, Mikroverfilmungen und die Einspeicherung und Verarbeitung in elektronischen Systemen.

Die Wiedergabe von Gebrauchsnamen, Handelsnamen, Warenbezeichnungen usw. in diesem Werk berechtigt auch ohne besondere Kennzeichnung nicht zu der Annahme, dass solche Namen im Sinne der Warenzeichen- und Markenschutz-Gesetzgebung als frei zu betrachten wären und daher von jedermann benutzt werden dürften.

Gedruckt auf säurefreiem und chlorfrei gebleichtem Papier

Springer Vieweg ist eine Marke von Springer DE.Springer DE ist Teil der Fachverlagsgruppe Springer Science+Business Media.
www.springer-vieweg.de

Vorwort des Reihenherausgebers

Das Werk *Bildregistrierung für die navigierte Chirurgie. Spezialisierte Ansätze zur Anwendung in der navigierten Leberchirurgie* von Dr. Janine Olesch ist der 10. Band der Reihe exzellenter Dissertationen des Forschungsbereiches Medizintechnik im Springer Vieweg Verlag. Die Arbeit von Dr. Olesch wurde durch einen hochrangigen wissenschaftlichen Beirat dieser Reihe ausgewählt. Springer Vieweg verfolgt mit dieser Reihe das Ziel, für den Bereich Medizintechnik eine Plattform für junge Wissenschaftlerinnen und Wissenschaftler zur Verfügung zu stellen, auf der ihre Ergebnisse schnell eine breite Öffentlichkeit erreichen. Autorinnen und Autoren von Dissertationen mit exzellentem Ergebnis können sich bei Interesse an einer Veröffentlichung ihrer Arbeit in dieser Reihe direkt an den Herausgeber wenden:

Prof. Dr. Thorsten M. Buzug
Reihenherausgeber Medizintechnik

Institut für Medizintechnik
Universität zu Lübeck
Ratzeburger Allee 160
23562 Lübeck
Web: `www.imt.uni-luebeck.de`
Email: `buzug@imt.uni-luebeck.de`

Geleitwort

Die Registrierung medizinischer Bilder bildet eine Schlüsseltechnologie im Bereich der medizinischen Bildverarbeitung, in der anspruchsvolle Methoden und Techniken der Bildverarbeitung, Informatik und Mathematik in Kombination eingesetzt werden. Wesentliches Ziel der Bildregistrierung ist es, zwei Bilddatensätze so zu transformieren, dass korrespondierende Bildstrukturen aufeinander abgebildet werden. Bildregistrierungsverfahren können somit insbesondere in der Medizin eingesetzt werden, um verschiedene Bilder eines oder mehrerer Patienten gemeinsam darzustellen und im direkten Vergleich analysieren zu können.

In dem vorliegenden Buch werden Registrierungsverfahren im Kontext der computerassistierten Chirurgie mit Fokus auf die navigierte Leberchirurgie vorgestellt. Die entwickelten Registrierungsverfahren sollen den Chirurgen bei der Operation von Lebertumoren unterstützen, die zu den weltweit häufigsten Krebserkrankungen gehören. Kernaufgabe ist hierbei aus methodischer Sicht, eine nicht-lineare Registrierung der präoperativen Computertomographie- (CT) und der intraoperativen Ultraschallaufnahmen der Leber eines Patienten anhand der Blutgefäße vorzunehmen.

Das Anwendungsszenario der entwickelten Verfahren sieht wie folgt aus: Vor einer Intervention an der Leber wird eine 3D-Operationsplanung auf der Grundlage eines drei-dimensionalen CT-Bilddatensatzes durchgeführt. Hierzu werden die vor der Operation akquirierten CT-Bilder durch Bildverarbeitungsverfahren so aufbereitet, dass die Lebergefäßbäume, die zu entfernenden Tumore und die geplanten Resektionen drei-dimensional dargestellt werden können. Sobald die Operation startet und der Situs geöffnet wird, stimmen die CT-basierten 3D-Planungen jedoch nicht mehr mit der Realität im Operationssaal überein. Mithilfe von intraoperativ gewonnenen Ultraschallbildern kann die veränderte Situation erfasst werden. Um die wichtigen CT-basierten Planungsdaten während der Operation verwenden zu können, wird die entwickelte Anpassung der präoperativen CT-Bilddaten und des zugehörigen Operationsplans an die die intraoperativ gewonnenen Ultraschallbilddaten eingesetzt. Hierdurch soll ermöglicht werden, in Zukunft auch solche Tumore operieren zu können, welche bislang als inoperabel gelten.

Die medizinische Problemstellung birgt große methodische Herausforderungen: Zum einen ist die vorliegende Problemstellung multi-modal, das heißt, dass Bilddaten unterschiedlicher Bildgebungsgeräte, die sich durch stark unterschiedliche Darstellungen der Leberstrukturen auszeichnen, miteinander registriert werden müssen. Zum anderen müssen die verwendeten Verfahren nicht nur robust, sondern auch schnell sein, damit sie während der Operation in der Praxis Anwendung finden können. Frau Olesch stellt in ihrem Buch Bildregistrierungsverfahren vor, mit deren Hilfe im intra-operativen Kontext eine Anpassung und Nachführung der CT-Planungsdaten an die intraoperative Situation möglich wird. Hier werden interessante Methoden zur Einbeziehung korrespondierender Landmarken in den präoperativ erstellten CT-Bilddaten und den intraoperativ generierten Ultraschallbilddaten in den Registrierungsprozess vorgestellt. Zur Kompensation der starken Grauwertunterschiede in den Ultraschall- und CT-Bildern wird hierbei vorab eine Segmentierung der Gefäße vorgenommen und die Registrierung anhand der segmentierten Gefäßbäume durchgeführt. In diesen Gefäßbäumen bilden insbesondere die Verzweigungen anatomisch ausgezeichnete Punkte in beiden Bilddatensätzen, die als Landmarken bezeichnet werden.

Systematisch beschreibt Frau Olesch verschiedene Registrierungsansätze zur Integration von Zusatzinformation über korrespondierende Landmarkenpaare. Nach der Darstellung rein landmarkenbasierter Verfahren stellt sie die entwickelten hybriden Registrierungsverfahren vor, bei denen intensitätsbasierte Registrierungsverfahren um Landmarkenbedingungen erweitert werden. Als interessante und wichtige Weiterentwicklung der hybriden Ansätze präsentiert Frau Olesch die hybride Registrierung mit ungenauen Landmarkenpositionen. Diese Methode ist für die adressierte intraoperative Anwendung von Bedeutung, da hier in den Ultraschallbildern von den Chirurgen interaktiv gesetzte Landmar-

Geleitwort

ken häufig Ungenauigkeiten aufweisen. Hier ermöglicht der vorgestellte Ansatz die explizite Berücksichtigung anisotroper Ungenauigkeiten der Landmarkenpositionen bei der Bildregistrierung. Hierbei wurden über 3D-Ultraschallbilddaten hinaus auch getrackte 2D-Ultraschallsequenzen mit den CT-Bilddaten registriert, die in der navigierten Leberchirurgie häufig eingesetzt werden. Bei der Volume-to-Slice-Registrierung wird eine interessante Methode zur Reduktion der 2D-Ultraschallschichten auf ausgewählte, bedeutsame Schichten vorgestellt, wodurch eine starke Beschleunigung der Registrierungsverfahren möglich wurde, ohne die Registrierungsgenauigkeit zu verringern. Hervorzuheben sind des Weiteren die entwickelten Fokussierungsstrategien, durch die die Registrierung mit hoher Genauigkeit auf einen chirurgisch wichtigen Bereich fokussiert und so eine weitere Beschleunigung erzielt wird. Dies ist insbesondere vor dem Hintergrund, dass die Registrierungsalgorithmen für die intraoperative Anwendung entwickelt wurden, von Bedeutung. Die in dem Buch vorgestellten Registrierungsverfahren und ihre mathematischen Grundlagen werden ausführlich und anschaulich erläutert. Das vorliegende Buch ist daher nicht nur für Wissenschaftler mit Interesse an aktuellen Methoden der Medizinischen Bildregistrierung in der computerassistierten Chirurgie sehr zu empfehlen, sondern durchaus auch für Leser interessant, die einen ersten fundierten Einblick in die mathematischen Methoden und Verfahren im Gebiet der Medizinischen Bildregistrierung gewinnen wollen. Betreut wurde Frau Olesch in ihrer Promotionszeit von Prof. Dr. rer. nat. Bernd Fischer, der zu unserem großen Bedauern nach kurzer, schwerer Krankheit im Juli 2013 verstarb.

Prof. Dr. Heinz Handels
Institut für Medizinische Informatik
Universität zu Lübeck

Inhaltsverzeichnis

1	**Einleitung**	**1**
2	**Problemstellung Navigierte Leberchirurgie**	**5**
	2.1 Motivation	5
	2.2 Funktionelle Anatomie der Leber	7
	2.3 Leberresektionen	9
	2.4 Navigierte Chirurgie	11
3	**Medizintechnische Grundlagen**	**19**
	3.1 Computertomografie	20
	3.1.1 Funktionsweise	20
	3.1.2 CT der Leber	24
	3.2 Sonografie	26
	3.2.1 Funktionsweise	26
	3.2.2 Schallköpfe	28
	3.2.3 Typische Artefakte	29
	3.2.4 Dopplersonografie	30
	3.2.5 3D-Ultraschall-Techniken	31
	3.3 Trackingsysteme	34
	3.3.1 Grundlagen	34
	3.3.2 Trackingtechnologien	35
4	**Grundlagen der numerischen Optimierung**	**39**
	4.1 Allgemeine Grundlagen	40
	4.2 Unrestringierte Optimierung	41
	4.2.1 Optimalitätskriterien	42
	4.2.2 Algorithmen zur Bestimmung lokaler Optimierer	43
	4.3 Restringierte Optimierung	54
	4.3.1 Algorithmen zur Optimierung mit Nebenbedingungen - Quadratische Penaltyfunktion	57

		4.3.2	Optimalitätskriterien für restringierte Minima . . .	59

4.3.2 Optimalitätskriterien für restringierte Minima . . . 59
4.3.3 Algorithmen zur Optimierung mit Nebenbedingungen - Augmented Lagrangefunktion 61

5 Grundlagen der Bildregistrierung 73
5.1 Gitter und Interpolation 75
    5.1.1 Gitter 76
    5.1.2 Interpolation 81
5.2 Distanzmaße 88
    5.2.1 Diskretisierung der Distanzmaße 92
5.3 Parametrische Registrierung 97
    5.3.1 Affin-lineare Transformationen 97
5.4 Nicht-parametrische Registrierung 107
    5.4.1 Regularisierer 110
    5.4.2 Messung der Registrierungsgüte 118
    5.4.3 Wahl des Regularisierungsparameters α 122
    5.4.4 Anzahl der Deformationspunkte 131
    5.4.5 Nicht-parametrische Multilevel Registrierung . . . 136

6 Spezialisierte Registrierungsansätze 143
6.1 Landmarken 144
    6.1.1 Registrierung mit exakten Landmarken 149
    6.1.2 Landmarken mit Unsicherheiten 170
    6.1.3 Auswirkungen fehlerhafter Landmarken 182
6.2 Mechanismen zur Beschleunigung und Steigerung der Robustheit 188
    6.2.1 Multiskalenansatz 190
    6.2.2 Fokussierung 195
6.3 2D-3D-Registrierung 199
    6.3.1 Volume-to-Slice Registrierung 201

7 Anwendungen in der navigierten Leberchirurgie 211
7.1 3D CT - 3D Ultraschall Registrierung 212
    7.1.1 Datenlage 212

	7.1.2	Landmarkenbasierte Registrierung für die navigierte Leberchirurgie 215

7.2	3D CT - 2D Ultraschall Registrierung 233
	7.2.1 Datenlage 233
	7.2.2 Fokussierte Volume-To-Slice-Registrierung 235
	7.2.3 Bewertung der erzielten Ergebnisse 238

8 Fazit   **249**

Literaturverzeichnis   **253**

Danke   **265**

Kapitel 1
Einleitung

Die vorliegende Arbeit beschreibt spezialisierte Registrierungsansätze zur Verwendung in der navigierten Leberchirurgie.
Primäre und sekundäre Lebertumore gehören zu den weltweit häufigsten Krebserkrankungen. Die einzige anerkannte kurative Therapieform ist die chirurgische Resektion. [Gassmann & Lang, 2012, Kleemann, 2009].
Je nach Lage und Größe des Tumors in der Leber wird eine Operationsplanung zur Resektion durchgeführt. Die vor der Operation akquirierten, computertomografischen Bilddaten werden digital aufbereitet, um Lebergefäßbäume und die zu entfernenden Tumore zu visualisieren. Teil dieser Operationsplanung können auch eine Risiko-Abschätzung zum Beispiel in Bezug auf das verbleibende Restvolumen sowie Vorschläge für Schnittebenen des Chirurgen sein.
Problematisch ist jedoch: Sobald die Operation startet und der Situs geöffnet wird, stimmen die aufbereiteten Planungsdaten nicht mehr mit der Realität überein.
Um die Planungsdaten dennoch verwenden zu können, muss eine Anpassung an die intra-operative Situation erfolgen.
In vielen Fällen gelingt diese Anpassung rein durch die Vorstellungskraft des Chirurgen mit Hilfe der Ultraschallbildgebung oder durch haptisches Feedback tastbarer Tumore. Bei schwieriger zu operierenden Tumoren, zum Beispiel nah an wichtigen hepatischen Gefäßen oder auch bei Minimal-Invasiven Eingriffen, gibt es den Wunsch nach einer visuellen Unterstützung. [Kleemann, 2009].
Das Ziel ist es, dadurch auch solche Tumore operabel zu machen, welche mit den bisherigen Techniken inoperabel waren.

Genau hier setzt die vorliegende Dissertation an: Wir werden Verfahren vorstellen, mit deren Hilfe im intra-operativen Kontext eine Nachführung der Planungsdaten an die intra-operative Situation gelingt.

Es wurden bereits eine Reihe von Verfahren beschrieben, welche eine Nachführung von intra-operativem Ultraschall und prä-operativen CT-Planungsdaten unterstützen. Ansätze zur affinen oder rigiden Anpassung der Planungsdaten finden bereits Verwendung. Es hat jedoch unseres Wissens bisher noch kein Verfahren die Klinik erreicht, welches eine korrekte nicht-lineare Anpassung der Planungsdaten an die intra-operative Situation erlaubt.

Diese Arbeit beschreibt eine Reihe von spezialisierten Verfahren, welche Lösungen für die herrschenden Probleme der Genauigkeit, Robustheit und Geschwindigkeit von nicht-linearen Verfahren im intra-operativen Einsatz anbieten.

Der eigene wissenschaftliche Beitrag im Rahmen der vorliegenden Arbeit wird im Abschnitt der spezialisierten Verfahren beschrieben. Hier werden einige auf die Problemstellung zugeschnittene Techniken vorgestellt, welche die Lösung der intra-operativen Navigation ermöglichen.

Ein wesentlicher eigener Beitrag wird in der Entwicklung von exakten, beziehungsweise inexakten Punkt zu Punkt-Beziehungen geleistet. Durch Letztere wird der Einsatz von landmarkenbasierten Verfahren im intra-operativen Kontext erst ermöglicht. Das bedeutet, dass korrespondierend zu Landmarken, die beispielsweise schon in der Planungsphase im CT-Datensatz markiert wurden, intra-operativ keine exakten Korrespondenzen markiert werden müssen. Dies wäre ohnehin aufgrund der Auflösung von Ultraschallsystemen gar nicht möglich. Stattdessen muss der korrespondierende Punkt nur noch einem Bereich um die eigentliche Landmarke markiert werden.

Auch zur Lösung eines weiteren, häufig im Kontext von navigierter Chirurgie vorliegenden Registrierungsproblems wird ein Verfahren vorgestellt. Das Szenario hier ist das folgende: Serien intra-operativ akquirierter und getrackter 2D-Ultraschallbilder sollen zur Nachführung von 3D-CT-Volumen genutzt werden. Im Rahmen dieser Arbeit haben wir

Kapitel 1. Einleitung

durch Kombination verschiedener Strategien ein Verfahren entwickelt, das es ermöglicht diese Daten mit Hilfe spezialisierter Ansätze ohne eine vorherige Rekonstruktion sehr schnell registrieren zu können.

Die vorliegende Arbeit gliedert sich wie folgt: Wir beginnen zunächst mit einem Überblick über die klinische Problemstellung. Daran anschließend betrachten wir die verwendeten Technologien im Bereich der Bildgebung und des Trackings. Nachfolgend führen wir die für die Problemstellung benötigten Grundlagen der numerischen Optimierung sowie die verwendeten Konzepte der Bildregistrierung ein, die wir für die spezialisierten Verfahren benötigen.

Im Anschluss daran beschreiben wir die bereits erwähnten spezialisierten Ansätze und führen in einem letzten Abschnitt retrospektiv Versuche auf klinischen Daten durch.

Kapitel 2
Problemstellung Navigierte Leberchirurgie

Inhalt

2.1	Motivation	5
2.2	Funktionelle Anatomie der Leber	7
2.3	Leberresektionen	9
2.4	Navigierte Chirurgie	11

2.1 Motivation

Ein Anwendungsgebiet der im Rahmen dieser Arbeit entwickelten Verfahren ist der Bereich der navigierten Leberchirurgie. Dazu wollen wir an dieser Stelle einen kurzen Blick auf die medizinische Problemstellung werfen sowie unterschiedliche, chirurgische Eingriffe zur Leberresektion vorstellen. In einem letzten Absatz beleuchten wir die Anforderungen an Navigationssysteme im Bereich der navigierten Leberchirurgie und stellen exemplarisch drei unterschiedliche Systeme vor.

Eine Leberresektion, also das operative Entfernen eines Teils der Leber, kann aufgrund verschiedener Erkrankungen der Leber erforderlich werden. Die Fälle, die im Anwendungsteil dieser Arbeit betrachtet werden, sind Tumor-Erkrankungen der Leber.

Kapitel 2. Problemstellung Navigierte Leberchirurgie

Primäre und sekundäre Lebertumore stellen mit jährlich mehr als 5 Millionen neu auftretenden Fällen weltweit eine Erkrankung mit hoher klinischer Relevanz dar. Im Gegensatz zu den sekundären Tumoren (Lebermetastasen anderer Tumoren) sind primäre Lebertumoren in Europa seltener, in den südostasiatischen jedoch Ländern sehr häufig [Bettag et al., 2010].

Da die Leber im Organismus als Filter für Zellen aus dem Blutkreislauf dient, kann jede Art von Krebs zu Leberkrebs führen. In der Leber können diese Zellen wachsen und zu Tumoren werden. Schätzungen zufolge entstehen bei 70% aller Menschen mit unbehandeltem Krebs früher oder später sekundäre Lebertumore oder Metastasen. Metastasen sind Tumore, die durch primäre Krebszellen aus anderen Tumoren entstehen. Bei Vorliegen nonkolorektaler Lebermetastasen, also Metastasen, die nicht aus dem Darmkrebs stammen, ist noch unklar ob die Resektion hier auch die beste Therapieform ist.

Das kolorektale Karzinom, also Darmkrebs, ist die zweithäufigste maligne Todesursache in den westlichen Ländern [Hamady et al., 2004]. Bei Vorhandensein dieser Karzinome ist in $40 - 60\%$ der Fälle mit Fernmetastasen zu rechnen. In 80% der Fälle handelt es sich dabei um Lebermetastasen [Grünberger et al., 2008].

Die chirurgische Resektion von kolorektalen Karzinomen der Leber ist bis heute die einzige anerkannte kurative Therapieform [Bechstein, 2007, Fong et al., 1999]. Circa $30-50\%$ der behandelten Patienten bilden allerdings nach Resektion kolorektaler Karzinome erneut Metastasen in der Leber. In diesem Fall müsste dann eine Re-Resektion erfolgen. Als mögliche Ursachen werden fehlerhafte Resektionsgrenzen oder nicht erkannte Metastasen in der Restleber genannt [Grünberger et al., 2008]. Bei Vorliegen nonkolorektaler Lebermetastasen, also Metastasen, die nicht aus dem Darmkrebs stammen, ist noch unklar, ob die Resektion hier auch die beste Therapieform ist. Aufgrund der Inhomogenität der Patienten und der unterschiedlichen Tumoren ist eine allgemeingültige Aussage hier nur schwer möglich [Klempnauer & Lehner, 2008]. Seit einigen Jahren ist zusätzlich die interventionelle Tumorablation als Therapieoption zur Behandlung von Lebermetastasen hinzugekommen. Auch dieser wird ein kuratives Potential zugesprochen [Golling et al., 2006]. Die bei anderen Krebsarten erfolgsversprechenden Chemo- oder Bestrahlungstherapien sind bei Leberkrebs typischerweise nicht kurativ [Schenk et al., 2011].

Im Rahmen dieser Dissertation wurden sowohl Verfahren für die konventionelle, offene Leberchirurgie als auch für die Laparoskopische, minimalinvasive Leberchirurgie entwickelt. Für beide Resektionstechniken, also die konventionelle und die laparoskopische Resektion hängt der Therapieerfolg wesentlich von

- der Sicherung eines tumorfreien Resektionsrandes (R_0-Resektion),

- der Maximierung des funktionellen Restvolumens des verbleibenden Leberparenchyms

ab. Weiteres zentrales Ziel, welches zum Therapieerfolg beiträgt, ist die Minimierung des Patiententraumas.

Zur Sicherstellung dieser Kriterien ist eine genaue Kenntnis des funktionellen, anatomischen Aufbaus der Leber erforderlich [Bismuth, 1982, Blumgart & Belghiti, 2000, Vauthey et al., 2000].

2.2 Funktionelle Anatomie der Leber

Die *klassische* beschreibende Anatomie der Leber stützt sich auf die äußerlich sichtbaren Merkmale der Leber. Für die Planung einer Leberresektion ist jedoch die funktionelle Anatomie von Interesse. Basierend auf der funktionellen Gefäß-Anatomie der Leber lässt sich diese nach Couinaud [Couinaud, 1957] in acht Segmente unterteilen. Diese Segmente sind funktionell voneinander unabhängig und jedes dieser Segmente lässt sich behandeln, oder auch entfernen, ohne die anderen Segmente zu beeinträchtigen. Durch die Verzweigungen der Portalgefäße und die dazwischenliegenden Lebervenen, Arterien und Gallengänge wird die Leber in ihre Segmente unterteilt. Abbildung 2.1 zeigt eine Darstellung der Portalgefäße (grau), Lebervenen (gelb) und Arterien (rot). Jedes Segment besitzt jeweils einen eigenständigen portalvenösen Zufluss [Lang & Schenk, 2011]. Mittlerweile hat sich die Sicht über die von Couinaud vorgeschlagene Einteilung in die Segmente geändert. Man geht nicht mehr von acht, sondern von deutlich mehr Segmenten aus [Fasel, 2008, Fasel et al., 2010].

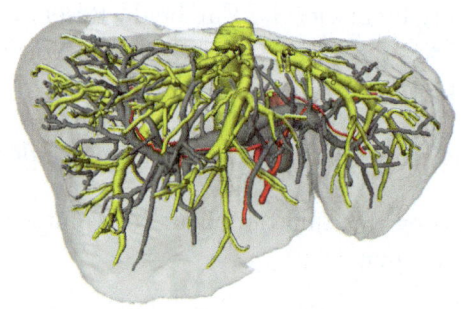

Abbildung 2.1: Visualisierung der Portalgefäße (grau), Lebervenen (gelb) und Arterien (rot) einer durch MeVis Medical Solutions segmentierten Patientenleber.

Das Modell von Couinaud nimmt an, dass die Aufteilung der intrahepatischen, also der Gefäße im Inneren der Leber, einer Regel folgt. Tatsächlich weiß man aber heute aus anatomischen und radiologischen Untersuchungen, dass diese Regelmäßigkeit nur eine idealisierte schematische Einteilung darstellt. Hinsichtlich Größe als auch Anzahl der Segmente existieren zahlreiche Variationen. Die auf der Leberoberfläche vorhandenen Orientierungspunkte, wie zum Beispiel die Portalfissuren, haben für den Resektionseingriff untergeordnete Bedeutung, da die darunterliegenden Gefäßsysteme die Lebersegmente bestimmen. Aus diesem Grund ist zur Durchführung einer Leberresektion eine patientenindividuelle Resektionsplanung basierend auf den vorhandenen Gefäßsystemen erforderlich. Im Rahmen des FUSION-Projektes wurde diese patientenindividuelle

Resektionsplanung von der Firma MeVis Medical Solutions (MMS) erstellt. Abbildung 2.2 zeigt beispielhaft die bestimmten Lebersegmente, in Abhängigkeit der beiden venösen und des arteriellen Gefäßsystems, im Rahmen der Planung. Insgesamt beinhaltet die Planung nicht nur die Einteilung der Leber in ihre Segmente, sondern auch Vorschläge zur Resektion und basierend darauf durchgeführte Risikoanalysen [Schenk et al., 2011]. Für eine nicht vorgeschädigte Leber gilt als Richtwert, dass etwa 25 − 30% des funktionellen Restvolumens erhalten bleiben muss [Lang & Schenk, 2011], beziehungsweise 1% der Körpermasse [Castaing et al., 2007].

2.3 Leberresektionen

Zur Resektion von Tumoren der Leber werden unterschiedliche Verfahren genutzt. Die drei häufigsten Verfahren werden nachfolgend kurz beschrieben.

Offene Leberchirurgie Bei der klassischen, offenen Leberchirurgie erfolgt die Öffnung der Bauchdecke durch einen großen Schnitt. Auf diese Weise können große Werkzeuge zur Resektion verwendet und auf mögliche Komplikationen, wie zum Beispiel Blutungen schnell und adäquat reagiert werden. Auch kann der Chirurg während der Intervention die Lage der Tumore mit seinen Händen ertasten [Castaing et al., 2007].

Laparoskopische Leberchirurgie Für die laparoskopische Chirurgie sind nicht alle Tumore der Leber gleichermaßen geeignet. Vor allem kleine Tumore in den linkslateralen Segmenten und den anterioren Segmenten des rechten Leberlappens sind für den minimalinvasiven Zugang prinzipiell geeignet [Kleemann, 2009]. Die Vorteile des minimal invasiven Eingriffs sind die folgenden: Das Patiententrauma ist im Vergleich zum offenen Eingriff reduziert und der Krankenhausaufenthalt verkürzt [Kleemann, 2009]. Zur laparoskopischen Leberchirurgie nutzt man drei bis vier kleine Zugänge.

10 Kapitel 2. Problemstellung Navigierte Leberchirurgie

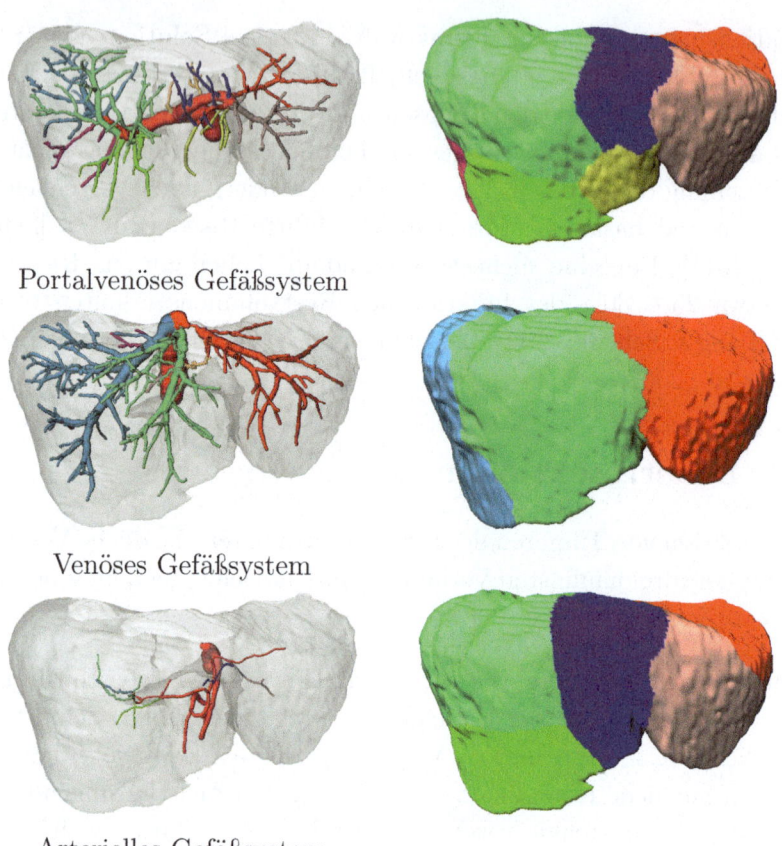

Portalvenöses Gefäßsystem

Venöses Gefäßsystem

Arterielles Gefäßsystem

Abbildung 2.2: Beispielhafte Planungsdaten der Firma MeVis Medical Solutions, Bremen. Zu sehen sind die Segmentierungen der einzelnen Gefäßsysteme und die farbliche Codierung der abgeleiteten Segmente.

Neben den Operationsinstrumenten werden diese auch für das Einführen von Licht und Kameras verwendet. Um in der Bauchhöhle arbeiten zu können, wird diese mittels CO_2-Gas aufgeblasen.

Ablation Bei der Radiofrequenz-Ablation (RFA) wird unter Kontrolle von Ultraschall und/oder Computertomografie eine Nadel in die

2.4. Navigierte Chirurgie 11

Leber des Patienten eingeführt, über deren Spitze elektromagnetische Wellen in das Gewebe abgegeben werden. Dadurch wird das betroffene Gewebe zerstört. Alternative zur RFA ist die Laserinduzierte Thermoablation (LITT). Hier bringen Lichtwellenleiter in Verbindung mit speziellen Applikatoren hohe Energiemengen in eine Zielregion ein [Lehmann & Weihusen, 2011]. Ablationsverfahren gewannen in den letzten ca. 15 Jahren an Bedeutung. Im Gegensatz zur Resektion ist allerdings nach erfolgter Ablation keine histologische Untersuchung möglich und damit auch nicht die Sicherstellung der vollständigen Tumorzerstörung. Bisher gibt es noch keine Studie, die nachweist, dass die beschriebene Ablation als potenziell kuratives Verfahren bei kolorektalen Metastasen geeignet ist, jedoch deuten einzelne Beobachtungsstudien darauf hin [Lehmann & Weihusen, 2011].

In dieser Arbeit werden Verfahren mit Fokus auf die Resektionsverfahren vorgestellt. Prinzipiell sind die Methoden aber auch zur Unterstützung der navigierten RFA geeignet.

2.4 Navigierte Chirurgie

Das Ziel der navigierten Leberchirurgie ist es, dem Chirurgen während der Intervention einen genauen Überblick über den intra-operativen Situs zu ermöglichen. Da die Leber, wie eingangs schon festgestellt, über nur wenig äußere Landmarken mit Aussagekraft über das Gefäßsystem in der Leber verfügt, soll dem Chirurgen während der Operation die Operationsplanung als Hilfestellung dienen. Die alleinige Visualisierung der Planungsdaten, wie sie prä-operativ erzeugt wurden reicht hier allerdings nicht, da sich die Leber nach Öffnung des Situs und vor allem nach ihrer Mobilisation stark deformiert. Idee der auch im Rahmen dieser Arbeit entwickelten Verfahren ist es, die Planungsdaten der Leber an die aktuelle, intra-operative Situation anzupassen, um dem Chirurgen eine Hilfestellung zu geben. Intra-operativ ist es bis heute in der Leberchirurgie Standard, die Gefäßsysteme und die vorhandenen Tumore

in der Leber mittels Ultraschall darzustellen. Bei den nicht-navigierten Eingriffen, vor allem im Abdomen, erfolgt eine Navigation ausschließlich über die Ultraschallbildgebung. Diese ist jedoch gerade dort häufig nicht ausreichend. Im Abdomen liegen weiche, verformbare Strukturen vor, die eine präzise intra-operative Lokalisation eines Tumors nicht immer erlaubt [Preim & Rode, 2011].
Hier setzen die computerassistierten, navigierten Verfahren an.

2.4.0.1 Navigationssysteme

Das Ziel computergestützter Navigationssysteme ist es, dem Chirurgen intra-operative Hilfestellung bei der Durchführung bestimmter Interventionen zu geben. In den von uns betrachteten Systemen wird dies über die zur Verfügungstellung angepasster prä-operativer Planungsdaten realisiert. Diese Planungsdaten sollen mit den in dieser Arbeit entwickelten Verfahren im Bereich der navigierten Leberchirurgie nicht nur visualisiert, sondern auch an den aktuellen Status der Operation angepasst (nachgeführt) werden. Beller et al. formulieren in [Beller et al., 2011] die Anforderungen an ein ideales System wie folgt:

> **Ein ideales Navigationssystem** unterstützt die Arbeit des Operateurs durch zusätzliche Informationen, ohne den konventionellen Ablauf der Intervention zu behindern.

Im Bereich der Neurochirurgie und auch der orthopädischen Chirurgie sind Navigationssysteme in der chirurgischen Anwendung längst etabliert [Vetter et al., 2001]. Das erste Navigationssystem zur neurochirurgischen Navigation gab es bereits 1980 [Jaques et al., 1980].
Die Anforderungen zur Navigation in der Leberchirurgie wurden von Vetter et al. in [Vetter et al., 2001] untersucht. In Zusammenarbeit mit Leberchirurgen aus Heidelberg, München und Mainz wurden sie erarbeitet. Ein Ergebnis war, dass die Erwartungen an ein Navigationssystem bei offener oder laparoskopischer Operationstechnik sehr unterschiedlich

2.4. Navigierte Chirurgie

sind: Während die Navigationssysteme in der offenen Leberchirurgie vor allem für tief liegende Tumore gewünscht werden - da oberflächennahe Tumore auch ertastet werden können, ist die Anforderung für die laparoskopischen Eingriffe den fehlenden Tastsinn während der Intervention durch das Navigationssystem auszugleichen. Die Hoffnung ist, dass es durch die Navigation ermöglicht wird, mehr Tumore als bisher für den Patienten schonend auch laparoskopisch zu entfernen.

Die Gründe für den Einsatz von Trackingsystemen in der Viszeralchirurgie (Bauchchirurgie) insgesamt sind vielseitig. Kleemann et al. formulierten in [Kleemann et al., 2005] die folgenden Ziele:

- Steigerung der Zielgenauigkeit,
- kleinerer Zugangsweg,
- Übertragung prä-operativer Planungsdaten,
- Semi-Automation von Operationsschritten,
- Kameraführung,
- zielgenaue Kombination endoskopisch-laparoskopischer Eingriffe,
- Simulation und
- Ausbildung.

Wir möchten uns in dieser Arbeit auf den Aspekt der Übertragung der prä-operativen Planungsdaten beschränken. Mittels getrackter Ultraschallsonden werden 2D oder 3D-Ultraschalldaten akquiriert (mehr zu Ultraschall siehe Abschnitt 3.2). Die Anpassung der Planungsdaten erfolgt über einen oder mehrere Bildregistrierungsschritte (mehr dazu im Abschnitt 5).

Durch die Verwendung der Ultraschallbildgebung zur Navigation ist es möglich, dass weitere Metastasen während der OP gefunden werden. In diesem Fall ist es möglich, diese neuen Metastasen in eine erneute Operationsplanung einfließen zu lassen, um dem Chirurgen einen aktualisierten Vorschlag zur Resektion zu unterbreiten. Gleichzeitig kann nochmals

das Volumen der verbleibenden funktionellen Leber bestimmt werden, um das Risiko neu abzuschätzen. In circa 10 − 25% der Interventionen kann davon ausgegangen werden weitere bisher unbekannte Läsionen zu finden [Kleemann, 2009].
In diesem Abschnitt möchten wir die verfügbaren Navigationssysteme lediglich kurz beschreiben, um generelle Möglichkeiten aufzuzeigen. Für diese Arbeit standen Daten von insgesamt drei verschiedenen Systemen zur Verfügung. Die Daten wurden sowohl in offenen als auch in laparoskopischen Interventionen akquiriert.
Zusätzlich zu den getrackten Ultraschallsonden stehen intra-operativ auch getrackte Zeigeinstrumente, bzw. getrackte Schneidewerkzeuge zur Verfügung, die dem Chirurgen zusätzlich eine Orientierung im Inneren der Leber in Bezug auf die Planungsdaten ermöglichen. Daten dieser Instrumente fließen nicht in die Algorithmen ein, die im Rahmen dieser Arbeit entstanden sind.
Die Darstellung der gewonnen Informationen kann auf unterschiedliche Weise erfolgen. Bei laparoskopischen Eingriffen ist es denkbar die Planungsdaten im Sinne einer Augmented Reality direkt über dem Kamerabild dazustellen [Preim & Bartz, 2007, Schlichting, 2008]. Alternativ können auch hier, die Planungsdaten mit den intra-operativen Daten in einem eigenen Bildschirmfenster überlagert werden.
Eine Übersicht verschiedener chirurgischer Navigationssysteme findet sich in [Beširević et al., 2007] und in [Cleary & Peters, 2010]. Die im Rahmen dieser Arbeit verwendeten Navigationssysteme sind die folgenden:

LapAssistent: Für laparoskopische Interventionen im Rahmen des FUSION-Projekts durch das Institut für Robotik, der Universität zu Lübeck sowie die Klinik für Chirurgie am Universitätsklinikum Schleswig-Holstein, Campus Lübeck entwickelt. Eine Übersicht über die Funktionalität bieten [Martens et al., 2010] sowie [Schlichting, 2008]. Das System verwendet elektromagnetisches Tracking zur Positionsbestimmung einer getrackten 2D-Ultraschallsonde. Die Abbildungen (a) und (b) aus Abbildung 2.3 zeigen ein Foto des

2.4. Navigierte Chirurgie

gesamten Systems sowie einen Screenshot der Benutzeroberfläche. Diese enthält neben dem Bild der laparoskopischen Kamera ein Fenster zur Visualisierung der Ultraschalldaten und ein Fenster zur gemeinsamen Visualisierung der Planungsdaten mit den Ultraschalldaten. Das System kann ebenfalls verwendet werden für die Durchführung einer Radio-Frequenz-Ablation.

CAS-One: Ein kommerziell erhältliches Navigationssystem der Firma CAScination, welche eine Ausgründung der Universität Bern ist. Das System, welches mit einem optischen Trackingsystem ausgestattet ist, bietet Unterstützung für die offene Leberchirurgie oder auch die Radio-Frequenz-Ablation. Wie auch beim LapAssistent wird hier die intra-operative Bildgebung über 2D Ultraschall realisiert. Detailliert beschrieben wird das System auf der Webseite http://www.cascination.ch/home.html oder auch [Peterhans et al., 2011].

Forschungssystem der Charité Berlin: Das System, welches an der Charité in Berlin entwickelt wurde, ist für den Einsatz im Bereich der offenen Leberchirurgie konzipiert und derzeit noch nicht kommerziell erhältlich [Beller et al., 2007]. Es kombiniert das optische Trackingsystem Polaris von NDI mit dem 3D-Ultraschall-System *Voluson 730* von GE Healthcare. Anders als in den zwei zuvor beschriebenen Systemen erfolgt die Navigation hier in den aufbereiteten 3D-Ultraschall-Daten. Die CT-Planungsdaten werden parallel für eine bessere Orientierung dargestellt. Analog zu den anderen Systemen zeigt die Abbildung 2.3 in den Abbildungen (c) und (d) das System und zusätzlich einen Eindruck der Benutzeroberfläche.

Sowohl der LapAssistent als auch das Navigationssystem CAS-One bieten ein Daten-Interface zu den Planungsdaten, welche von MeVis Medical Distant Services aus den Planungs-CT-Aufnahmen erstellt werden.
Die Planungsdaten enthalten die Segmentierung der Leber und ihrer Gefäßsysteme sowie eventueller Tumore, eine Risiko-Analyse für Resektionen unter Berücksichtigung von Sicherheitsabständen, die Erstellung

virtueller Resektionsvorschläge basierend auf der patientenspezifischen Anatomie und umfassende Berichte einschließlich einer interaktiven 3D Visualisierung der Ergebnisse.

Zu den Verfahren der Bildregistrierung und den im Speziellen für diese Problemstellungen entwickelten Registrierungsverfahren werden wir in den Abschnitten 5 und 6 kommen. Grundlagen zu den genannten Bildgebungsmodalitäten und Trackingtechnologien betrachten wir im Abschnitt 3 über die medizintechnischen Grundlagen.

2.4. Navigierte Chirurgie

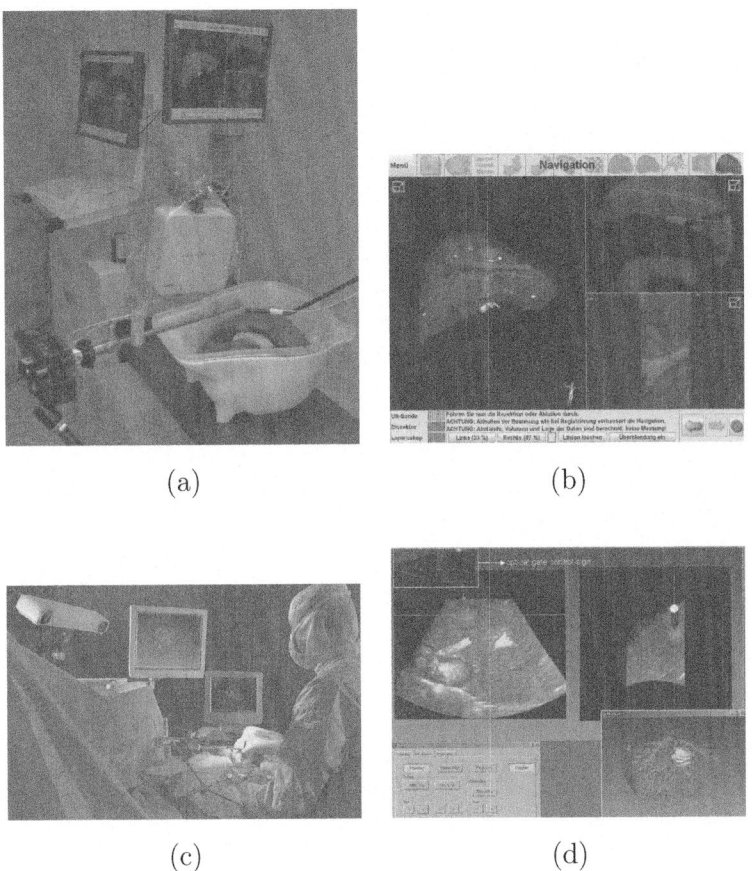

(a) (b)

(c) (d)

Abbildung 2.3: Fotos und Screenshots von zwei der verwendeten Navigationssysteme. In den Abbildungen (a) und (b) ist der LapAssistent sowie ein Screenshot der Navigationsoberfläche zu sehen. [a] Die Abbildungen (c) und (d) zeigen das Navigationssystem, welches in Berlin im Einsatz ist. [b]

---

[a] Abdruck der Bilder mit freundlicher Genehmigung von Armin Besirevic und Volker Martens, Institut für Robotik, Universität zu Lübeck.

[b] Der Abdruck der Bilder von Thomas Oberländer erfolgen mit freundlicher Genehmigung von Thomas Lange und Prof. Peter M. Schlag, Charité Comprehensive Cancer Center, Charité - Universitätsmedizin Berlin.

KAPITEL 3

Medizintechnische Grundlagen

Inhalt

3.1	**Computertomografie**	**20**
	3.1.1 Funktionsweise	20
	3.1.2 CT der Leber	24
3.2	**Sonografie**	**26**
	3.2.1 Funktionsweise	26
	3.2.2 Schallköpfe	28
	3.2.3 Typische Artefakte	29
	3.2.4 Dopplersonografie	30
	3.2.5 3D-Ultraschall-Techniken	31
3.3	**Trackingsysteme**	**34**
	3.3.1 Grundlagen	34
	3.3.2 Trackingtechnologien	35

Um die Thematik der navigierten Chirurgie zu bearbeiten, benötigen wir einige Grundlagen zu den technischen Hilfsmitteln, die die intra-operative Navigation ermöglichen. Zum einen sind dies Trackingsysteme, die dem Chirurgen intra-operativ Auskunft über die Position und Orientierung seiner Instrumente geben, zum anderen sind dies Bildgebungsmodalitäten, aus denen sich Planungsdaten generieren lassen sowie mit dem Ultraschall eine Modalität, die schadfrei für den Patienten, auch intra-operativ angewendet werden kann, um die Planungsdaten zu aktualisieren.

Dieser Abschnitt ist in drei Unterkapitel aufgeteilt. Zunächst betrachten wir die Bildgebungsmodalitäten der Computertomografie und der Sonografie in zwei Abschnitten, bevor wir im dritten Abschnitt einen Blick auf zwei unterschiedliche Trackingsysteme legen. Wir werden nur zwei der am Markt verfügbaren Systeme genauer betrachten, da die Daten, die wir im Anwendungskapitel zur Verfügung haben, mit ebendiesen generiert wurden. Ebenfalls werden wir in diesem Zusammenhang einige Grundlagen aus der Robotik einführen, die es uns ermöglichen mit den von den Systemen ermittelten Informationen umzugehen.

Die Ziele der einzelnen Abschnitte sind jeweils die Einführung in die Technologie, das Herausstellen der Vor- und Nachteile sowie die Anwendung in der navigierten Leberchirurgie.

3.1 Computertomografie

Eine weitverbreitete Bildgebungsmodalität ist die Computertomografie. Mit ihr ist es möglich *in vivo* Schnittbilder eines Objekts durch eine Reihe von Röntgenprojektionen zu erzeugen.

Seit der ersten Untersuchung der mathematischen Grundlagen durch Johan Radon im Jahr 1917, über den ersten kommerziellen Scanner im Jahr 1972, hat sich die Computertomografie für viele diagnostische Aufgaben als Standard entwickelt. Die in dieser Arbeit verwendeten Planungsdaten für die Tumorresektion in der Viszeralchirurgie werden ebenfalls aus CT-Aufnahmen berechnet.

3.1.1 Funktionsweise

Nachfolgend wollen wir die Funktionsweise von CT-Scannern der so genannten 1. Generation betrachten, um das Prinzip der Computertomo-

3.1. Computertomografie

grafie zu verstehen. Die unterschiedlichen daraus weiter entwickelten Gerätegenerationen, die heute im klinischen Einsatz zu finden sind, werden zum Beispiel in [Buzug, 2008] beschrieben.

Die Idee der Computertomografie ist es, ein Schnittbild eines Objektes aus dessen Absorptionsprofilen zu rekonstruieren. Lange vor dem ersten Computertomografen beschäftigte sich Radon mit dessen mathematischen Grundlagen und führte sie in seiner Publikation *Über die Bestimmung von Funktionen durch ihre Integralwerte längs gewisser Mannigfalten* [Radon, 1917] ein und zeigte, dass man ein Objekt aus dessen Projektionen rekonstruieren kann. Heute kennen wir seine Überlegungen als *Radontransformation*.

Die Radontransformation formuliert mathematisch die Messung eines CT-Scans. In Abhängigkeit eines Winkels und einer Translation der Röntgenröhre wird die Abschwächung des Röntgensignals auf dem Weg durch den Körper von der Röhre bis hin zum Detektor bestimmt. Jede Gewebeart schwächt das Signal auf unterschiedliche Weise ab und wird im finalen Bild durch den Abschwächungskoeffizienten μ beschrieben. In Abbildung 3.1 sehen wir eine bildliche Darstellung der Radontransformation.

Die Linienintegrale eines Winkels θ mit allen Translationen r werden in einem Absorptionsprofil zusammengefasst. Beispielhaft sind zwei Profile für die Winkel $\theta = 45°$ und $\theta = 90°$ in Abbildung 3.1 (b) und (c) zu sehen. Diese Absorptionsprofile werden für jeden Winkel in ein Sinogramm eingetragen. Zur Rekonstruktion einer Schicht ist es notwendig die Absorptionsprofile zwischen 0 und 180° zu bestimmen. Wir benötigen keinen kompletten Umlauf der Röntgenröhre, da die Informationen der Winkel zwischen 181° und 360° redundant zu den Ersten sind.

Abbildung 3.2 zeigt beispielhaft das Resultat der Radontransformation von Abbildung 3.1 (a) in Form des Sinogrammes.

Um aus aus den Absorptionsprofilen des Sinogrammes die Schichtansicht des Objektes zu erzeugen, also die Schwächungskoeffizienten μ der einzelnen Orte zu bestimmen, ist ein inverses Problem zu lösen. In der Praxis

Kapitel 3. Medizintechnische Grundlagen

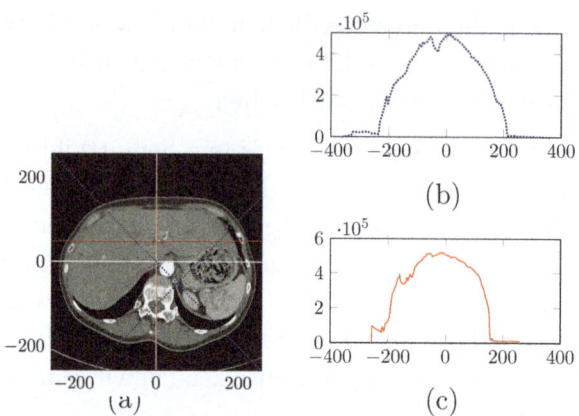

Abbildung 3.1: Abbildung (a) zeigt einen CT-Beispieldatensatz. In den Abbildungen (b) und (c) sind die Absorptionsprofile für $\theta = 45°$ und $\theta = 90°$ zu sehen.

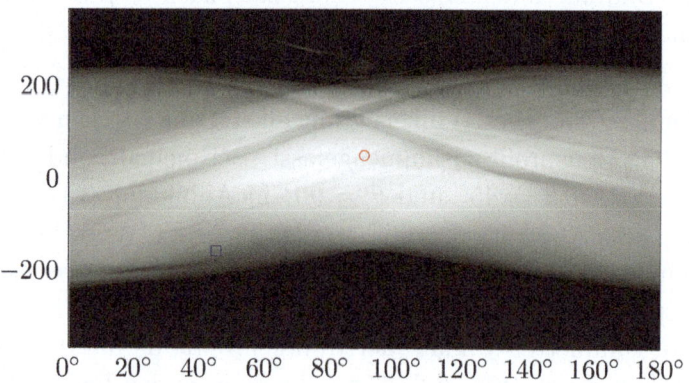

Abbildung 3.2: Zu sehen ist das zu Abbildung 3.1 (a) gehörige Sinogramm, diskretisiert in 180 Winkeln. Markiert im Sinogramm sind jeweils die zu den Linien im Bild korrespondierenden Funktionswerte (bei 45° und bei 90°).

3.1. Computertomografie

wird dieses Problem über die gefilterte Rückprojektion gelöst [Buzug, 2008].

Die Darstellung der CT-Scans erfolgt über einen normalisierten Wertebereich, relativ zum Absorptionswert von Wasser: die sogenannte Hounsfield-Skala [Kalender, 2006]. Die rekonstruierten Schwächungswerte μ werden durch

$$\text{HU}(\mu) = \frac{\mu - \mu_{\text{Wasser}}}{\mu} \cdot 1000$$

auf die dimensionslose Hounsfield-Skala transformiert.

Nach dieser Skala hat Luft im CT-Scan den Wert -1000 HU und Wasser den Wert 0 HU. Je größer die Zahl, desto höher die Absorption des Gewebes. Theoretisch ist die Skala nach oben offen, jedoch hat sich in der Praxis der Bereich von -1024 HU bis 3071 HU durchgesetzt. So erhält man 4096 Graustufen, die durch eine 12-stellige Binärzahl dargestellt werden ($2^{12} = 4096$). Im Wesentlichen werden so alle natürlich vorkommenden Absorptionen auch abgebildet. Einzig Metalle könnten noch stärkere Absorption, bis hin zur Totalabsorption (die nicht mehr darstellbar ist) bewirken.

In Abbildung 3.3 findet sich eine Übersicht über die Gewebearten und deren zugehörige Hounsfield-Werte.

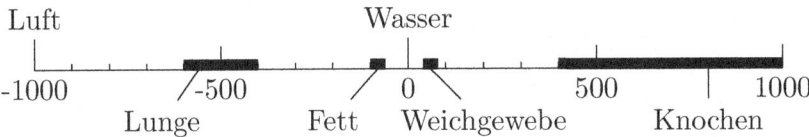

Abbildung 3.3: Die Hounsfield-Skala mit den korrespondierenden Gewebetypen.

Messtechnisch werden auf der Skala deutlich mehr Schwächungswerte klar getrennt, als das menschliche Auge auf einer Graustufenskala unterscheiden kann. Daher wird dem Radiologen durch *Fensterung* der Grauwerte immer nur der Teil der Hounsfield-Skala eingeblendet.

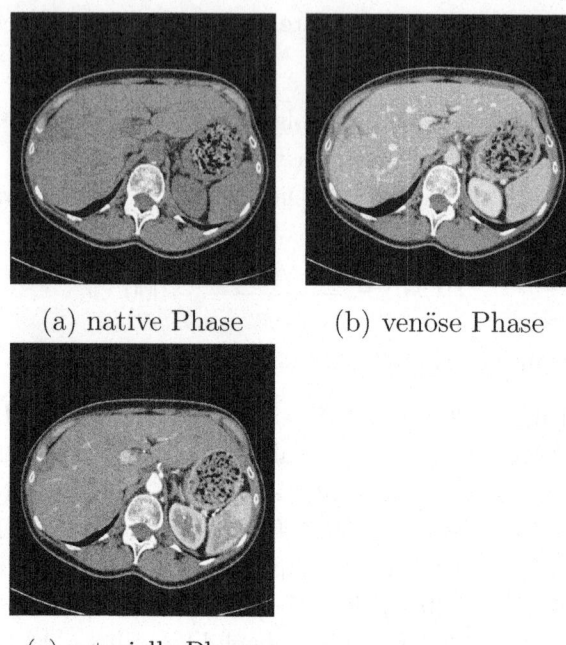

(a) native Phase   (b) venöse Phase

(c) arterielle Phase

Abbildung 3.4: In Abbildung (a) bbb ist eine Schicht des CT-Scans aus der nativen Phase zu sehen. Abbildung (b) zeigt die korrespondierende Schicht aus der portalvenösen Phase und Abbildung (c) eine Schicht aus der arteriellen Phase. Die Schichten sind in jeweils identischen Grauwertbereichen visualisiert.

3.1.2 CT der Leber

Im Rahmen dieser Arbeit soll die Computertomografie zur Erzeugung von Planungsdaten für die navigierte Leberchirurgie genutzt werden. Für die Planung der navigierten Leberchirurgie sind verschiedene Informationen von Interesse. Zum einen möchte man die Tumore bestmöglich sichtbar machen, zum anderen Informationen über die verschiedenen Gefäßsysteme der Leber erhalten. Zur Akquisition der Planungsdaten sind verschiedene CT-Scans mit und ohne Kontrastmittel notwendig [Castaing et al., 2007]. Durchgeführt werden die Scans in tiefer Inspiration des Patienten. Der native Scan, also der Scan ohne Kontrast-

3.1. Computertomografie

mittel, ist standardmäßig Teil des Untersuchungsprotokolls. Dieser Scan ermöglicht am besten die Abgrenzung bestimmter Leberläsionen [Alkadhi et al., 2011]. Da die Information über die Gefäßverläufe für die Resektionsplanung essenzielle Bedeutung hat, werden Kontrastmittel unterstützte CT-Aufnahmen von verschiedenen Phasen gemacht. Der früh-arteriellen (ca. 25 - 30 s nach Kontrastmittelinjektion) sowie der portalvenösen Phase (ca. 50-90 s nach Kontrastmittelinjektion) [Alkadhi et al., 2011]. In den kontrastmittelangereicherten Phasen sind jeweils die Leber-Arterien beziehungsweise das venöse System besser sichtbar. Für die CT zur Planung einer Leberresektion wird das Kontrastmittel intravenös gegeben. Es handelt sich um jodhaltige Kontrastmittel mit Konzentrationen von 270 − 400 mg Jod/ml [Alkadhi et al., 2011].

Die Abbildung 3.4 zeigt beispielhaft jeweils eine Schicht aus dem nativen Scan sowie die kontrastmittelangereicherte portalvenöse und die arterielle Phase. Die Auflösung beträgt $0.57 \times 0.57 \times 1$ mm. Aufgenommen sind die Daten mit einem Siemens SOMATOM Sensation 64-Scanner. Dies ist ein Scanner der beschriebenen 3. Generation. Es handelt sich um ein Spiral-CT-Gerät, welches gleichzeitig 64 Schichten messen kann. Wir sehen deutlich, dass in den einzelnen Phasen unterschiedliche Gefäßsysteme hervorgehoben werden. Die verschiedenen Informationen werden zur Erstellung der Resektionsplanung kombiniert. Obwohl alle drei Aufnahmen im selben Scanner direkt aufeinander folgend gemacht wurden, sehen wir an den drei identischen Schichten, dass hier keine 100% Übereinstimmung der Informationen geben ist. Würde man die Datensätze naiv übereinanderlegen, dann überlappen möglicherweise Arterien und Venen im Ergebnisbild. Um dieses zu verhindern, wurde von Heldmann und Zidowitz ein Verfahren entwickelt, welches die Lebern registriert, jedoch unter der Nebenbedingung, dass die Gefäßsysteme voneinander getrennt bleiben und sich nicht überlappen [Heldmann & Zidowitz, 2009]. Für die von uns betrachteten Daten nehmen wir das beschriebene Problem als bereits gelöst an.

3.2 Sonografie

Eine sehr weitverbreitete, weil kostengünstige und nachgewiesen für den Menschen ungefährliche Bildgebungsmodalität [Morneburg, 1995] ist die Sonografie, also die Bildgebung mittels Ultraschallwellen. Das folgende Kapitel soll einen Überblick über die Grundlagen bieten, Möglichkeiten und Limitierungen aufzeigen und zu erwartende Bildartefakte erklären.

Wie so viele Innovationen war zunächst auch die Ultraschalltechnik eine militärisch vorangetriebene Entwicklung. Paul Langevin machte die Ultraschalltechnik während des ersten Weltkrieges nutzbar, um feindliche U-Boote zu orten. Die Intensität der dafür eingesetzten Ultraschallwellen war jedoch viel zu stark für eine Anwendung am Menschen. Bevor der Ultraschall Einzug in die Medizin erhielt, wurde er 1929 zunächst zur zerstörungsfreien Materialprüfung [Sokolov, 1929] eingesetzt. Im Jahre 1939 wurde der Ultraschall von v. Pohlmann [Pohlmann, 1939] erstmals in der Therapie eingesetzt.

Als bildgebende Modalität in der Diagnostik wurde der Ultraschall erstmals vom Österreicher Karl Theodor Dussik im Jahr 1942 vorgestellt.

3.2.1 Funktionsweise

Ultraschallwellen nennt man longitudinale Schallwellen im Frequenzbereich größer als 16 kHz. In der Regel liegen die zur Sonografie verwendeten Schallwellen im Frequenzbereich zwischen 1 und 20 MHz [Kaps et al., 2005]. Um sie zu erzeugen, macht man sich den umgekehrten Piezoeffekt zunutze. Durch elektrische Anregung eines piezoelektrischen Kristalls kann man mechanische Schwingungen generieren, welche Schallwellen erzeugen. Den reflektierten Schall macht man auf dem umgekehrten Wege wieder sichtbar, indem die durch den Piezoeffekt generierte Spannung detektiert wird. Der Piezoeffekt beschreibt die Erzeugung einer messbaren Ladung an der Oberfläche bestimmter Kristalle (zum Beispiel Quarz, Bariumtitanat, Berlinit und Turmalin) bei gerichteter, mechanischer Verformung. Entdeckt wurde der Piezoeffekt im Jahr 1880 von Jaques und Pierre Curie.

3.2. Sonografie

Während die ersten Ultraschallgeräte, wie auch das von Dussik vorgestellte Gerät, zur Hyperphonographie das zu untersuchende Objekt noch durchschallte, man also voneinander getrennte Sende- und Empfangseinheiten brauchte, funktioniert die heutige Sonografie basierend auf dem Impuls-Echo-Verfahren.

Impuls-Echo-Verfahren
Das Impuls-Echo-Verfahren verwendet ähnlich wie das Echolot zur Bestimmung von Meerestiefen nur einen Schallkopf, welcher nach dem Aussenden der Schallwellen auch als Empfänger dient. Das Prinzip lässt sich am einfachsten anhand eines kurzen Beispiels eines Echos im Gebirge erläutern. Ruft ein Bergsteiger ein "Hallo" ins Gebirge, so hört man nach kurzer Zeit ein Echo aus dem Wald oder den dahinter liegenden Bergen. Die Zeit, die das Echo zurück zum Rufenden benötigt, lässt Rückschlüsse auf die Entfernung zum Wald oder zum Berg schließen. Vereinfacht gesprochen funktioniert auf dieselbe Art und Weise auch das Echo-Impuls-Verfahren in der Sonografie. Ein kurzer Ultraschallimpuls wird gerichtet ins Gewebe abgegeben und dort unterschiedliche stark gestreut oder reflektiert (*Echogenität*). Aus der Laufzeit der zurückkehrenden Signale kann die Entfernung der reflektierten Struktur bestimmt werden. Die Signalstärke gibt Aufschluss über die Echogenität des Gewebes.
Je größer die Echogenität eines Gewebes ist, desto mehr Schall wird reflektiert. Bei der Darstellung der Schallwellen unterscheidet man im Wesentlichen zwei unterschiedliche Arten. Den A-Mode-Scan und den B-Mode-Scan. Beide betrachten wir nachfolgend. Im B-Mode-Bild erscheint eine hoch echogene Struktur als heller Bildpunkt (zum Beispiel Knochen, Gase, sonstige stark schallreflektierende Materialien) während eine niedrig echogene Struktur, welche viel Schall absorbiert als dunkler Bildpunkt erscheint (zum Beispiel Blut, Harnblaseninhalt).

3.2.1.1 A-Mode

Die einfachste und historisch auch erste Möglichkeit das Echo zu visualisieren ist das Amplituden-Bild (A-Mode-Bild). Zeitgleich mit dem

Aussenden des Schallimpulses werden zum Beispiel mithilfe eines Oszilloskops die zurückkommenden Schallwellen visualisiert. Dabei gilt je dichter eine reflektierende Struktur sich am Sender befindet, desto kürzer ist auch die Rücklaufzeit des Schalls. Dadurch erhält man eine Ortscodierung. Je stärker das Echo zudem ist, desto höher ist auch die Amplitude, die angezeigt wird. Um auch weiter im Körperinneren befindliche Strukturen im Oszilloskop sichtbar zu machen, wird ihre Amplitude in Abhängigkeit der Entfernung skaliert. Abbildung 3.5 zeigt ein Beispiel.

3.2.1.2 B-Mode

Während die Visualisierung des untersuchten Gebiets mit einem A-Mode-Scan eindimensional erfolgt, wird das Ergebnis des B-Mode-Scans (Brightness-Mode) in einer zweidimensionalen Bildmatrix visualisiert. Spaltenweise wird an jede Stelle in der Matrix die empfangene, reflektierte Signalstärke als Grauwert eingetragen. Anders als beim A-Mode-Scan schallt man im B-Mode-Scan nicht mehr nur entlang einer Geraden sondern nacheinander entlang einer Reihe von Geraden und erhält in der Folge ein zweidimensionales Schnittbild des untersuchten Gebiets. Abbildung 3.5 zeigt hier ebenfalls ein Beispiel.

3.2.2 Schallköpfe

Das im vorherigen Abschnitt erklärte Verfahren zur Erstellung des zweidimensionalen Schichtbildes mittels B-Mode-Ultraschall findet Anwendung unter Verwendung von Linear Arrays. Neben Linear Arrays gibt es noch zwei weitere standardmäßig eingesetzte Schallkopfarten. Die Curved Arrays und die Phased Arrays. Das Prinzip der Bilderzeugung ist vergleichbar mit dem der Linear Arrays.
In der Abbildung 3.6 sehen wir einen schematischen Überblick über die möglichen Schallköpfe. Abbildung (a) zeigt ein Linear Array. Die Piezoelemente sind bei diesem Schallkopf in Reihe angeordnet. Der Schall breitet sich so parallel aus und es entsteht ein rechteckiges Bild. In Abbildung (b) sehen wir ein Curved Array. Bei dieser konvexen Sonde sind die

3.2. Sonografie

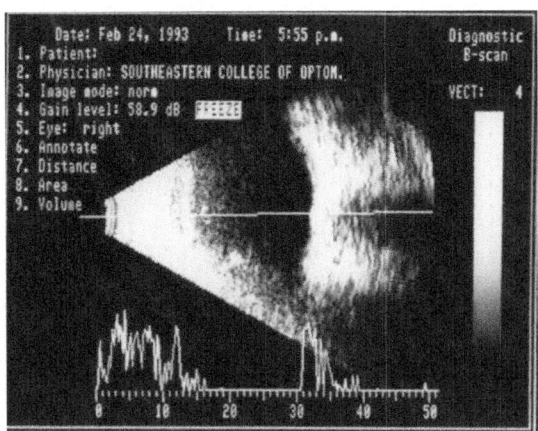

Abbildung 3.5: Ultraschall-Scan des Auges, in dem sowohl A-Mode als auch B-Mode-Scan zu sehen sind. Im unteren Teil der Abbildung ist die Darstellung des A-Mode-Scans entlang der im B-Mode-Scan eingezeichneten Linie zu sehen. (Quelle: http://www.nova.edu/hpd/otm/pics/proc/_usoundb.html)

Sende- und Empfangselemente wie beim Linear Array in Reihe angeordnet, jedoch ist die Ankopplungsfläche gekrümmt. Abbildung (c) zeigt ein Phased-Array. Der große Vorteil das Phased Arrays ist die geringe notwendige Auflagefläche. Dies ermöglicht auch die Untersuchung schwieriger zugänglicher Regionen, wie zum Beispiel den Herzbereich (durch die Rippen eingeschränkt zugänglich) oder bei neurochirurgischen Interventionen.

3.2.3 Typische Artefakte

Das wohl am häufigsten auftretende Artefakt in der Ultraschall-Bildgebung ist das Speckle-Rauschen. Man findet es eigentlich in fast jedem Ultraschallbild. Dieses Rauschen entsteht durch Interferenz, also Überlagerung von Schallwellen. Das Speckle-Rauschen ist sichtbar als Wechsel von abwechselnd hellen und dunklen Flecken in den aufgenommenen Bildern. Stark reflektierende Objekte können für den Effekt der *Abschattung* sorgen. Dies hat die Auswirkung, dass aus Regionen, die

30 Kapitel 3. Medizintechnische Grundlagen

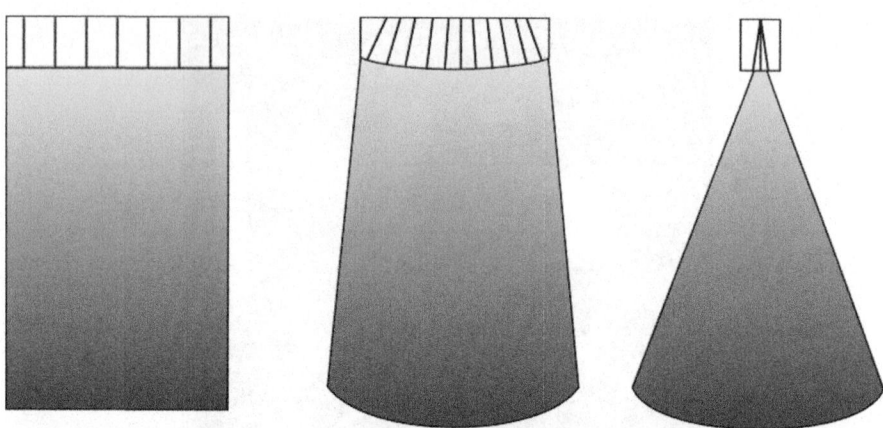

Abbildung 3.6: Schematische Darstellung der Schallköpfe. In (a) ist ein Linear Array zu sehen. Abbildung (b) zeigt ein Curved Array und Abbildung (c) ein Phased Array, jeweils mit den angedeuteten Scanbereichen.

hinter den stark reflektierenden Objekten liegen, keine Informationen erhalten werden. Auch bei kreisförmig geschnittenen Objekten kann es zu diesen Abschattungs-Artefakten kommen. Die ungenügende Ankopplung des Schallkopfes an das zu untersuchende Gewebe verursacht das Auftreten mehrerer Echos im gleichen Abstand, ohne dass ein auswertbares Bild entsteht. In Abbildung 3.7 sind die unterschiedlichen beschriebenen Artefakte anhand einiger Beispielbilder noch einmal gezeigt.

3.2.4 Dopplersonografie

Die Dopplersonografie macht sich zur Darstellung von Flussbewegungen den Dopplereffekt zunutze. Als Dopplereffekt wird die Veränderung der Frequenz von Wellen bezeichnet, die durch die relative Bewegung von Sender und Empfänger zueinander hervorgerufen wird.

Gemessen wird die Veränderung der Frequenz zwischen dem ausgesendeten und dem empfangenen Signal. Diese Veränderung nennt man beim Ultraschall Dopplershift (fD). Sie ist proportional zu der Geschwindigkeit der sich bewegenden Struktur. Durch die Bestimmung von fD im

3.2. Sonografie

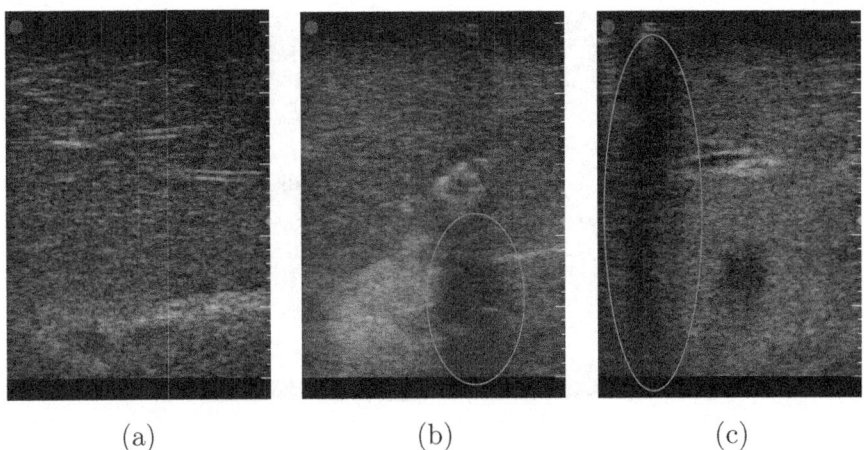

(a) (b) (c)

Abbildung 3.7: Abbildung (a) zeigt einen Ausschnitt mit deutlich sichtbarem Speckle-Rauschen. In (b) sind Abschattungen hinter einem stark reflektierenden Gefäß zu sehen. In Abbildung (c) sehen wir die typischen Artefakte bei ungenügender Ankopplung an das Gewebe.

Ultraschallgerät und unter Zuhilfenahme der bekannten Größen Schallgeschwindigkeit, Sende- und Empfangsfrequenz kann dann die Geschwindigkeit der Bewegung berechnet werden.

Die gewonnenen Informationen kann man zum Beispiel nutzen, um die Flussrichtung und Geschwindigkeit zu visualisieren. Abbildung 3.8 zeigt zwei Beispiele für Flussinformationen in Ultraschallaufnahmen der Leber. In der vorliegenden Arbeit wird in den Anwendungsbeispielen jedoch weniger die Flussrichtung oder -Geschwindigkeit von Bedeutung sein, als vielmehr die Information darüber, dass die Flüsse innerhalb eines Gefäßes stattfinden. Hierdurch wird die Gefäßsegmentierung wesentlich vereinfacht.

3.2.5 3D-Ultraschall-Techniken

Die bisher vorgestellten Techniken sind in der Lage zweidimensionale Schichten eines Volumens aufzunehmen und zu visualisieren. In vielen

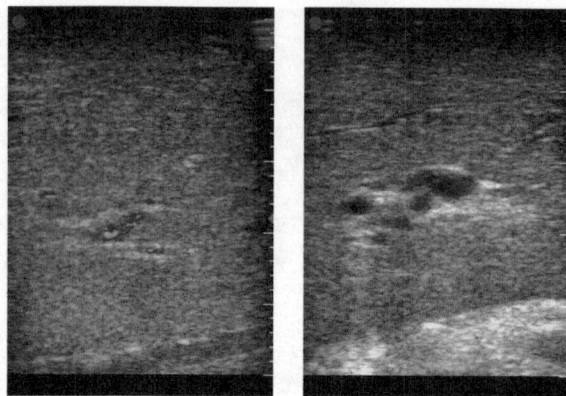

Abbildung 3.8: Gefäße sichtbar gemacht über Dopplerultraschall. Da die Doppler-Informationen im gezeigten Beispiel nur in einem kleinen Bereich gemessen wurden, sind nicht alle vorhandenen Gefäße farbig dargestellt.

Anwendungsfällen ist jedoch eine dreidimensionale Visualisierung der betrachteten Körperregion von Vorteil. Auch die Ultraschalltechnik hat seit Längerem einen Schritt in Richtung 3D vollzogen. Wir wollen in dieser Arbeit kurz die getrackte Freihandtechnik sowie ein einfaches, mechanisches Prinzip zur 3D-Ultraschallgenerierung vorstellen.

3.2.5.1 Getrackte Freihandtechnik

Die getrackte Freihhandtechnik benötigt, wie ihr Name schon sagt, ein Trackingsystem (siehe dazu den folgenden Abschnitt), welches die aktuelle Raumposition bestimmt. Aus einer Reihe von zweidimensionalen Schichten könnte so mittels Inter- und Extrapolationstechniken ein dreidimensionales Volumen rekonstruiert werden. Abbildung 3.9 (a) zeigt beispielhaft einige, mit Positionsdaten akquirierten Schichten im Raum. Im Rahmen dieser Arbeit werden wir im Anwendungskapitel ebenfalls getrackten zweidimensionalen Schichten begegnen, diese werden wir dort jedoch nicht zu einem künstlichen dreidimensionalen Volumen weiterver-

3.2. Sonografie

arbeiten, sondern direkt die jeweiligen Schichtinformationen verwenden.

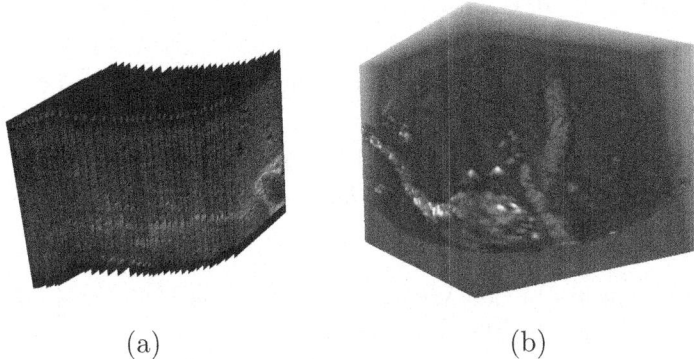

(a) (b)

Abbildung 3.9: Abbildung (a) zeigt mit Positionsdaten aufgenommene 2D-Ultraschallschichten, während Abbildung (b) einen mechanischen 3D-Ultraschallscan visualisiert.

3.2.5.2 Mechanischer 3D-Schallkopf

Hier werden die dreidimensionalen Daten durch einen speziellen Ultraschallkopf erzeugt. Dieser beinhaltet eine Mechanik, welche die Sende- und Empfangseinheit bis zu 25-mal pro Sekunde dreht oder schwenkt [Strauss, 2008]. Die Positionsangabe jeder einzelnen Schicht stammt aus der mechanisch definierten Rotation oder Translation. Auf diese Weise kann das Bild direkt mit Beginn der Akquisition rekonstruiert werden [Riccabona, 2005]. In Abbildung 3.9 (b) sehen wir eine beispielhafte Aufnahme generiert durch einen mechanischen 3D-Ultraschallkopf. Daten dieser Art werden durch das Forschungs-Navigationssystem der Berliner Charité erzeugt und liegen in einem unserer später betrachteten Anwendungsfälle vor.

3.3 Trackingsysteme

In der navigierten Chirurgie ist es von zentraler Bedeutung die Position und Orientierung des Patienten, von Instrumenten oder bildgebenden Systemen im Raum zu kennen. Im Folgenden werden wir daher zunächst einen generellen Überblick über die Grundlagen geben und verschiedene im OP eingesetzte Verfahren betrachten.

Die Begrifflichkeiten Tracking und Navigation sind in der Literatur unterschiedlich definiert und verwendet. In der vorliegenden Arbeit gelten die folgenden Bedeutungen:

Tracking beschreibt den Vorgang eine Position bestehend aus Ort und Orientierung im Raum zu identifizieren.

Navigation beschreibt den Vorgang die getrackten Informationen mit Planungsdaten zu kombinieren.

Ein erfolgreiches Tracking von Ultraschallköpfen ist die Grundlage für die Navigation. Betrachten wir als Analogon die Navigation mittels GPS-Navigationsgerät auf der Straße, dann liefert das Tracking die Koordinaten mittels GPS. Das Navigationssystem verknüpft diese mit dem vorhandenen Kartenmaterial. Es zeigt die aktuelle Position auf der Landkarte an und macht Vorschläge, wie ein vorgegebenes Ziel zu erreichen ist.

In den folgenden Abschnitten werden wir die Grundlagen von Trackingsystemen betrachten und einige verwendete Begrifflichkeiten erklären.

3.3.1 Grundlagen

Trackingsysteme identifizieren eine zu einem *Basiskoordinatensystem (BKS)* relative *Position* im Raum.

Eine Position setzt sich zusammen aus einem *Ort* und einer *Orientierung*. Der Ort wird dabei festgelegt durch Translationen, also Verschiebungen in $x-$, $y-$ und $z-$Richtung relativ zum Ursprung des BKS. Die Orientierung eines Objekts wird beschrieben durch Rotationen um seine $x-$, $y-$

3.3. Trackingsysteme

und z−Achsen. Ein frei im Raum bewegliches Objekt besitzt insgesamt sechs Freiheitsgrade. Diese werden durch jeweils drei Rotationen und Translationen beschrieben.

Das bereits erwähnte BKS ist ein vom Anwender beziehungsweise vom verwendeten Trackingsystem vorgegebenes *Referenzkoordinatensystem*. Jedes Objekt, welches sich im Raum befindet, besitzt ein eigenes *Objektkoordinatensystem (OKS)*. Durch das OKS wird zum Beispiel die Position eines Voxels in einem CT-Volumen beschrieben.

Zur Positionsbeschreibung eines Objektes ausgehend vom BKS existieren unterschiedliche Möglichkeiten. Wir wollen im Weiteren homogene 4 × 4-Matrizen verwenden. Orientierung und Translation bezüglich eines Referenzkoordinatensystems lassen sich direkt ablesen und auch Verknüpfungen von verschiedenen Positionsbeschreibungen lassen sich einfach realisieren.

Die Abbildung 3.10 zeigt beispielhaft den Punkt $p = (2,3)^T$ bezüglich des OKS. In der navigierten Chirurgie ist man aber nicht nur an Punktinformationen im OKS interessiert, sondern an seiner Position und seiner Orientierung bezüglich eines Referenzkoordinatensystems. Das OKS ist im Vergleich zum BKS um 105° gedreht und transliert. Die Transformation vom BKS ins OKS bezeichnen wir mit der Transformationsmatrix $T \in \mathbb{R}^{4 \times 4}$. Durch Angabe eines Referenzkoordinatensystems sind wir in der Lage verschiedene Objekte oder Instrumente (Ultraschall-Aufnahmen, Zeigeinstrumente, Schneideinstrumente) zueinander in Relation zu setzen und zu überlagern. Dieses ist die Voraussetzung dafür, dass die später vorgestellten Registrierungsalgorithmen funktionieren können.

3.3.2 Trackingtechnologien

Es existieren derzeit eine Reihe unterschiedlicher Trackingtechnologien. Im Folgenden soll ein Überblick über die beiden im Rahmen dieser Arbeit zum Einsatz kommenden Verfahren gegeben und Vor- und Nachteile beleuchtet werden.

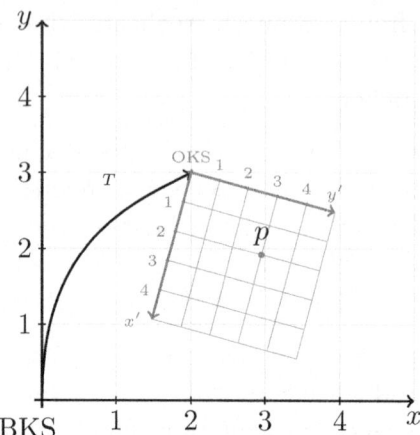

Abbildung 3.10: Zu sehen ist der Punkt p bezüglich des OKS an der Position $(2,3)^T$. Die Position des Punktes p bezüglich des BKS kann durch Anwendung der Transformationsmatrix T ermittelt werden. Wie auch abzulesen ist, ist p bezüglich des BKS ungefähr bei $(2.97, 1.93)^T$.

3.3.2.1 Optisches Tracking

Es gibt zwei unterschiedliche optische Trackingverfahren. Das aktive und das passive optische Tracking Verfahren. Beim aktiven Verfahren befinden sich am zu untersuchenden Objekt mehrere kleine Infrarotkameras, welche Infrarot-Leuchtdioden in Matrix-Anordnung an der Decke oder Wand aufnehmen. Anhand deren Lage kann die Position der Kameras festgestellt werden. Beim passiven Verfahren, welches in der medizinischen Anwendung verbreitet ist, wird das zu untersuchende Objekt mit reflektierenden Markierungen versehen, siehe Abbildung 3.11. Von einer Kamera, die ihrerseits mit Leuchtdioden versehen ist, werden die Markierungen erfasst. Das optische Tracking funktioniert nur so lange, wie die Marker für die Kameras sichtbar sind, also nicht verdeckt werden. Für laparoskopische Eingriffe sind sie damit ungeeignet. Bei offenen Eingriffen muss darauf geachtet werden die Kamera so zu positionieren, dass eine freie Sicht gewährleistet ist.

3.3. Trackingsysteme

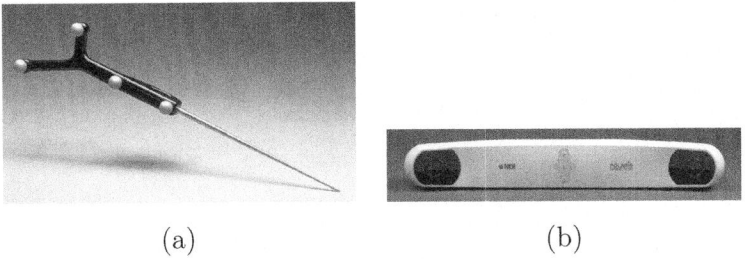

(a) (b)

Abbildung 3.11: Abbildung (a) zeigt einen Pointer mit reflektierenden Markierungen für das optische Tracking. Abbildung (b) zeigt beispielhaft eine optische Trackingkamera. Bilder mit freundlicher Genehmigung von Northern Digital Inc.

Die Daten, die im Rahmen dieser Arbeit verwendet werden, wurden, wenn optisch getrackt mithilfe der passiven Technologie erhoben.

3.3.2.2 Elektromagnetisches Tracking

Das elektromagnetische Tracking ist wie auch das optische Tracking ein häufig verwendetes Verfahren. Von einem Transmitter (Sender) werden Magnetfelder durch elektromagnetische Spulen erzeugt. Am zu trackenden Objekt ist ein Receiver (Empfänger) angebracht, der diese Magnetfelder empfängt. Mithilfe der empfangenen Spannungssignale kann sowohl Position als auch Orientierung des Objektes im Raum mit hoher Genauigkeit berechnet werden. Die Bewegungsfreiheit bleibt durch dieses Verfahren uneingeschränkt. Wegen der aufwendigen Messmethode können allerdings längere Verzögerungszeiten entstehen. Zudem ist diese Methode störanfällig gegenüber Magnetfeldern, wie zum Beispiel durch Stahlbetonwände oder auch durch die Patientenliege. Sichtverbindungen, wie beim optischen Tracking sind allerdings nicht notwendig. Die Trackingmethode kommt bei den laparoskopischen Eingriffen zum Einsatz. Ein Nachteil der Methode ist die unter Umständen nur sehr kleine Reichweite. Das bedeutet, dass die Spule eventuell sehr nah am Operationstisch, neben dem Operationsgebiet stehen muss. Das elektromagnetische Tracking kommt im Rahmen dieser Arbeit zur Erhebung der laparoskopischen Ultraschalldaten zum Einsatz.

KAPITEL 4
Grundlagen der numerischen Optimierung

Inhalt

4.1	**Allgemeine Grundlagen**	40
4.2	**Unrestringierte Optimierung**	41
	4.2.1 Optimalitätskriterien	42
	4.2.2 Algorithmen zur Bestimmung lokaler Optimierer	43
4.3	**Restringierte Optimierung**	54
	4.3.1 Algorithmen zur Optimierung mit Nebenbedingungen - Quadratische Penaltyfunktion	57
	4.3.2 Optimalitätskriterien für restringierte Minima	59
	4.3.3 Algorithmen zur Optimierung mit Nebenbedingungen - Augmented Lagrangefunktion	61

Das Problem ein Minimum einer Funktion zu bestimmen nennt man Optimierungsproblem. Da die später zu lösenden Registrierungsprobleme alle auf Optimierungsprobleme unterschiedlicher Art hinauslaufen, wollen wir in diesem Abschnitt die Grundlagen dafür einführen und verschiedene Optimierungsverfahren betrachten.

4.1 Allgemeine Grundlagen

Optimierungsverfahren wollen wir immer dann einsetzen, wenn wir das Minimum einer reellwertigen *Zielfunktion* $f : \mathbb{R}^n \to \mathbb{R}$ suchen. Existiert das Minimum einer Funktion, dann wird es angenommen für einen *Minimierer* $x^\star \in \mathbb{R}^n$.

Suchen wir den Minimierer einer Funktion ohne Einschränkungen an die Unbekannten, dann sprechen wir von unbeschränkter oder *unrestringierter Optimierung*. Sollen für den Minimierer bestimmte Bedingungen oder Restriktionen gelten, so können wir diese als Nebenbedingungen $c_i : \mathbb{R}^n \to \mathbb{R}$ formulieren. Wir erhalten dann, mit zwei endlichen Indexmengen $\mathcal{G}$ und $\mathcal{U}$, in kompakter Schreibweise

$$\min_{x \in \mathbb{R}^n} f(x) \quad \text{u.d.N.} \quad \begin{cases} c_i(x) = 0, & i \in \mathcal{G} \\ c_i(x) \geq 0, & i \in \mathcal{U}. \end{cases} \tag{4.1}$$

Wir sprechen dann von der Suche eines Minimums von $f(x)$ unter den Nebenbedingungen (u.d.N.), dass $c_i(x) = 0$, für $i \in \mathcal{G}$ und die $c_i(x) \geq 0$ für $i \in \mathcal{U}$ erfüllt sind.

Es bezeichnet $\mathcal{G}$ die Indexmenge der Gleichheits- und $\mathcal{U}$ die Indexmenge aller Ungleichheitsrestriktionen. Später werden wir deren Unterschiede und ihre Einflüsse auf das Optimierungsproblem noch eingehend betrachten.

Die wichtigsten Anforderungen, die wir an einen Algorithmus zur Lösung eines Minimierungsproblems stellen, sind: Robustheit, Effizienz und Exaktheit. Die Realität sieht dabei meistens so aus, dass die verwendeten Algorithmen Kompromisslösungen sind, welche eine der Anforderungen wie zum Beispiel die Geschwindigkeit sehr gut erfüllen, dabei aber Abstriche im Bereich der Robustheit machen müssen.

Allen vorgestellten Optimierungsalgorithmen ist gemein, dass sie glatte Zielfunktionen benötigen. Glatt bedeutet hier, dass die zweite Ableitung der Zielfunktion existiert und stetig ist. Im weiteren Verlauf dieses Abschnitts werden wir zunächst unrestringierte Optimierungsprobleme und

4.2 Unrestringierte Optimierung

ihre Lösungsansätze betrachten, bevor wir einen Blick auf die restringierte Optimierung werfen.

4.2 Unrestringierte Optimierung

Das Problem

$$\min_{\mathbf{x}\in\mathbb{R}^n} f(\mathbf{x}), \tag{4.2}$$

für $f : \mathbb{R}^n \to \mathbb{R}$ nennen wir unrestringiertes Optimierungsproblem. Wir unterscheiden bei der Lösung von Problem (4.2) zwischen lokalen und globalen Minimierern.

Definition 1 (Globaler Minimierer)
Es ist $\mathbf{x}^\star \in \mathbb{R}^n$ ein globaler Minimierer von (4.2), wenn $f(\mathbf{x}^\star) \leq f(\mathbf{x})$ für alle $\mathbf{x} \in \mathbb{R}^n$ gilt.

Das Bestimmen des globalen Minimierers ist in der Regel schwierig und nur unter bestimmten Annahmen, wie zum Beispiel über die Konvexität einer Funktion, möglich. Diese Annahmen können wir für die von uns betrachteten Problemstellungen in der Regel nicht annehmen. Meist wird daher nicht ein globaler, sondern ein lokaler Minimierer bestimmt.

Definition 2 (Lokaler Minimierer)
Es ist $\mathbf{x}^\star$ ein lokaler Minimierer von (4.2), wenn es eine Umgebung $U^\star$ um $\mathbf{x}^\star$ gibt, sodass $f(\mathbf{x}^\star) \leq f(\mathbf{x})$, für alle $\mathbf{x} \in U^\star$ gilt.

Beide beschriebenen Minimierer können jeweils auch strenge Minimierer sein, und zwar dann, wenn anstatt " $\leq$ " gilt, dass der Minimierer echt kleiner ("<") ist. Da Funktionsauswertungen in der Regel *teuer* sind, wollen wir zunächst anschauen, welche Aussagen wir über einen Minimierer treffen können, um diese dann für eine effiziente Suche zu nutzen. Mit teuer ist hier gemeint, dass die Bestimmung einer Ableitung, oder des Funktionswertes viele rechentechnische Operationen beinhalten kann und dementsprechend auch Zeit kostet.

4.2.1 Optimalitätskriterien

Bevor wir die notwendigen und hinreichenden Kriterien, die für ein Minimum vorliegen müssen betrachten, führen wir noch einige Grundlagen zur verwendeten Notation ein. Wir benötigen die erste Ableitung (den Gradienten) der Funktion.

Definition 3 (Gradient)
Der Gradient einer stetig differenzierbaren Funktion $f : \mathbb{R}^n \to \mathbb{R}$ wird geschrieben als $\nabla f(\mathbf{x}) \in \mathbb{R}^n$ und enthält die partiellen Ableitungen von f in vektorieller Schreibweise

$$\nabla f(\mathbf{x}) = \left(\frac{\partial f(\mathbf{x})}{\partial x_1}, \ldots, \frac{\partial f(\mathbf{x})}{\partial x_n} \right)^{\mathrm{T}}.$$

Die zweite Ableitung (die Hessematrix) betrachten wir nun.

Definition 4 (Hessematrix)
Die Hessematrix ist die zweite Ableitung der zweimal stetig differenzierbaren Funktion $f : \mathbb{R}^n \to \mathbb{R}$ mit $\nabla^2 f(\mathbf{x}) \in \mathbb{R}^{n \times n}$

$$\nabla^2 f(\mathbf{x}) = \begin{pmatrix} \frac{\partial^2 f(\mathbf{x})}{\partial x_1 \partial x_1} & \frac{\partial^2 f(\mathbf{x})}{\partial x_1 \partial x_2} & \cdots & \frac{\partial^2 f(\mathbf{x})}{\partial x_1 \partial x_n} \\ \frac{\partial^2 f(\mathbf{x})}{\partial x_2 \partial x_1} & \ddots & & \vdots \\ \vdots & & \ddots & \vdots \\ \frac{\partial^2 f(\mathbf{x})}{\partial x_n \partial x_1} & \cdots & \cdots & \frac{\partial^2 f(\mathbf{x})}{\partial x_n \partial x_n} \end{pmatrix}.$$

Wenn f zweimal stetig differenzierbar ist, dann ist die Hessematrix symmetrisch, das heißt, es gilt

$$\frac{\partial^2 f(\mathbf{x})}{\partial x_i \partial x_j} = \frac{\partial^2 f(\mathbf{x})}{\partial x_j \partial x_i}.$$

Die nun folgenden Sätze liefern zum einen Kriterien zur Charakterisierung von Minimierern, welche in den nachfolgend vorgestellten Algorithmen Anwendung finden sollen, und zum anderen dienen die aufgeführten

4.2. Unrestringierte Optimierung

Bedingungen als Grundlage für die verwendeten Verfahren. Die Beweise zu den notwendigen und hinreichenden Bedingungen finden sich in [Nocedal & Wright, 2006] und werden an dieser Stelle nicht aufgeführt. Die notwendige Bedingung 1. Ordnung ist wie folgt definiert:

Satz 5 (Notwendige Bedingung 1. Ordnung)
Es sei $\mathbf{x}^\star \in \mathbb{R}^n$ ein lokaler Minimierer und $f : \mathbb{R}^n \to \mathbb{R}$ sei stetig differenzierbar in einer Umgebung von $\mathbf{x}^\star$, dann ist $\nabla f(\mathbf{x}^\star) = 0$.

Diese Bedingung allein ist noch nicht ausreichend und wir betrachten zudem die notwendige Bedingung 2. Ordnung.

Satz 6 (Notwendige Bedingung 2. Ordnung)
Sei $f : \mathbb{R}^n \to \mathbb{R}$ zweimal stetig differenzierbar und $\mathbf{x}^\star \in \mathbb{R}^n$ ein lokaler Minimierer. Wenn zudem $\nabla^2 f(\mathbf{x}^\star) \in \mathbb{R}^{n \times n}$ existiert und stetig in einer offenen Umgebung von $\mathbf{x}^\star$ ist, dann ist $\nabla f(\mathbf{x}^\star) = 0$ und $\nabla^2 f(\mathbf{x}^\star)$ ist positiv semi definit.

Ergänzt werden die beiden notwendigen Bedingungen durch die hinreichende Bedingung, die erst garantiert, dass wir ein Minimum vorliegen haben.

Satz 7 (Hinreichende Bedingung 2. Ordnung)
Sei $f : \mathbb{R}^n \to \mathbb{R}$ zweimal stetig differenzierbar. Weiterhin sei $\nabla^2 f \in \mathbb{R}^{n \times n}$ stetig in einer offenen Umgebung von $\mathbf{x}^\star \in \mathbb{R}^n$, $\nabla f(\mathbf{x}^\star) = 0$ und $\nabla^2 f(\mathbf{x}^\star)$ positiv definit, dann ist $\mathbf{x}^\star$ ein Minimierer von f.

Ist die Funktion f konvex, dann ist jeder lokale Minimierer auch globaler Minimierer von f. Ist f zusätzlich differenzierbar, dann ist sogar jeder stationäre Punkt ($\nabla f(\mathbf{x}^\star) = 0$) ein globaler Minimierer der Funktion.

4.2.2 Algorithmen zur Bestimmung lokaler Optimierer

Als Startpunkt für alle nachfolgend betrachteten Algorithmen zur Bestimmung eines lokalen Minimums einer zweimal stetig differenzierbaren Funktion soll der folgende Modellalgorithmus dienen. In jedem Iterationsschritt wird eine Suchrichtung bestimmt. Mit Suchrichtung $\mathbf{s}_k$ meinen wir den Vektor, der uns die Richtung angibt, in welche die nächste Iterierte vom aktuellen Iterationsschritt zu finden ist. Zusätzlich zur Suchrichtung bestimmen wir in jedem Schritt eine Schrittweite, die wir in die Suchrichtung vorangehen. Eine wichtige Eigenschaft, die wir von einer Schrittweite fordern, damit ein Algorithmus konvergiert, ist, dass diese *effizient* ist.

Algorithmus 1 Modellalgorithmus

$k = 0$
Bestimme Startwert $\mathbf{x}_0$
while Stoppkriterien nicht erfüllt **do**
    Bestimme Suchrichtung $\mathbf{s}_k$ im Punkt $\mathbf{x}_k$ der Funktion f
    Bestimme effiziente Schrittlänge α_k
    $\mathbf{x}_{k+1} = \mathbf{x}_k + \alpha_k \mathbf{s}_k$, $k = k+1$

Man kann zeigen, dass dieser Modellalgorithmus dann gegen ein lokales Minimum konvergiert, wenn die Suchrichtung $\mathbf{s}_k \in \mathbb{R}^n$ eine Abstiegsrichtung und die Schrittlängensteuerung effizient ist [Nocedal & Wright, 2006]. Wir betrachten zunächst die Definition der Abstiegsrichtung.

Definition 8 (Abstiegsrichtung)
Eine Suchrichtung $\mathbf{s}_k \in \mathbb{R}^n$ ist genau dann eine Abstiegsrichtung der differenzierbaren Funktion $f : \mathbb{R}^n \to \mathbb{R}$ im Punkt $\mathbf{x}_k$, wenn gilt

$$\mathbf{s}_k^T \nabla f(\mathbf{x}_k) < 0.$$

Die zweite Bedingung zur Konvergenz des Modellalgorithmus ist das Vorliegen einer effizienten Schrittweite.

Definition 9 (Effiziente Schrittweite)
Eine Schrittweite $\alpha \in \mathbb{R}$ für eine Abstiegsrichtung $\mathbf{s} \in \mathbb{R}^n$ ist dann *effizient*, wenn mit einem $\theta > 0$ gilt

$$f(\mathbf{x} + \alpha \mathbf{s}) \leq f(\mathbf{x}) - \theta \left(\frac{\nabla f(\mathbf{x}) \mathbf{s}}{\|\mathbf{s}\|} \right)^2.$$

4.2. Unrestringierte Optimierung

Nachfolgend wollen wir sowohl Verfahren zur Bestimmung einer Suchrichtung als auch verschiedene Verfahren zur effizienten Schrittlängenbestimmung betrachten und Stoppkriterien einführen.

4.2.2.1 Bestimmung einer Suchrichtung

Zur Bestimmung einer Suchrichtung gibt es eine Vielzahl unterschiedlicher Verfahren. Wir wollen in dieser Arbeit mit dem Newton- und dem Gauss-Newton-Verfahren ausgewählte ableitungsbasierte Verfahren betrachten. Diese beiden Verfahren betrachten wir, da wir mit beiden in der Lage sind Abstiegsrichtungen zu generieren und diese ist, wie wir wissen, wesentlich für die Konvergenz des Modellalgorithmus.

Newton-Verfahren

Die notwendige Bedingung erster Ordnung zum Vorliegen eines Minimums ist eine Nullstelle der ersten Ableitung. Mithilfe des Newton-Verfahrens wollen wir eine Nullstelle der ersten Ableitung, also $\nabla f(\mathbf{x}^\star) = 0$ finden. Wir können die Nullstelle annähern mithilfe der Taylorapproximation [Forster, 2008]

$$0 = \nabla f(\mathbf{x}^\star) = \nabla f(\mathbf{x}_k) + \nabla^2 f(\mathbf{x}_k) \underbrace{(x^\star - \mathbf{x}_k)}_{\mathbf{s}_k} + \ldots$$

und erhalten dann, unter Vernachlässigung aller Terme ab den quadratischen Termen, das lineare Gleichungssystem

$$\nabla^2 f(\mathbf{x}_k) \mathbf{s}_k = -\nabla f(\mathbf{x}_k)$$

zur Berechnung der Suchrichtung $\mathbf{s}_k$ [Nocedal & Wright, 2006]. Die bestimmte Suchrichtung ist eine Abstiegsrichtung, wenn $\nabla^2 f(\mathbf{x})$ symmetrisch positiv definit ist. Man kann zeigen, dass das Newton-Verfahren lokal quadratisch konvergent ist. Lokal bedeutet in diesem Zusammenhang, dass der Startwert schon ausreichend nah an der Lösung gewählt wird [Nocedal & Wright, 2006].

Gauss-Newton-Verfahren

Die Berechnung der zweiten Ableitung einer Funktion f ist in der Regel teuer. Für die zu lösenden Bildregistrierungsprobleme können wir uns aber einer geschickten Approximation der zweiten Ableitung bedienen und deren Berechnung auf diese Art vermeiden. Da sich alle später betrachteten Probleme in eine einheitliche Form bringen lassen, ist $f(\mathbf{x})$ von nun an beschrieben als

$$f(\mathbf{x}) = \frac{1}{2}\|\mathbf{r}(\mathbf{x})\|_2^2.$$

Dabei ist $\mathbf{r}(\mathbf{x})$ ein Vektor aus Residuenfunktionen ($\mathbf{r}(\mathbf{x}) = (r_1(\mathbf{x}), \ldots, r_m(\mathbf{x}))$) mit $r : \mathbb{R}^n \to \mathbb{R}^m$ und $r_j : \mathbb{R}^n \to \mathbb{R}$, $j = 1, \ldots, m$ welche zum Beispiel den Abstand zwischen jeweils zwei Grauwerten in einem Registrierungsproblem messen. Wir betrachten zunächst die Jakobimatrix $J(\mathbf{x}) \in \mathbb{R}^{n \times m}$, welche die Ableitung des Vektors der Funktionen $\mathbf{r}(\mathbf{x})$ ist.

Definition 10 (Jakobimatrix)

Die Jakobimatrix $J(\mathbf{x}) \in \mathbb{R}^{n \times m}$ der einmal stetig differenzierbaren Funktion $r : \mathbb{R}^m \to \mathbb{R}^n$ ist gegeben durch

$$J(\mathbf{x}) = \begin{pmatrix} \frac{\partial r_1(\mathbf{x})}{\partial x_1} & \frac{\partial r_2(\mathbf{x})}{\partial x_1} & \cdots & \frac{\partial r_m(\mathbf{x})}{\partial x_1} \\ \vdots & \ddots & & \vdots \\ \frac{\partial r_1(\mathbf{x})}{\partial x_n} & \cdots & \cdots & \frac{\partial r_m(\mathbf{x})}{\partial x_n} \end{pmatrix}.$$

Betrachten wir nun die Ableitungen von $f(\mathbf{x}) = \frac{1}{2}\|\mathbf{r}(\mathbf{x})\|_2^2$. Die erste Ableitung ist

$$\nabla f(\mathbf{x}) = J(\mathbf{x})^T \mathbf{r}(\mathbf{x})$$

und die zweite Ableitung

$$\nabla^2 f(\mathbf{x}) = J(\mathbf{x})^T J(\mathbf{x}) + \sum_{i=1}^{m} r_i(\mathbf{x}) \nabla^2 r_i(\mathbf{x}).$$

Die Idee zur Approximation der zweiten Ableitung ist die Annahme, dass der zweite Term sehr klein ist, wenn man sich der Lösung nähert

4.2. Unrestringierte Optimierung

($r_i(\mathbf{x}) \approx 0$). Daher wird die zweite Ableitung für das Gauss-Newton-Verfahren angenähert durch das Produkt der Jakobimatrizen

$$\nabla^2 f(\mathbf{x}) \approx J(\mathbf{x})^T J(\mathbf{x}).$$

Beide Ableitungen verwenden wir nun, wie beim Newton-Verfahren, zur Bestimmung einer Suchrichtung

$$J(\mathbf{x})^T J(\mathbf{x}) \mathbf{s}_k = J(\mathbf{x})^T \mathbf{r}(\mathbf{x}).$$

Gauss-Newton-Verfahren erzeugen so in jedem Schritt eine Abstiegsrichtung, wenn die Jakobi-Matrizen $J(\mathbf{x})$ vollen Rang haben und der Gradient $J(\mathbf{x})^T \mathbf{r}(\mathbf{x})$ nicht null ist [Nocedal & Wright, 2006].

Auch aus *Quasi-Newton-Verfahren* ist die Idee bekannt, die Hessematrix in einem Newton-Verfahren nur anzunähern, anstatt sie explizit zu berechnen, siehe [Nocedal & Wright, 2006].

4.2.2.2 Schrittlängenbestimmung

Mithilfe des Newton, oder des Gauss-Newton-Verfahrens können wir eine Abstiegsrichtung bestimmen. Wir nehmen an, dass wir im Punkt $\mathbf{x}_k$ die Abstiegsrichtung $\mathbf{s}_k$ gefunden haben, und betrachten nachfolgend Algorithmen zur Schrittlängenbestimmung.

Die Idee ist, dass man mit einer gut gewählten Schrittlänge entweder das Minimum der Zielfunktion erreicht oder einen guten nächsten Iterationswert generiert. Dazu wird die Zielfunktion entlang der gefundenen Suchrichtung ausgewertet. Wir bezeichnen die Funktion als $\Phi(\alpha) = f(\mathbf{x}_k + \alpha \mathbf{s}_k)$, mit $\Phi : \mathbb{R} \to \mathbb{R}$. Zu lösen ist dann das Problem

$$\min_{\alpha_k > 0} \Phi(\alpha_k). \qquad (4.3)$$

Falls eine Lösung existiert, erfolgt mit dem gefundenen α_k der Updateschritt

$$\mathbf{x}_{k+1} = \mathbf{x}_k + \alpha_k \mathbf{s}_k.$$

Die exakte Lösung des Problems, die eine maximale Reduktion des Funktionswerts liefern würde, ist allerdings rechnerisch teuer und zudem meist

48 Kapitel 4. Grundlagen der numerischen Optimierung

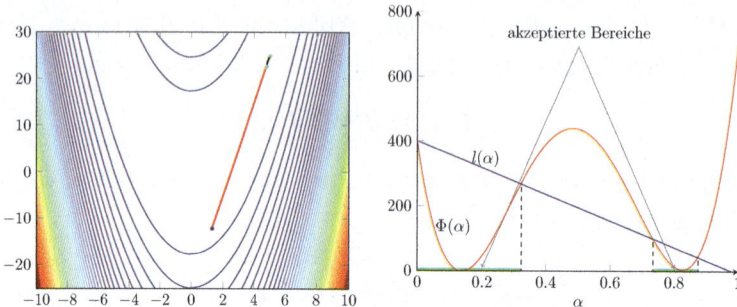

Abbildung 4.1: Armijo-Schrittlängen-Bestimmung. Links sehen wir die Visualisierung einer Zielfunktion mit einer bestimmten Abstiegsrichtung s. Rot eingezeichnet ist hier die volle Schrittlänge. In Schwarz eingezeichnet ist die von der Armijo-Schrittlängen-Bestimmung gewählte Schrittlänge. In der rechten Abbildung ist das zu lösende eindimensionale Schrittlängenproblem (rot), inklusive der beschriebenen Graden $l(\alpha)$ (blau) und den akzeptierten Bereichen (grün) zu sehen.

auch unnötig. Aus diesem Grund soll eine Kompromisslösung verwendet werden, die mit einer limitierten Anzahl an Schritten eine Approximation an ein Minimum von (4.3) liefert. Die einfachste Bedingung, die man an eine Schrittlänge α stellen kann, ist $f(\mathbf{x}_k + \alpha_k \mathbf{s}_k) < f(\mathbf{x}_k)$. Man erhält zwar so in jedem Schritt k einen niedrigeren Funktionswert als im vorherigen, sie ist allerdings nicht effizient und so reicht diese Regel nicht aus, um eine Konvergenz des Optimierungsverfahrens zu garantieren. Nachfolgend wollen wir daher zwei Algorithmen betrachten, für die ein Konvergenzbeweis des Modellalgorithmus möglich ist [Nocedal & Wright, 2006], und die daher vielfach Anwendung finden.

Armijo-Schrittlängenbestimmung

Bei der Armijo-Schrittlängenbestimmung wird der Abstieg der Funktionswerte sichergestellt durch Überprüfung der Bedingung

$$\underbrace{f(\mathbf{x}_k + \alpha_k \mathbf{s}_k)}_{\Phi(\alpha)} \leq \underbrace{f(\mathbf{x}_k) + c_1 \alpha \nabla f_k^T \mathbf{s}_k}_{:=l(\alpha)}.$$

4.2. Unrestringierte Optimierung

Abbildung 4.1 zeigt ein Beispiel für die Armijo-Bedingung. Die Wahl des Parameters $c_1 \in (0,1)$ sorgt dafür, dass die Steigung der Geraden $\Phi(\alpha)$ negativ ist. In der Praxis wird c_1 meist sehr klein gewählt (zum Beispiel $c_1 = 10^{-4}$). Problematisch an der Armijo-Bedingung ist allerdings, wie auch die Abbildung schon andeutet, dass α nicht nach unten beschränkt ist. Das bedeutet, dass eine gefundene Schrittlänge zwar die Armijo-Regel erfüllen kann, aber keinen ausreichenden Abstieg garantiert. Abhilfe schafft hier die Einführung einer weiteren Bedingung, die wir im folgenden Abschnitt betrachten wollen. Trotzdem findet die Armijo-Regel breite Verwendung. Es ist auch möglich, die Konvergenz des Modellalgorithmus für die Armijo-Schrittlängenbestimmung zu beweisen. Dies liegt an der Tatsache, dass die Armijo-Schrittlänge meist mittels Backtracking bestimmt wird. Man startet also mit einem $\alpha = 1$ und verkleinert dieses dann sukzessive [Nocedal & Wright, 2006].

Algorithmus 2 Armijo-Linesearch

Eingabe: $\mathbf{s}_k$

$\alpha = 1$, $c_1 = 10^{-4}$

$\Phi(\alpha) := f(\mathbf{x}_k + \alpha \mathbf{s}_k)$, $l(\alpha) := f(\mathbf{x}_k) + c_1 \alpha \nabla f_k^T \mathbf{s}_k$

while $\Phi(\alpha) > l(\alpha)$ **do**

$\quad \alpha \leftarrow \alpha / 2$

Wolfe-Schrittlängenbestimmung

Die Wolfe-Schrittlängenbestimmung erweitert die Armijo-Bedingung um eine zusätzliche untere Schranke, die einen minimalen Abstieg garantiert. Die Bedingung

$$\nabla f(\mathbf{x}_k + \alpha \mathbf{s}_k)^T \mathbf{s}_k \geq c_2 \nabla f_k^T \mathbf{s}_k$$

mit $c_2 \in (c_1, 1)$ stellt sicher, dass die Steigung von Φ an α mindestens c_2-mal größer ist als $\Phi'(0)$. Ist $\Phi'(\alpha)$ stark negativ dann ist dies ein Hinweis darauf, dass f entlang der gewählten Richtung signifikant reduziert werden kann. Wenn $\Phi'(\alpha)$ nur schwach negativ oder sogar positiv ist, dann ist in die gewählte Richtung kein großer Abstieg zu erwarten und die Suche kann abgebrochen werden. Die Wahl von c_2 wird in der Literatur mit $c_2 = 0.9$ zur Schrittlängenbestimmung in Newton-Verfahren und $c_2 = 0.1$ für die Konjugierte Gradienten-Methode angegeben [Geiger & Kanzow, 2002]. Neben der Wolfe-Schrittlängenbestimmung

$$f(\mathbf{x}_k + \alpha_k \mathbf{s}_k) \leq f(\mathbf{x}_k) + c_1 \alpha \nabla f_k^T \mathbf{s}_k$$
$$\nabla f(\mathbf{x}_k + \alpha \mathbf{s}_k)^T \mathbf{s}_k \geq c_2 \nabla f_k^T \mathbf{s}_k$$

existiert auch die *strenge* Wolfe-Bedingung, welche gegeben ist durch die folgenden modifizierten Bedingungen

$$f(\mathbf{x}_k + \alpha_k \mathbf{s}_k) \leq f(\mathbf{x}_k) + c_1 \alpha \nabla f_k^T \mathbf{s}_k$$
$$|\nabla f(\mathbf{x}_k + \alpha \mathbf{s}_k)^T \mathbf{s}_k| \leq c_2 |\nabla f_k^T \mathbf{s}_k|.$$

4.2.2.3 Abbruchbedingungen

Um zu überprüfen, ob die aktuelle Iterierte $\mathbf{x}_k$ eine gute Approximation an einen Minimierer ist, oder ob weiter iteriert werden sollte, benötigen wir Kriterien, die uns eine Aussage darüber ermöglichen. In der Praxis bewährte und weitverbreitete Kriterien sind die von Gill, Murray und Wright [Gill et al., 1982] vorgeschlagenen Stoppkriterien. Zwei Ziele werden durch die Kriterien verfolgt. Zum einen wollen wir mit $\mathbf{x}_k$ möglichst nah an dem Minimierer $\mathbf{x}^\star$ sein und zum anderen soll auch $f(\mathbf{x}_k)$ möglichst nah an $f(\mathbf{x}^\star)$ liegen. *Möglichst nah* soll dabei eine vom Benutzer vorgegebene Genauigkeit sein, welche wir durch τ beschreiben. Wir können zum Beispiel überprüfen, ob das aktuelle $\mathbf{x}_k$ die hinreichenden Bedingungen erfüllt und ob die Folge $\{\mathbf{x}_k\}$ konvergiert ist. Ersteres kann problematisch sein, da die Berechnung in der Praxis teils nur näherungsweise erfolgen kann. Daher wollen wir vor allem sicherstellen, dass die Folge konvergiert. Die Stoppkriterien

S1: $f(\mathbf{x}_{k-1}) - f(\mathbf{x}_k) < \tau(1 + |f(\mathbf{x}_k)|)$

S2: $\|\mathbf{x}_{k-1} - \mathbf{x}_k\| < \sqrt{\tau}(1 + \|\mathbf{x}_k\|_2)$

S3: $\|\nabla f(\mathbf{x}_k)\| \leq \sqrt[3]{\tau}(1 + |f(\mathbf{x}_k)|)$

4.2. Unrestringierte Optimierung

werten die gerade beschriebenen Bedingungen aus. S1 und S2 überprüfen die Konvergenz der Folge und S3 stellt sicher, dass die notwendige Bedingung erfüllt ist. Diese Bedingungen müssen alle gleichzeitig erfüllt sein, damit wir annehmen können, dass wir einen stationären Punkt vorliegen haben. Für den Fall, dass der Startwert schon sehr nah am Minimum liegt oder ein großer Suchschritt zufällig auf das Minimum trifft, sind S1 - S3 nicht in der Lage das Minimum zu detektieren. Dazu führen wir die beiden nachfolgend beschriebenen Bedingungen ein. Diese dienen als *Notbremsen*. Ist eine von Ihnen erfüllt, dann bricht der Algorithmus ab. Bedingung S4 überprüft, ob der Gradient gleich null ist. Aufgrund numerischer Fehler wird nicht auf exakt null überprüft, sondern ob der Gradient kleiner der Maschinengenauigkeit ist.

S4: $\|\nabla f(\mathbf{x}_k)\|_2 < \varepsilon$

Eine letzte Bedingung ist mit

S5: iter < maxIter

eine zweite Notbremse, welche nur eine endliche Anzahl an Iterationsschritten im Algorithmus zulässt, falls zum Beispiel kein Minimum existiert. Das Überprüfen der Stoppkriterien erfolgt daher im Algorithmus durch die Auswertung des logischen Ausdrucks

$$(S1 \land S2 \land S3) \lor S4 \lor S5.$$

Um den Abschnitt über unrestringierte Optimierung abzuschließen, betrachten wir ein Beispiel zur Minimierung der Rosenbrockfunktion, welche 1960 von Rosenbrock eingeführt wurde und nichtlinear und nicht konvex ist [Rosenbrock, 1960].

Definition 11 (Rosenbrockfunktion)
Die Rosenbrockfunktion $f : \mathbb{R}^2 \to \mathbb{R}$ ist wie folgt definiert

$$f(\mathbf{x}) = (1 - x_1)^2 + 100(x_2 - x_1^2)^2.$$

52 Kapitel 4. Grundlagen der numerischen Optimierung

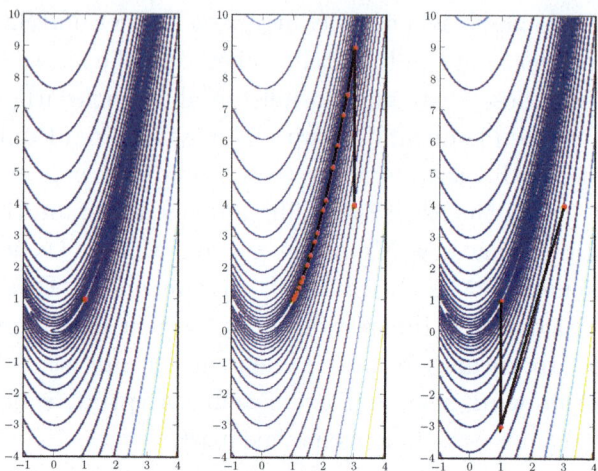

Abbildung 4.2: Höhenlinienplot der Rosenbrockfunktion mit dem eingezeichneten Minimum an der Stelle $(1,1)^T$ (links). Höhenlinienplot der Rosenbrockfunktion mit dem eingezeichneten Iterationsverlauf des Newton-Verfahrens (mitte) und des Gauss-Newton-Verfahrens (rechts).

Die Rosenbrockfunktion hat ein einziges Minimum im Punkt $(1,1)^T$.

Beispiel 12 (Minimierung der Rosenbrockfunktion)
Wir haben im vergangenen Abschnitt zwei verschiedene Optimierungsverfahren kennengelernt. Das Newton-Verfahren und das Gauss-Newton-Verfahren zur Bestimmung einer Suchrichtung. Beide Verfahren wollen wir nutzen, um ausgehend vom Startwert $(4,3)^T$ einen Minimierer der Funktion zu bestimmen. Für das Newton-Verfahren können wir die Funktion direkt wie in Definition 11 beschrieben verwenden mit den Ableitungen

$$\nabla f(\mathbf{x}) = \begin{pmatrix} 2x_1 - 400x_1(x_2 - x_1^2) - 2 \\ 200x_2 - 200x_1^2 \end{pmatrix}$$

4.2. Unrestringierte Optimierung

und
$$\nabla^2 f(\mathbf{x}) = \begin{pmatrix} 1200x_1^2 - 400x_2 + 2 & -400x_1 \\ -400x_1 & 200 \end{pmatrix}.$$

Für das Gauss-Newton-Verfahren formulieren wir die Funktion in eine Residuenform um und erhalten $f^{\mathrm{GN}} : \mathbb{R}^2 \to \mathbb{R}$ mit dem Residuumsvektor $r : \mathbb{R}^2 \to \mathbb{R}^2$
$$\mathbf{r}(\mathbf{x}) = \begin{pmatrix} 1 - x_1 \\ 10(x_2 - x_1^2) \end{pmatrix}$$

die Funktion
$$f^{\mathrm{GN}}(\mathbf{x}) = \|\mathbf{r}(\mathbf{x})\|^2.$$

Die Ableitungen bilden wir mithilfe der Jakobimatrix
$$J^{\mathrm{GN}}(\mathbf{x}) = \begin{pmatrix} 1 & 0 \\ -20x & 10 \end{pmatrix}$$

und erhalten den Gradienten
$$\nabla f = J^{\mathrm{GN}}(\mathbf{x})^T \mathbf{r}(\mathbf{x})$$

sowie die Hessematrix
$$\nabla^2 f = J^{\mathrm{GN}}(\mathbf{x})^T J^{\mathrm{GN}}(\mathbf{x}).$$

Abbildung 4.2 zeigt links die Rosenbrockfunktion auf dem Gebiet $[-1, 1.5] \times [-1, 1.5]$.
Wir optimieren die beiden Zielfunktionen f und f^{GN} mit dem Newton beziehungsweise dem Gauss-Newton-Verfahren. Zur Schrittlängenbestimmung verwenden wir die Armijo-Schrittlängenbestimmung mit den Standard-Parametern, die in Abschnitt 4.2.2.2 beschrieben sind. Die Abbruchbedingungen sind wie in Abschnitt 4.2.2.3 beschrieben gewählt.
Das Newton-Verfahren konvergiert, wie auch in Abbildung 4.2 in der Mitte zu sehen, nach 20 Schritten. Das Gauss-Newton-Verfahren benötigt mit der angepassten Zielfunktion 2 Schritte. Für Least-Squares-Probleme ist also die Approximation der zweiten Ableitungen über die

Jakobimatrizen keinesfalls ein Nachteil, sondern führt in diesem Beispiel zu einer deutlich besseren Konvergenz. Für Problemstellungen, die man entweder als Least-Squares-Probleme vorliegen hat oder die als solche umformuliert werden können, ist das Gauss-Newton-Verfahren dem Newton-Verfahren vorzuziehen. Liegt ein solches Problem nicht vor, dann kann das Gauss-Newton-Verfahren nicht zur Anwendung kommen.

4.3 Restringierte Optimierung

Die restringierte Optimierung (oder auch *Constrained Optimization*, *Optimierung mit Nebenbedingungen*) befasst sich mir der Lösung von Problemen, wie beschrieben in Gleichung (4.1). Je nachdem ob nur die Menge $\mathcal{G}$ oder $\mathcal{U}$ oder beide Mengen nicht leer sind, sprechen wir von Gleichheits-, Ungleichheits- oder Gleichheits- und Ungleichheitsrestringierten Optimierungsproblemen.

Da wir Ungleichheitsnebenbedingungen später über Fallunterscheidungen auf Gleichheitsnebenbedingungen zurückführen werden, betrachten wir im folgenden Beispiel zunächst nur eine Gleichheitsnebenbedingung, ein Minimierungsproblem der Form $f : \mathbb{R}^n \to \mathbb{R}$ mit

$$\min_{\mathbf{x} \in \mathbb{R}^n} f(\mathbf{x})$$
$$\text{u.d.N.} \quad c_i(\mathbf{x}) = 0, \quad i \in \mathcal{G}.$$

Wir betrachten ein einführendes Beispiel, erneut basierend auf der schon bekannten Rosenbrockfunktion, siehe Definition 11.

Beispiel 13 (Beispiel zur restringierten Optimierung)
Das restringierte Optimierungsproblem, welches wir nun betrachten

4.3. Restringierte Optimierung

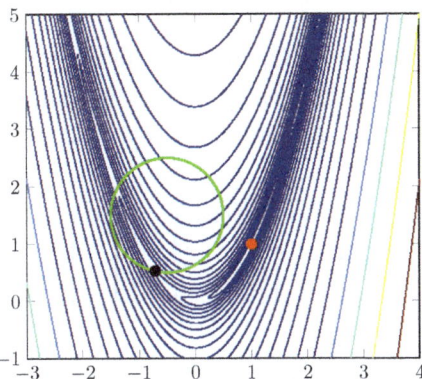

Abbildung 4.3: Höhenlinienplot der Rosenbrockfunktion mit dem eingezeichneten unrestringierten Minimum an der Stelle $\mathbf{x}^{\min} = (1,1)^T$ und den Nebenbedingungen sowie dem schwarz markierten restringierten Minimum an der Stelle $\mathbf{s}^1 \approx (-0.713, 0.522)^T$.

wollen, liest sich wie folgt

$$\min_{\mathbf{x}\in\mathbb{R}^2} f(\mathbf{x}) = (x_1 - 1)^2 + (10x_2 - 10x_1^2)^2$$
$$\text{u.d.N. } c(\mathbf{x}) = -(x_1 + 0.5)^2 - (x_2 - 1.5)^2 + 1.$$
(4.4)

Die Abbildung 4.3 zeigt als Beispiel die Höhenlinien der Rosenbrockfunktion. Zusätzlich ist ein Kreis eingezeichnet. Der Kreis beschreibt die Punkte, die die Nebenbedingung c erfüllen, auch wenn wir hier nur eine Nebenbedingung anschaulich betrachten - tatsächlich sind die Ideen auf $m \in \mathbb{N}$ Nebenbedingungen ausgelegt. Wir verzichten an dieser Stelle jedoch aus Gründen der Anschaulichkeit auf die Darstellung von mehr Nebenbedingungen.

Die von uns beispielhaft betrachtete Nebenbedingung beschreibt einen Kreis mit Radius eins um den Punkt $\mathbf{p} = (-0.5, 1.5)^T$, auf welchem das Minimum zu suchen ist. Das eigentliche Minimum der Rosenbrockfunktion, der rote Punkt $\mathbf{x}^{\min} = (1,1)^T$, erfüllt die Nebenbedingungen offensichtlich nicht.

Bevor wir uns, wie auch im unrestringierten Fall, notwendige und hinreichende Bedingungen an einen Optimierer anschauen, wollen wir zunächst einige Begrifflichkeiten einführen und Hinweise zur Notation geben. Wir können die Nebenbedingungen $c_i(\mathbf{x}) = 0, i \in \mathcal{G}$ auch vektoriell schreiben als

$$c(\mathbf{x}) = \begin{pmatrix} c_1(\mathbf{x}) \\ \vdots \\ c_m(\mathbf{x}) \end{pmatrix} = \begin{pmatrix} 0 \\ \vdots \\ 0 \end{pmatrix}.$$

Damit ist $c : \mathbb{R}^n \to \mathbb{R}^m$, und $m = |\mathcal{G}|$ die Anzahl der Nebenbedingungen. Ein Punkt, der die Nebenbedingungen erfüllt, ist Element der zulässigen Menge.

Definition 14 (Zulässige Menge)
Die zulässige Menge

$$M = \{\mathbf{x} \in \mathbb{R}^n | c_i(\mathbf{x}) = 0, \ i \in \mathcal{G}, \ \wedge \ c_i(\mathbf{x}) \geq 0, \ i \in \mathcal{U}\}$$

enthält alle Punkte $\mathbf{x} \in \mathbb{R}^n$, die die Nebenbedingungen erfüllen.

Elemente der zulässigen Menge, deren Gradienten der Nebenbedingungen linear unabhängig sind, heißen *reguläre Punkte*.
Ein Punkt $\mathbf{x}^\star$ ist dann ein lokales Minimum unter den gegebenen Nebenbedingungen, wenn $\mathbf{x}^\star$ zulässig ist und eine Umgebung $U(\mathbf{x}^\star)$ existiert, sodass $f(\mathbf{x}^\star) \leq f(\mathbf{x})$, für alle $\mathbf{x} \in U(\mathbf{x}^\star) \cap M$. Gilt sogar "<" anstatt "≤", dann sprechen wir wie im unrestringierten Fall von einem strikten lokalen Minimum.
Für das Beispiel 13 können wir in Abbildung 4.3 den Punkt $\mathbf{x}^\star \approx (-0.713, 0.522)^T$ als Minimum identifizieren. In einer Umgebung um den Punkt, die die Nebenbedingungen erfüllt, sind alle Funktionswerte größer als der des identifizierten Punktes.
Bevor wir die Optimalitätskriterien für restringierte Minima betrachten, wollen wir zunächst einen Ansatz vorstellen, mit dem wir ein gleichheitsrestringiertes Minimierungsproblem überführen können in ein unre-

4.3. Restringierte Optimierung

stringiertes Problem. Dieses können wir dann mit den schon bekannten Verfahren minimieren.

4.3.1 Algorithmen zur Optimierung mit Nebenbedingungen - Quadratische Penaltyfunktion

Eine Idee zur Lösung des restringierten Optimierungsproblems

$$\min_{\mathbf{x}\in\mathbb{R}^n} f(\mathbf{x}), \quad \text{u.d.N.} \quad c(\mathbf{x}) = 0 \qquad (4.5)$$

ist es die Nebenbedingungen als gewichteten Strafterm an die Zielfunktion f anzuhängen und somit ein neues, unrestringiertes Problem zu erhalten, dessen Lösung näherungsweise die Nebenbedingungen erfüllt. Ein einfacher Weg um dies zu realisieren ist es, die Summe der Quadrierten Funktionswerte der Nebenbedingungen auf den Zielfunktionswert zu addieren. Jede Abweichung von der geforderten 0 wird so entdeckt und kann durch den Algorithmus bestraft werden. Man erhält damit die Funktion $F : \mathbb{R}^n \to \mathbb{R}$

$$F(\mathbf{x}, \beta) = f(\mathbf{x}) + \frac{\beta}{2} \sum_{i\in\mathcal{G}} c_i^2(\mathbf{x}) \qquad (4.6)$$

mit dem Penalty-Parameter $\beta > 0$.
Um den Einfluss des Penalty-Parameters zu untersuchen, betrachten wir die Abbildung 4.4. Hier wird das restringierte Beispiel aus Gleichung (4.4) für verschiedene β visualisiert. Je größer der Wert für β gewählt wird desto glatter wird die Zielfunktion.
Genau wie im unrestringierten Fall müssen wir, abhängig vom Startwert, auch hier damit rechnen ein lokales, anstatt ein globales Minimum von $F(\mathbf{x}, \beta)$ zu finden.
Abbildung 4.4 (d) zeigt einen Oberflächenplot der Nebenbedingung $c^2(\mathbf{x})$.
Nun wollen wir, wie auch schon für den unrestringierten Fall, ein Beispiel für das vorgeschlagene Verfahren mit verschiedenen initial fest gewählten Gewichtungsparametern β zeigen.

Beispiel 15 (Optimierung mit Penalty-Funktion)
Wir starten, wie auch im unrestringierten Fall in Beispiel 12 im Punkt $\mathbf{x}^{\text{start}} = (0,0)^T$ und suchen ein Minimum der Rosenbrockfunktion unter der Nebenbedingung, dass sich das Minimum auf dem Kreis um den Punkt $\mathbf{p} = (-0.5, 1.5)^T$ mit Radius eins befinden soll.Wir wählen verschiedene Werte für β und visualisieren in Abbildung 4.5 die Ergebnisse für fest gewählte $\beta = [0, 10, 50, 100, 1000]$.
Wir sehen, dass $\beta = [0, 10]$ nicht ausreicht, um ein Minimum zu finden, welches die Nebenbedingungen erfüllt da wir gegen lokale Minima konvergieren. Im Fall $\beta = 50$ ist der Punkt $\mathbf{x}^\star = (-0.7013, 0.5060)^T$ eine Näherung an das restringierte Minimum der Zielfunktion. Wir erreichen nach 29 Schritten den Punkt, der die Nebenbedingungen auf vier Nachkommastellen erfüllt. Die Visualisierungen der kombinierten Zielfunktionen, zusammen mit den Iterationsverläufen zeigen für diese Fälle das Verhalten des Optimierers.

Wir sind zwar in der Lage das Gleichheitsrestringierte Optimierungsproblem in ein unrestringiertes System zu überführen, aber wir handeln uns mit diesem Ansatz sowohl für die feste Wahl als auch für die adaptive Strategie den Parameter β ein, den wir für jedes Optimierungsproblem individuell bestimmen müssen.

Die vorgestellte Strategie ist eine sehr simple. In der Literatur finden sich weitere Strategien, die jedoch alle das Problem mit sich bringen, dass ein guter Wert für β gewählt werden muss. Da wir dieses Verfahren in den späteren Kapiteln nicht verwenden, gehen wir an dieser Stelle nicht weiter darauf ein, sondern verweisen auf [Nocedal & Wright, 2006].

Der später beschriebene Ansatz der Augmented Lagrangefunktion kommt ohne einen vom Benutzer zu wählenden Gewichtungsparameter aus und ist in der Lage sowohl Gleichheits- als auch, durch geschickte Fallunterscheidungen, Ungleichheitsnebenbedingungen zu berücksichtigen. Bevor wir den Ansatz beschreiben, wollen wir zunächst analog zum

4.3. Restringierte Optimierung

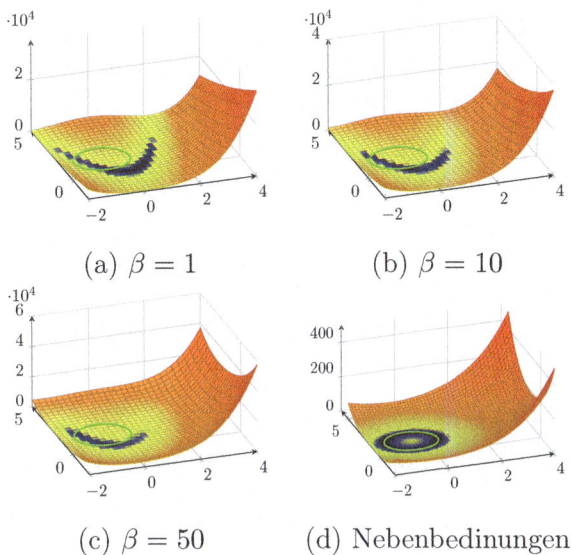

(a) $\beta = 1$ (b) $\beta = 10$
(c) $\beta = 50$ (d) Nebenbedinungen

Abbildung 4.4: Einfluss des Penalty-Parameters β. Zu sehen sind für die unterschiedlichen Werte jeweils ein Oberflächenplot der gewichteten Summe aus Rosenbrockfunktion und der Nebenbedingung. Diese ist als grüner Kreis zusätzlich auf der Oberfläche visualisiert. Zudem ist die Nebenbedingung in Abbildung (d) auch ohne die Rosenbrockfunktion gezeigt.

unrestringierten Fall, die Optimalitätskriterien für ein restringiertes Minimum aufführen.

4.3.2 Optimalitätskriterien für restringierte Minima

Da die notwendigen und hinreichenden Bedingungen für Minima unter Nebenbedingungen zum Beispiel in [Nocedal & Wright, 2006] ausführlich beschrieben sind, beschränken wir uns hier auf die Wiederholung der für die algorithmisch wichtige Notwendige Bedingung 1. Ordnung. Zunächst führen wir dazu die *Lagrangefunktion* ein.

60 Kapitel 4. Grundlagen der numerischen Optimierung

Definition 16 (Lagrangefunktion)
Für eine Funktion $f : \mathbb{R}^n \to \mathbb{R}$ und Nebenbedingungen $c : \mathbb{R}^n \to \mathbb{R}^m$ sowie den *Lagrangemultiplikatoren* $\boldsymbol{\lambda} = (\lambda_1, \ldots, \lambda_m)^T \in \mathbb{R}^m$ ist $\mathcal{L} : \mathbb{R}^{n+m} \to \mathbb{R}$ mit

$$\mathcal{L}(\mathbf{x}, \boldsymbol{\lambda}) = f(\mathbf{x}) - \boldsymbol{\lambda}^T c(\mathbf{x}) \tag{4.7}$$

die *Lagrangefunktion*.

Ein weiterer Begriff, der benötigt wird, ist der der aktiven Menge. Die Aktive Menge enthält alle Gleichheitsnebenbedingungen zusammen mit den *aktiven* Ungleichheitsnebenbedingungen.

Definition 17 (Aktive Menge)
Die Aktive Menge eines Punktes $\mathbf{x} \in M$ ist gegeben durch

$$\mathcal{A}(\mathbf{x}) = \mathcal{G} \cap \{i \in \mathcal{U} \mid c_i(\mathbf{x}) = 0\}.$$

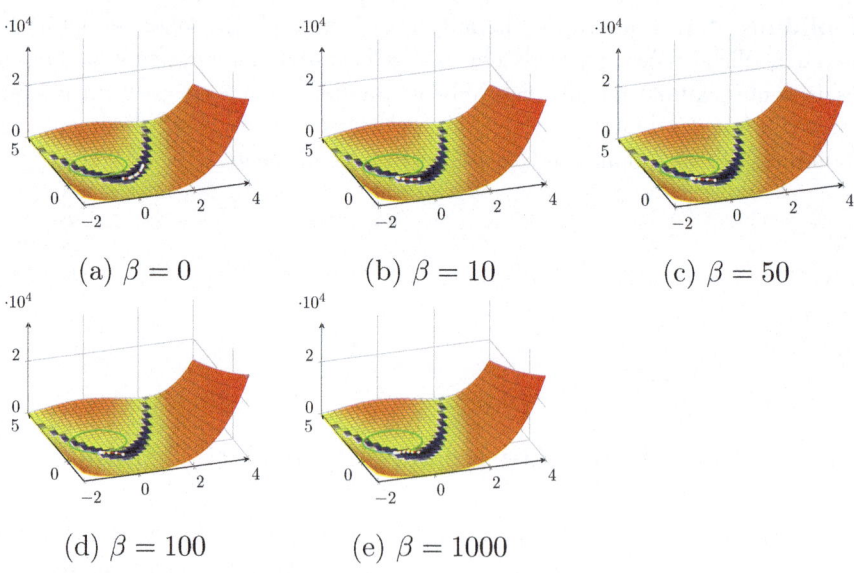

(a) $\beta = 0$ (b) $\beta = 10$ (c) $\beta = 50$

(d) $\beta = 100$ (e) $\beta = 1000$

Abbildung 4.5: Ergebnisplots für das Gauss-Newton-Verfahren mit verschiedenen Gewichtungsparametern β. Eingezeichnet sind neben den Nebenbedingungen auch die Iterationsverläufe.

4.3. Restringierte Optimierung

Satz 18 (Notwendige Bedingungen 1. Ordnung)
Für zweimal stetig differenzierbare Funktionen $f : \mathbb{R}^n \to \mathbb{R}$ und $c : \mathbb{R}^n \to \mathbb{R}^m$ sei $\mathbf{x}^\star \in \mathbb{R}^n$ ein lokaler Optimierer von f. Für diesen lokalen Optimierer gelte, dass die Gradienten der Nebenbedingungen $\nabla c_i(\mathbf{x}^\star)$ linear unabhängig sind für $i \in \mathcal{A}(\mathbf{x}^\star)$. Unter diesen Voraussetzungen existiert für diesen Punkt $\mathbf{x}^\star$ ein $\boldsymbol{\lambda}^\star \in \mathbb{R}^m$ mit Komponenten $\lambda_i^\star$, $i \in \mathcal{G} \cup \mathcal{U}$ derart, dass die folgenden Bedingungen gelten

$$\nabla_x \mathcal{L}(\mathbf{x}^\star, \boldsymbol{\lambda}^\star) = 0$$
$$\mathbf{x}^\star \in M$$
$$\lambda_i^\star \geq 0, \text{ für alle } i \in \mathcal{U}$$
$$\lambda_i^\star c_i(\mathbf{x}^\star) = 0, \text{ für alle } i \in \mathcal{G} \cup \mathcal{U}.$$

Die Bedingungen werden auch Karush-Kuhn-Tucker Bedingungen (KKT-Bedingungen) genannt. Der ausführliche Beweis zum Satz 18 findet sich in [Nocedal & Wright, 2006].

Wie auch im Fall der unrestringierten Optimierung sind wir hier interessiert an einer Nullstelle der ersten Ableitung der Lagrangefunktion. Daneben existieren weitere Bedingungen an den Minimierer, welche wir in dem nachfolgend beschriebenen Algorithmus sicherstellen wollen.

4.3.3 Algorithmen zur Optimierung mit Nebenbedingungen - Augmented Lagrangefunktion

In diesem Abschnitt wollen wir die *Augmented Lagrangefunktion* (deutsch: Erweiterte Lagrangefunktion) vorstellen. Sie wurde zuerst von Hestenes in [Hestenes, 1969] und Powell in [Powell, 1969] zur Lösung restringierter Optimierungsprobleme eingeführt. Die Erweiterung der Augmented Lagrangefunktion auf Ungleichheitsnebenbedingungen wurde im Jahr 1973 von Rockafellar [Rockafellar, 1973] sowie von Powell im Jahre 1978 [Powell, 1978] eingeführt. Im Jahr 1963 wurde das verwandte Sequential Quadratic Programming (SQP) Framework von Wilson [Wilson, 1963] eingeführt.

Nachdem wir die Augmented Lagrangefunktion vorgestellt haben, werden wir eine Minimierungsstrategie für die Zielfunktion, basierend auf einem SQP-Framework betrachten.
Im Abschnitt 4.3.3.1 betrachten wir zunächst Gleichheitsrestringierte Probleme, bevor wir in Abschnitt 4.3.3.2 beschreiben, wie wir diese durch Fallunterscheidungen auch auf Ungleichheitsnebenbedingungen erweitern können.

4.3.3.1 Augmented Lagrangefunktion für Gleichheitsnebenbedingungen

Das Optimierungsproblem mit Gleichheitsnebenbedingungen ist gegeben durch

$$\min_{\mathbf{x}\in\mathbb{R}^n} f(\mathbf{x})$$
$$\text{u.d.N. } c(\mathbf{x}) = 0 \tag{4.8}$$

mit der Zielfunktion $f : \mathbb{R}^n \to \mathbb{R}$ und den Nebenbedingungen $c : \mathbb{R}^n \to \mathbb{R}^m$, welche als hinreichend glatt angenommen werden. Die Lagrangefunktion ist, wie bereits aus Definition 16 bekannt, gegeben durch

$$\mathcal{L}(\mathbf{x}, \boldsymbol{\lambda}) = f(\mathbf{x}) - \boldsymbol{\lambda}^T c(\mathbf{x}), \tag{4.9}$$

mit den Lagrangemultiplikatoren $\boldsymbol{\lambda} \in \mathbb{R}^m$. Die Augmented Lagrangefunktion erweitert die Lagrangefunktion um einen zusätzlichen, quadratischen Strafterm.

Definition 19 (Augmented Lagrangefunktion)
Die Funktion $\mathcal{L} : \mathbb{R}^{n+m} \to \mathbb{R}$

$$\mathcal{L}(\mathbf{x}, \boldsymbol{\lambda}; \mu) = f(\mathbf{x}) - \boldsymbol{\lambda}^T c(\mathbf{x}) + \frac{1}{2\mu} \|c(\mathbf{x})\|^2 \tag{4.10}$$

mit der Zielfunktion $f : \mathbb{R}^n \to \mathbb{R}$ und den Nebenbedingungen $c : \mathbb{R}^n \to \mathbb{R}^m$ und dem Penaltyparameter $\mu > 0$ wird Augmented Lagrangefunktion genannt.

4.3. Restringierte Optimierung

Genauer betrachtet kombinieren wir in dieser Funktion die Lagrangefunktion mit dem aus Abschnitt 4.3.1 bekannten quadratischen Strafterm.

Numerische Lösung des Optimierungsproblems

Das Minimum der Augmented Lagrangefunktion ist also das Minimum der Funktion f unter den gegebenen Nebenbedingungen. Nachfolgend wollen wir betrachten, wie wir solch ein Minimum bestimmen können. Es existiert eine Vielzahl verschiedener Ansätze [Nocedal & Wright, 2006]. Im Folgenden beschreiben wir die Strategie, die wir zur Optimierung in den Anwendungsfällen verwenden werden.

Nach Satz 18 ist die notwendige Bedingung 1. Ordnung für ein Minimum der Augmented Lagrangefunktion gegeben durch

$$\nabla_x \mathcal{L}(\mathbf{x}^\star, \boldsymbol{\lambda}^\star; \mu) = \nabla f(\mathbf{x}^\star) - \boldsymbol{\lambda}^{\star T} \nabla c(\mathbf{x}^\star) + \frac{1}{\mu}(\nabla c(\mathbf{x}^\star))^T c(\mathbf{x}^\star) = \mathbf{0}.$$

Wir verwenden, in Kenntnis der späteren praktischen Probleme, zur Minimierung der Augmented Lagrangefunktion ein Gauss-Newton-Verfahren. Wir betrachten zunächst die Zielfunktion. Wie bei Gauss-Newton-artigen Methoden üblich, suchen wir das Minimum über ein quadratisches Modell der Zielfunktion. Zur besseren Lesbarkeit führen wir an dieser Stelle eine leicht veränderte Notation ein, die im Folgenden erklärt wird.
Wir nähern die unrestringierte Zielfunktion $f : \mathbb{R}^n \to \mathbb{R}$ im Punkt $\mathbf{x}^k$ an durch

$$\hat{f}(\mathbf{s}) \approx f_{\mathbf{x}^k} + \mathbf{g}_{\mathbf{x}^k}^T \mathbf{s} + \mathbf{s}^T H_{\mathbf{x}^k} \mathbf{s}$$

mit $\mathbf{s} := \mathbf{x} - \mathbf{x}^k \in \mathbb{R}^n$, dem Funktionswert $f_{\mathbf{x}^k}$, dem Gradienten $\mathbf{g}_{\mathbf{x}^k} \in \mathbb{R}^n$ und der Hessematrix $H_{\mathbf{x}^k} \in \mathbb{R}^{n \times n}$, jeweils ausgewertet im Entwicklungspunkt $\mathbf{x}^k$.
Die Nebenbedingungen betrachten wir, wie von Nocedal und Wright vorgeschlagen [Nocedal & Wright, 2006], in jedem Schritt in ihrer linearisierten Form in Anlehnung an aus der Literatur bekannte SQP-Verfahren.

Kapitel 4. Grundlagen der numerischen Optimierung

Die von uns im Rahmen dieser Arbeit betrachteten Landmarken-Nebenbedingungen nähern wir an mithilfe der Taylor-Approximation über

$$\hat{c}(\mathbf{s}) \approx \mathbf{c}_{\mathbf{x}^k} + C_{\mathbf{x}^k}^T \mathbf{s}.$$

Dabei ist analog zum quadratischen Modell für die Zielfunktion $\mathbf{c}_{\mathbf{x}^k} \in \mathbb{R}^m$, die Nebenbedingungen ausgewertet am Punkt $\mathbf{x}^k$ und $C_{\mathbf{x}^k} \in \mathbb{R}^{m \times n}$, die Jakobi-Matrix der Nebenbedingungen im Punkt $\mathbf{x}^k$.
Mithilfe des linearen und des quadratischen Modells beschreiben wir die Bedingung 1. Ordnung. Wir erhalten so

$$\nabla_s \mathcal{L}(\mathbf{s}, \boldsymbol{\lambda}; \mu) = \mathbf{g}_{\mathbf{x}^k}^T + H_{\mathbf{x}^k} \mathbf{s} - \boldsymbol{\lambda}^T C_{\mathbf{x}^k} + \frac{1}{\mu} C_{\mathbf{x}^k}^T (\mathbf{c}_{\mathbf{x}^k} + C_{\mathbf{x}^k}^T \mathbf{s}) = \mathbf{0}. \qquad (4.11)$$

Zur besseren Übersichtlichkeit vernachlässigen wir im Folgenden die Subskripte.
Aus der notwendigen Bedingung 1. Ordnung, Satz 18, folgt, dass die Nebenbedingungen im Minimum erfüllt sein müssen, also dass gilt

$$\mathbf{c} + C^T \mathbf{s} = 0. \qquad (4.12)$$

Betrachten wir die Ableitung der Augmented Lagrangefunktion nach $\boldsymbol{\lambda}$ und setzen diese gleich Null, dann erhalten wir diese Bedingung ebenfalls.

Die Bedingungen in den Gleichungen (4.11) und (4.12) können wir zusammenfassend auch schreiben als lineares Gleichungssystem

$$\begin{pmatrix} H + \frac{1}{\mu} C^T C & -C^T \\ C & 0 \end{pmatrix} \begin{pmatrix} \mathbf{s} \\ \boldsymbol{\lambda} \end{pmatrix} = \begin{pmatrix} -\mathbf{g}^T - \frac{1}{\mu} C^T \mathbf{c} \\ -\mathbf{c} \end{pmatrix}. \qquad (4.13)$$

Dieses lineare Gleichungssystem wird auch *Karush-Kuhn-Tucker System* (KKT System) genannt. Das System können wir deshalb aufstellen, weil wir die Nebenbedingungen linearisiert haben.
Unter bestimmten Bedingungen wird eine Lösung $(\mathbf{s}^\star, \boldsymbol{\lambda}^\star)^T$ des linearen Gleichungssystems (4.13) die Augmented Lagrangefunktion (4.10)

4.3. Restringierte Optimierung

minimieren. Diese Bedingungen werden wir uns nachfolgend anschauen.

Um das System vorher zunächst schon ein wenig zu verkleinern und die Berechnung effizienter zu machen, formulieren wir das System (4.13) mit einem $V \in \mathbb{R}^{m \times m}$ um in

$$\begin{pmatrix} H + \frac{1}{\mu}C^TC & -C^T \\ 0 & V \end{pmatrix} \begin{pmatrix} \mathbf{s} \\ \boldsymbol{\lambda} \end{pmatrix} = \begin{pmatrix} 0 & 0 \\ -C & V \end{pmatrix} \begin{pmatrix} \mathbf{s} \\ \boldsymbol{\lambda} \end{pmatrix} + \begin{pmatrix} -\mathbf{g}^T - \frac{1}{\mu}C^T\mathbf{c} \\ -\mathbf{c} \end{pmatrix}.$$

Nach [Nocedal & Wright, 2006] wählen wir $V = \mu \mathcal{I}_m$ mit der Einheitsmatrix $\mathcal{I}_m \in \mathbb{R}^{m \times m}$. Wir formulieren das System um in eine Iterationsvorschrift, analog zum bereits bekannten Newton-Verfahren. Dabei beschreibt das Superskript k jeweils den Wert des $k-$ten Iterationsschrittes

$$\begin{pmatrix} H + \frac{1}{\mu}C^TC & -C^T \\ 0 & \mu\mathcal{I} \end{pmatrix} \begin{pmatrix} \mathbf{s}^{k+1} \\ \boldsymbol{\lambda}^{k+1} \end{pmatrix} = \begin{pmatrix} -\mathbf{g}^T - \frac{1}{\mu}C^T\mathbf{c} \\ -C\mathbf{s}^k + \mu\boldsymbol{\lambda}^k - \mathbf{c} \end{pmatrix}. \quad (4.14)$$

Das System (4.14) lässt sich in zwei kleinere Blöcke zerlegen

$$\left(H + \frac{1}{\mu}C^TC\right)\mathbf{s}^{k+1} = C^T\boldsymbol{\lambda}^{k+1} - \mathbf{g}^T - \frac{1}{\mu}C^T\mathbf{c},$$

$$\boldsymbol{\lambda}^{k+1} = \boldsymbol{\lambda}^k - \frac{1}{\mu}(\mathbf{c} + C\mathbf{s}^k),$$

um die Suchrichtung $\mathbf{s}^{k+1}$ zu erhalten, müssen wir nur noch ein Gleichungssystem mit n anstatt $n + m$ Unbekannten lösen. Betrachten wir den Iterationsschritt $k \to k + 1$ mit den Startwerten $(\mathbf{s}^k, \boldsymbol{\lambda}^k)^T$ erhalten wir

$$\left(H^k + \frac{1}{\mu}(C^k)^TC^k\right)\mathbf{s}^{k+1} = (C^k)^T\boldsymbol{\lambda}^{k+1} - (\mathbf{g}^k)^T - \frac{1}{\mu}(C^k)^T\mathbf{c}^k,$$

$$\boldsymbol{\lambda}^{k+1} = \boldsymbol{\lambda}^k - \frac{1}{\mu}(\mathbf{c}^k + C^k\mathbf{s}^k). \quad (4.15)$$

Während $(\mathbf{s}^{k+1}, \boldsymbol{\lambda}^{k+1})^T$ nur die notwendigen Bedingungen für ein Minimum der Modelle $\hat{f}$ und $\hat{c}$ erfüllt, wenden wir die in Abschnitt 4.2.2.2

beschriebenen Schrittweitenbestimmungen an, um $\mathbf{x}^{k+1} = \mathbf{x}^k + \alpha^{k+1}\mathbf{s}^{k+1}$ für die in (4.10) definierte Augmented Lagrangefunktion zu bestimmen.

Der letzte Term, $\frac{1}{2\mu}\|c(\mathbf{x})\|^2$, der Lagrangefunktion $\mathcal{L}$, welcher in (4.10) eingeführt wurde, bestraft die Verletzung der Nebenbedingungen des Optimierungsproblems (4.8) gewichtet durch den Parameter μ. Durch die Benutzung der Variablen μ im Algorithmus können wir beeinflussen, wie stark die Suchrichtung in Richtung der Nebenbedingungen zeigt. Dennoch soll der Algorithmus die Konvergenz nicht nur gegen die Nebenbedingungen, sondern gegen ein restringiertes Minimum ermöglichen. Die Wahl von μ ist also ähnlich wie schon die Wahl von β im vorherigen Abschnitt augenscheinlich nicht trivial. Nach [Geiger & Kanzow, 2002] schlagen wir die folgende Update-Strategie für einen adaptiv durch μ^k gewichteten Strafterm vor:

Die Verletzung $v \in \mathbb{R}$ der Nebenbedingungen im aktuellen Schritt k wollen wir beschreiben über die maximale Verletzung aller Nebenbedingungen

$$v^k = \|\mathbf{c}^k\|_\infty.$$

Im implementierten Algorithmus wenden wir die Maximumsnorm auf den Ergebnisvektor der Nebenbedingungen an. Auch in den Stoppkriterien wählen wir die Maximumsnorm, wenn wir diese bezüglich der Nebenbedingungen c überprüfen. Um den Wert von μ adaptiv anzupassen, vergleichen wir die Verletzung der Nebenbedingungen im Schritt $k+1$ jeweils mit dem vorherigen Schritt k

$$\chi\|v^k\| < \|v^{k+1}\|_\infty.$$

Der Wert χ ist dabei nach [Geiger & Kanzow, 2002] zu wählen als $0 \leq \chi < 1$, zum Beispiel $\chi = 0.5$. Die Bedingung bewertet eine möglicherweise erfolgte Reduktion der Verletzungen der Nebenbedingungen. Wenn es keinen hinreichenden Abstieg der Verletzung der Nebenbedingungen im gemachten Schritt gab, dann wird der Parameter μ modifiziert durch

$$\mu^{k+1} = \frac{1}{2}\mu^k,$$

4.3. Restringierte Optimierung

sodass der Strafterm im nächsten Schritt stärker gewichtet wird. Durch diese adaptive Strategie ist die Wahl des Startwertes für μ nicht mehr so kritisch. Im von uns implementierten Algorithmus wird $\mu = 1$ gewählt. Eine erneute Erhöhung von μ, also die Verringerung des Einflusses der Nebenbedingungen erfolgt nicht.

Wie auch schon für den letzten Ansatz wollen wir abschließend ein Beispiel betrachten.

Beispiel 20 (Augmented Lagrangefunktion)
An dieser Stelle wollen wir das Problem (4.4), ebenfalls mit dem soeben vorgestellten Algorithmus lösen.

Die Parameter für den das Optimierungsverfahren sind die folgenden: Wir wählen den Parameter für die Stoppkriterien $\tau = 1 \times 10^{-10}$, die Toleranz für die Nebenbedingungen $\text{tol}_C = 1 \times 10^{-10}$, die maximale Anzahl an Iterationsschritten maxIter= 100. Der Startwert für das Verfahren ist analog zum Beispiel 15 ebenfalls $\mathbf{x}^{\text{start}} = (0,0)^T$.

Wir erhalten nach 26 Schritten das restringierte Minimum an der Stelle $\mathbf{x}^\star \approx (-0.713, 0.522)^T$, wie auch in Abbildung 4.6 zu sehen ist. Als finalen, adaptiv bestimmten Wert für $\mu^\star$ erhalten wir $\mu^\star = 0.000244$.

Die notwendigen und hinreichenden Bedingungen für restringierte Minima können für den errechneten Punkt gezeigt werden.

4.3.3.2 Augmented Lagrangefunktion für Ungleichheitsnebenbedingungen

In diesem Abschnitt wollen wir die Augmented Lagrangefunktion für Ungleichheitsrestringierte Optimierungsprobleme

$$\min_{\mathbf{x} \in \mathbb{R}^n} f(\mathbf{x})$$
$$\text{u.d.N.} \quad c_i(\mathbf{x}) \geq 0, \quad i \in \mathcal{U}.$$

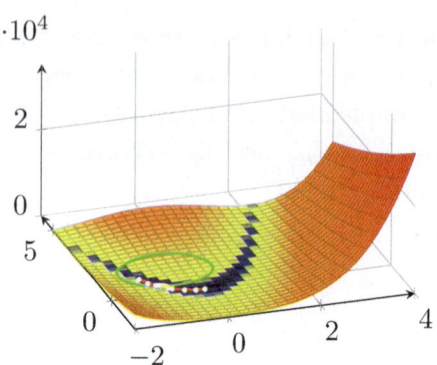

Abbildung 4.6: Iterationsverlauf des vorgeschlagenen Algorithmus zur Minimierung der Rosenbrockfunktion mit Gleichheitsnebenbedingungen in 18 Schritten. Das gefundene Minimum an der Stelle $\mathbf{x}^\star \approx (-0.713, 0.522)^T$ ist gelb markiert.

betrachten. Die Strategie, die wir anwenden, folgt den vorgeschlagenen Konzepten von [Nocedal & Wright, 2006] zur Minimierung Ungleichheitsrestringierter Probleme.

Genau wie auch im gleichheitsrestringierten Fall nähern wir die Zielfunktion in jedem Schritt durch ein quadratisches Modell und die Nebenbedingungen durch ihre Linearisierungen an

$$\min_{\mathbf{s}\in\mathbb{R}^n} \hat{f}(\mathbf{s})$$
$$\text{u.d.N.} \quad \hat{c}(\mathbf{s}) = \mathbf{c} + C^T\mathbf{s} =\geq \mathbf{0}.$$

Um das Optimierungsproblem lösen zu können, formulieren wir es um in ein gleichheitsrestringiertes Problem. Wir führen für jede Nebenbedingung eine sogenannte *Schlupfvariable* $\xi_i \geq 0$ ein und erhalten dann in vektorieller Schreibweise

$$\mathbf{c} + C^T\mathbf{s} - \boldsymbol{\xi} = 0, \qquad \boldsymbol{\xi} \geq 0.$$

Eingesetzt in die Augmented Lagrangefunktion, zur besseren Übersicht-

4.3. Restringierte Optimierung

lichkeit zunächst wieder ohne den Iterationsindex k, ergibt sich dann

$$\mathcal{L}_{\mathcal{I}}(\mathbf{s},\boldsymbol{\lambda};\mu,\boldsymbol{\xi}) = \hat{f} - \boldsymbol{\lambda}^T(\mathbf{c} + C^T\mathbf{s} - \boldsymbol{\xi}) + \frac{1}{2\mu}\|\mathbf{c} + C^T\mathbf{s} - \boldsymbol{\xi}\|^2. \quad (4.16)$$

Die Schlupfvariablen $\boldsymbol{\xi}$ tauchen in zwei der drei Summanden von $\mathcal{L}_{\mathcal{I}}(\mathbf{s},\boldsymbol{\lambda};\mu)$ auf. Nach [Nocedal & Wright, 2006] ist die Funktion $\mathcal{L}_{\mathcal{I}}$ in $\boldsymbol{\xi}$ konvex, quadratisch und das Minimum bezüglich $\boldsymbol{\xi}^\star$ von (4.16) unter den Nebenbedingungen ist daher gegeben durch

$$\boldsymbol{\xi}^\star = \mathrm{argmin}_\xi \mathcal{L}(\mathbf{s},\boldsymbol{\lambda};\mu,\boldsymbol{\xi}) = \mathbf{c} + C^T\mathbf{s} - \mu\boldsymbol{\lambda},$$

weil

$$\nabla_\xi \mathcal{L}_{\mathcal{I}}(\mathbf{s},\boldsymbol{\lambda};\mu,\boldsymbol{\xi}) = \boldsymbol{\lambda} + \frac{1}{\mu}(\boldsymbol{\xi} - (\mathbf{c} + C^T\mathbf{s})) \stackrel{!}{=} 0$$

$$\Leftrightarrow \quad \boldsymbol{\xi} \stackrel{!}{=} \mathbf{c} + C^T\mathbf{s} - \boldsymbol{\lambda}\mu.$$

Aus der Konvexität von $\mathcal{L}_{\mathcal{I}}$ in Bezug auf $\boldsymbol{\xi}$, ergibt sich, dass der optimale Wert einer Komponente ξ_i gleich Null ist, wenn zugehörige Nebenbedingung kleiner oder gleich Null ist. Wir erhalten mit der Funktion max[1]

$$\boldsymbol{\xi}^\star = \max\left(\mathbf{c} + C^T\mathbf{s} - \mu\boldsymbol{\lambda}, 0\right).$$

Wenn wir für $\boldsymbol{\xi}$ in die Gleichung (4.16) $\boldsymbol{\xi}^\star$ einsetzen, also entweder die 0 oder $\mathbf{c} + C^T\mathbf{s} - \mu\boldsymbol{\lambda}$ einsetzen, dann erhalten wir

$$\mathcal{L}_{\mathcal{I}}(\mathbf{s},\boldsymbol{\lambda};\mu)$$
$$= \hat{f} - \boldsymbol{\lambda}^T(\mathbf{c} + C^T\mathbf{s} - (\mathbf{c} + C^T\mathbf{s} - \mu\boldsymbol{\lambda}))$$
$$+ \frac{1}{2\mu}(\mathbf{c} + C^T\mathbf{s} - (\mathbf{c} + C^T\mathbf{s} - \mu\boldsymbol{\lambda}))^T(\mathbf{c} + C^T\mathbf{s} - (\mathbf{c} + C^T\mathbf{s} - \mu\boldsymbol{\lambda}))$$
$$= \hat{f} - \frac{\mu}{2}\boldsymbol{\lambda}^T\boldsymbol{\lambda}$$

---

[1] Mit $\max(\mathbf{a},\mathbf{b})$ ist hier das komponentenweise Maximum von $\mathbf{a}$ und $\mathbf{b}$ gemeint, also für $\mathbf{a},\mathbf{b} \in \mathbb{R}^n$ ist $\max(\mathbf{a},\mathbf{b}) = (\max(a_i,b_i))_{i=1,\ldots,n}$.

und

$$\mathcal{L}_\mathcal{I}(\mathbf{s},\boldsymbol{\lambda};\mu) = \hat{f} + \frac{1}{2\mu}(\mathbf{c}+C^T\mathbf{s})^T(\mathbf{c}+C^T\mathbf{s}) - \boldsymbol{\lambda}^T(\mathbf{c}+C^T\mathbf{s})$$

respektive. Der Übersichtlichkeit halber verzichten wir an dieser Stelle auf die ausführliche komponentenweise Schreibweise und führen somit nur die Fälle auf, für die $\boldsymbol{\xi}^*$ entweder komplett 0 oder komplett $\mathbf{c} + C^T\mathbf{s} - \mu\boldsymbol{\lambda}$ ist.

Die Augmented Lagrangefunktion aus (4.16) können wir so mithilfe der Funktion $\psi_i : \mathbb{R}^{n+m} \to \mathbb{R}$

$$\psi_i(\mathbf{s},\boldsymbol{\lambda};\mu) = \begin{cases} -\lambda_i(\mathbf{c}+C^T\mathbf{s})_i + \frac{1}{2\mu}(\mathbf{c}+C^T\mathbf{s})_i^2, & \text{if } (\mathbf{c}+C^T\mathbf{s})_i - \mu\lambda_i \leq 0, \\ -\frac{\mu}{2}\lambda_i^2, & \text{sonst} \end{cases}$$

beschreiben. Wir erhalten dann

$$\mathcal{L}_\mathcal{I}(s,\boldsymbol{\lambda};\mu) = \hat{f} + \sum_i^m \psi_i(\mathbf{s},\boldsymbol{\lambda};\mu).$$

Analog zum gleichheitsrestringierten Fall wird die Suchrichtung hier ebenfalls durch das KKT-System, wie in (4.14) eingeführt, bestimmt.

4.3.3.3 Abbruchbedingungen

Mithilfe der Augmented Lagrangefunktion sind wir in der Lage das restringierte Optimierungsproblem als unrestringiertes Optimierungsproblem mit den bereits bekannten Verfahren der unrestringierten Optimierung zu lösen. Dies nutzen wir auch in der Wahl der Abbruchbedingungen aus und ersetzen in den schon beschriebenen Abbruchbedingungen in Abschnitt (4.2.2.3) die Zielfunktion f durch die Augmented Lagrangefunktion $\mathcal{L}(\mathbf{x},\boldsymbol{\lambda};\mu)$. Zusätzlich überprüfen wir, dass die Nebenbedingungen erfüllt werden.

4.3. Restringierte Optimierung

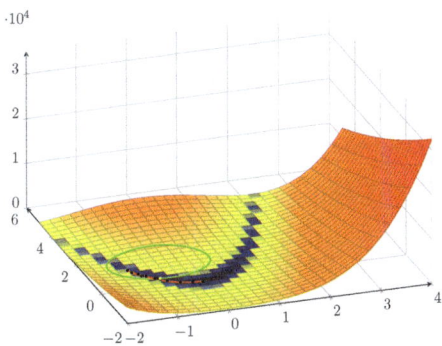

Abbildung 4.7: Beispielhafter Iterationsverlauf des vorgeschlagenen Algorithmus zur Minimierung mit Ungleichheitsnebenbedingungen in 19 Schritten. Der Minimierer im Punkt $\mathbf{x}^\star \approx (-0.713, 0.523)^T$ ist gelb markiert.

Beispiel 21 (Ungleichheitsrestringierte Optimierung)

Analog zu den vorherigen Beispielen in diesem Abschnitt wollen wir an dieser Stelle ebenfalls ein Beispiel zur restringierten Optimierung betrachten und dieses mit dem soeben beschriebenen Ansatz minimieren. In diesem Beispiel betrachten wir erneut das schon eingeführte Problem. Anstelle eines Minimums auf dem Rand des Kreises suchen wir nun ein Minimum im Inneren. Wie auch schon in Beispiel 20 wählen wir die Parameter des Optimierers folgendermaßen:

$$\begin{aligned} \tau &= 1 \times 10^{-10} \\ \text{tol}_C &= 1 \times 10^{-10} \\ \text{maxIter} &= 100 \\ \mathbf{x}^{\text{start}} &= (0,0)^T. \end{aligned}$$

Nach 19 Schritten bestimmen wir so den Minimierer $\mathbf{x}^\star \approx (-0.713, 0.523)^T$ für $\mu^\star \approx 0.0312$

Abbildung 4.7 zeigt den Iterationsverlauf des Optimierungsverfahrens. Man rechnet für den gefundenen Minimierer leicht nach, dass die notwendigen und hinreichenden Bedingungen erfüllt sind.

KAPITEL 5

Grundlagen der Bildregistrierung

Inhalt

5.1	Gitter und Interpolation		75
	5.1.1	Gitter	76
	5.1.2	Interpolation	81
5.2	Distanzmaße		88
	5.2.1	Diskretisierung der Distanzmaße	92
5.3	Parametrische Registrierung		97
	5.3.1	Affin-lineare Transformationen	97
5.4	Nicht-parametrische Registrierung		107
	5.4.1	Regularisierer	110
	5.4.2	Messung der Registrierungsgüte	118
	5.4.3	Wahl des Regularisierungsparameters α	122
	5.4.4	Anzahl der Deformationspunkte	131
	5.4.5	Nicht-parametrische Multilevel Registrierung	136

In diesem Kapitel widmen wir uns den Grundlagen der Bildregistrierung. Wir führen die in den späteren Kapiteln verwendeten Methoden und die zugehörige Notation ein. Den Anspruch, ein umfassendes Nachschlagewerk bereitzustellen, erheben wir bewusst nicht, sondern verweisen für eine detailliertere Darstellung und Hinweise zur numerischen Umsetzung der vorgestellten Konzepte auf [Modersitzki, 2009, Papenberg, 2008].

Vielmehr möchten wir in diesem Kapitel ein Gefühl für die vorhandenen Methoden geben, und die Verwendung der einen oder der anderen in den Anwendungskapiteln plausibler machen. In dieser Arbeit verfolgen wir zur Lösung der gegebenen Registrierungsprobleme den in den zitierten Quellen verwendeten *Discretize-then-Optimize*-Ansatz. Das bedeutet, wir diskretisieren das Registrierungsproblem zunächst, bevor wir die als Optimierungsprobleme formulierten Zielfunktionen mittels Newton-Artiger Verfahren lösen.

Zur Vereinfachung der Visualisierung werden wir in diesem Kapitel die Verfahren jeweils für zweidimensionale Problemstellungen einführen und beispielhaft rechnen. Alle Verfahren sind mit kleinen Erweiterungen auch für drei- oder vierdimensionale Problemstellungen verwendbar. Dies ist wichtig, da die Problemstellungen im Anwendungskapitel sämtlich dreidimensional sind.

Die Bildregistrierung befasst sich mit folgender Problemstellung:
Gegeben sind zwei Bilder, welche zum Beispiel aus anderer Perspektive, zu unterschiedlichen Zeitpunkten, mit anderen Modalitäten oder von unterschiedlichen Individuen erzeugt wurden. Wir nennen eines der Bilder das *Template* und das andere die *Referenz*. Das Ziel der Bildregistrierung ist es eine *plausible* Transformation zu finden, sodass das transformierte Template-Bild möglichst *ähnlich* zur Referenz ist.
Was wir unter der *Ähnlichkeit* zweier Bilder oder einer *plausiblen* Transformation verstehen, wollen wir im Folgenden betrachten.

Definition 22 (Kontinuierliches Bild)
Ein *kontinuierliches Bild* $\mathcal{I}$ der Dimension $d \in \{2, 3, 4\}$ wird beschrieben durch eine Funktion $\mathcal{I} : \Omega \subset \mathbb{R}^d \to G$. Dabei sei $G \subset \mathbb{R}$ eine Menge von Grauwerten. Wir nehmen an, dass die von uns betrachteten Bilder hinreichend oft differenzierbar sind.

Die Dimension d kann sowohl eine zeitliche, als auch eine räumliche Information codieren. Ein Datensatz mit $d = 3$ könnte also ein dreidimensionaler Datensatz, zum Beispiel ein Computertomografie-Scan sein,

5.1. Gitter und Interpolation

oder auch eine Abfolge von zeitlich aufeinanderfolgenden Ultraschall-Schichten.

Ein kontinuierliches Bild $\mathcal{I}$ können wir an jeder beliebigen Position im Definitionsbereich $\mathbf{x} \in \Omega$ auswerten und erhalten den zugehörigen Grauwert. Außerhalb von Ω wird der Wert 0 angenommen. Die Differenzierbarkeit benötigen wir für die später eingeführten ableitungsbasierten Verfahren zur Bildregistrierung.

Die medizinischen Bilddaten, die im Folgenden registriert werden sollen, liegen zunächst nicht als kontinuierliche, sondern als diskrete Bilder, also als Bildmatrix mit endlich vielen Pixeln oder Voxeln vor (siehe dazu Kapitel 3 zu Grundlagen der Bilderzeugung).

Definition 23 (Diskretes Bild)
Ein *diskretes Bild* I^{Daten} der Dimension $d \in \{2,3,4\}$ wird beschrieben durch $I^{\text{Daten}} : \mathbb{Z}^d \to G$.

Wir unterscheiden in der Notation ein kontinuierliches von einem diskreten Bild durch eine kalligrafische Schriftart. Also ist $I^{\text{Daten}} \in G^N$ der diskrete Datensatz und $\mathcal{I} : \Omega \to G$ die korrespondierende kontinuierliche Funktion, die das Bild beschreibt. Um aus einem diskreten Bilddatensatz $I^{\text{Daten}} \in G^N$ mit N Pixeln (in 2D) beziehungsweise Voxeln (in 3D) ein kontinuierliches Bild zu erhalten, beschäftigen wir uns nachfolgend mit Interpolationsmethoden.

Vorher betrachten wir jedoch Gitter.

5.1 Gitter und Interpolation

Das Interpolationsproblem ist, zu gegebenen diskreten Daten (Stützpunkte) eine stetige Funktion zu finden, welche die Daten beschreibt und an beliebigen Stellen zwischen den Stützpunkten ausgewertet werden kann. Sowohl für die Interpolation, als auch zur Diskretisierung der später zu lösenden Registrierungsprobleme, benötigen wir Gitter. Daher betrachten wir diese zunächst, bevor wir uns mit Interpolationsmethoden beschäftigen.

5.1.1 Gitter

Wie auch schon im Kapitel 2.4.0.1 betrachten wir Rechtskoordinatensysteme. Einen Punkt $\mathbf{x} \in \mathbb{R}^3$ im Koordinatensystem können wir beschreiben als $\mathbf{x} = (x_1, x_2, x_3)^T$. Für $d = 2$ ist $\mathbf{x} \in \mathbb{R}^2$ mit $\mathbf{x} = (x_1, x_2)^T$.

In Definition 22 haben wir bereits erwähnt, dass der Definitionsbereich eines Bildes $\Omega \subset \mathbb{R}^d$ ist. In den betrachteten Beispielen ist Ω ein Würfel oder Quader. In 3D gilt also $\Omega = [x_1^{\text{start}}, x_1^{\text{ende}}] \times [x_2^{\text{start}}, x_2^{\text{ende}}] \times [x_3^{\text{start}}, x_3^{\text{ende}}]$.

Um die Notation in diesem Abschnitt übersichtlicher zu halten, beschränken wir uns auf die Darstellung der Verfahren zunächst in 2D. Wir geben jedoch, wo sinnvoll, Hinweise zur Übertragung nach 3D.

Als Gitter beschreiben wir eine Menge von regelmäßig im Raum verteilten Punkten. Die von uns verwendeten diskreten Bilddaten sind zunächst auf Cell-Centered-Gittern gegeben. Der Ort jedes Pixels kann durch einen Gitterpunkt beschrieben werden (siehe dazu Abbildung 5.1). In der Abbildung sehen wir neben einigen Pixeln mit ihren Mittelpunkten auch ein Cell-Centered-Gitter in Weiß.

Da die Visualisierung eines zweidimensionalen Gitters einfacher ist, wollen wir in Abbildung 5.2 beispielhaft ein Cell-Centered-Gitter im Bereich $\Omega = [0, 1] \times [0, 1]$ betrachten. Die Beschreibung eines Cell-Centered-Gitters erfolgt über die Festlegung des Bildbereichs und über die Angabe der Anzahl der Pixel $\mathbf{m} \in \mathbb{R}^2$ für die beiden Raumdimensionen. Das Beispielgitter hat $\mathbf{m} = (3, 4)$ Gitterpunkte.

Abbildung 5.2 (a) zeigt ein Koordinatensystem mit den eingezeichneten Punkten. Diese Punkte sammeln wir in einem Gitter-Vektor $\mathbf{x} \in \mathbb{R}^{2 \cdot n}$, welcher untereinander jeweils die Gitterpunkte aus der ersten und dann aus der zweiten Dimension in aufsteigender Reihenfolge enthält.

5.1. Gitter und Interpolation

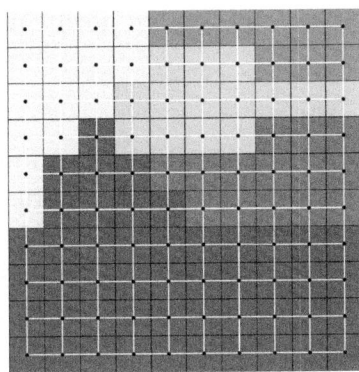

Abbildung 5.1: Zusammenhang zwischen dem Cell-Centered-Gitter (weiß) und den in unterschiedlichen Grauwerten dargestellten Pixeln.

Warum nennen wir die beschriebenen Punkte nun Gitter? Dazu gibt Abbildung 5.2 (b) Aufschluss. Wir können die Punkte verbinden und erhalten dann ein regelmäßiges Gitter. Diese Darstellung hat später Vorteile in der Visualisierung und optischen Bewertung von Registrierungsergebnissen.

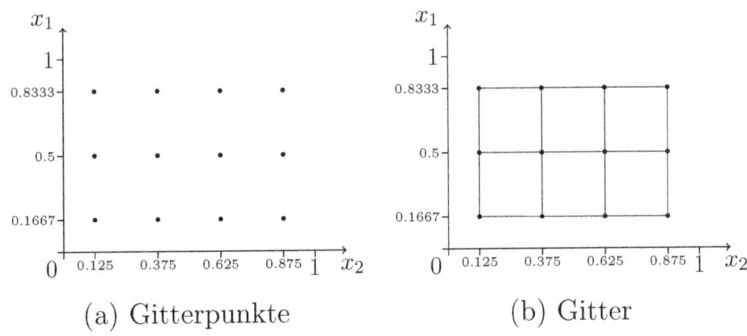

(a) Gitterpunkte (b) Gitter

Abbildung 5.2: Abbildung (a) zeigt die Gitterpunkte des Beispielgitters für $\Omega = [0, 1] \times [0, 1]$ und $\mathbf{m} = (3, 4)$. In Abbildung (b) wurden die Punkte zu einem Gitter verbunden.

Im folgenden Beispiel wollen wir in Abbildung 5.3 den Zusammenhang zwischen Bilddatenpunkten und Gittern noch einmal genauer betrachten.

Beispiel 24 (Zusammenhang: Bilddaten und Gitterpunkte)
Wir greifen hier bereits nachfolgenden Ausführungen vor und betrachten in Abbildung 5.3 die Interpolation des Bildes an einem durch die Funktion $y : \mathbb{R}^2 \to \mathbb{R}^2$ transformierten Gitter. Diese Problemstellung, zu einem gegebenen Gitter ein deformiertes Templatebild zu bestimmen nennen wir *Vorwärtsproblem*. Die Funktion y sieht wie folgt aus:

$$y(\mathbf{x}) = \begin{pmatrix} x_1 \\ x_2 \end{pmatrix} + \begin{pmatrix} 0.1 \\ 0.2 \end{pmatrix}.$$

Sie realisiert eine Translation eines Gitterpunktes $\mathbf{x}$ um 0.1 in x_1- beziehungsweise 0.2 in x_2-Richtung. In Abbildung 5.3 (a) und (b) sehen wir das Startgitter mit $\mathbf{m} = (200, 300)$ und $\Omega = [0, 1] \times [0, 1]$ sowie das Ergebnis der Translation. Während das Ursprungsbild gegeben ist als $\mathcal{I}(\mathbf{y})$, ist das Bild in Abbildung (c) gegeben durch $\mathcal{I}(y(\mathbf{y}))$. Wir können beobachten, dass das interpolierte Bild in Richtung $-(0.1, 0.2)^T$, also genau entgegen der durch $y(\mathbf{x})$ beschriebenen Richtung, transliert ist. Dies liegt daran, dass wir in dieser Arbeit den Euler-Ansatz verwenden. Wir beschreiben, von wo ein Gitterpunkt transformiert wurde, anstatt einen Gitterpunkt zu verfolgen (Langrange-Ansatz) [Haber et al., 2009].

Wir wollen an dieser Stelle mit dem *Nodal-Gitter* noch ein weiteres Gitter einführen, welches wir später zur Diskretisierung und damit zur Lösung der Registrierungsprobleme benötigen. Abbildung 5.4 zeigt den Zusammenhang zwischen Cell-Centered und Nodal-Gittern. Während das Cell-Centered-Gitter die Pixel/Voxel-Mittelpunkte beschreibt, beschreibt das Nodal-Gitter die Eckpunkte der Pixel/Voxel. Wie wir schon in der Abbildung erkennen können, enthalten Nodal-Gitter in

5.1. Gitter und Interpolation

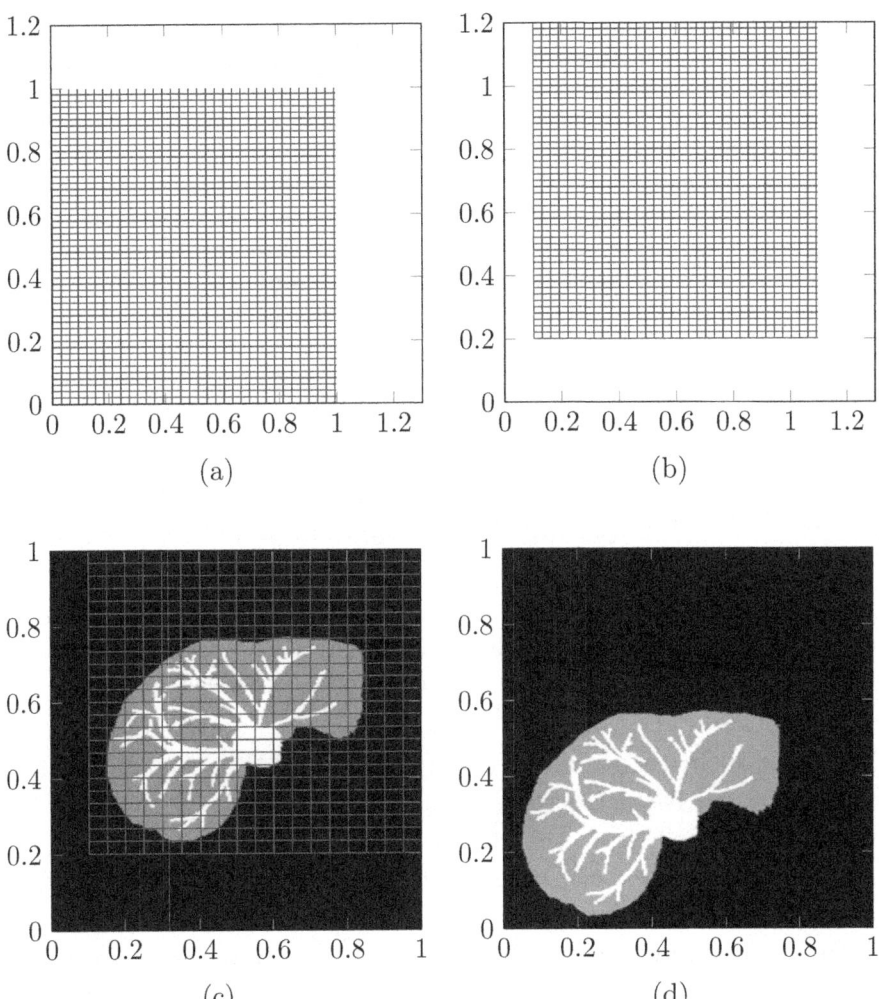

Abbildung 5.3: Abbildung (a) zeigt das originale Gitter. In Abbildung (b) sehen wir das in x_1-Richtung um 0.1 und in x_2-Richtung um 0.2 translierte Gitter. Abbildung (c) zeigt das Bild, welches mit dem darüberliegenden Gitter transformiert werden soll. Das Resultat ist in Abbildung (d) zu sehen. Außerhalb des Bildbereichs wird der Grauwert 0 angenommen.

jeder Raumdimension einen Punkt mehr als Cell-Centered-Gitter. Um eine Unterscheidung zu den Cell-Centered-Gittern im weiteren Verlauf der Arbeit zu ermöglichen, bezeichnen wir Nodal-Gitter mit $\mathbf{x}^{\text{nodal}} \in \mathbb{R}^{d \cdot (n+d)}$.

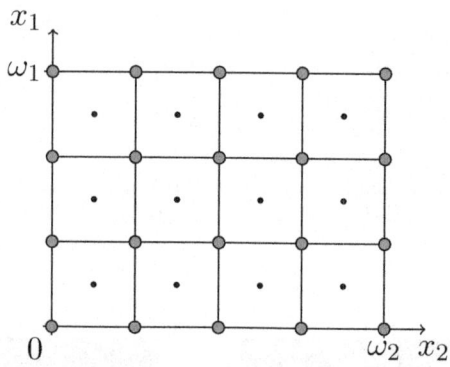

Abbildung 5.4: Die Abbildung zeigt die Gitterpunkte eines Nodal-Gitters (graue Kreise) auf den Zell-Ecken zusätzlich zu den Cell-Centered-Gitterpunkten (schwarze Punkte) im Inneren der Gitterzellen.

Ein weiteres Gitter, das wir an dieser Stelle betrachten, weil wir es ebenfalls später zur Diskretisierung benötigen, ist das Staggered-Gitter. Das Gitter ist beispielhaft in Abbildung 5.5 gezeigt. Staggered-Gitter sind eine Kombination aus Cell-Centered und Nodal-Gittern. Im Gegensatz zu den bisher betrachteten Gittern sind die Komponenten des Staggered-Gitters voneinander getrennt. Für die von uns betrachteten Registrierungsverfahren bringt diese Gitternotation den praktischen Vorteil, dass alle Ableitungen, durch Approximation mit finiten Differenzen, auf einem Cell-Centered-Gitter bestimmt werden können und alle x_i-Komponenten der Ableitungen am selben Ort bestimmt sind.

Der Wechsel von der einen Gitterdarstellung zur anderen kann über Gitterwechseloperatoren erfolgen. Diese werden zum Beispiel in [Papenberg, 2008] beschrieben.

Folgende Notation wollen wir uns an dieser Stelle weiterhin festlegen. Be-

5.1. Gitter und Interpolation 81

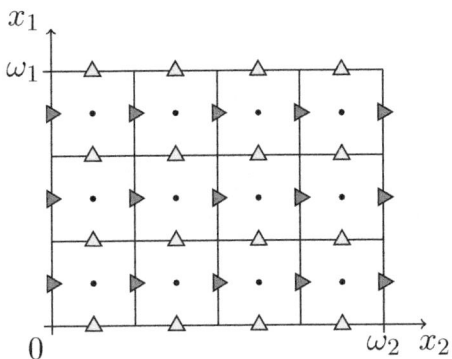

Abbildung 5.5: Die Abbildung zeigt mit den beiden unterschiedlichen Dreiecken die Komponenten des Staggered-Gitters. Die hellen Dreiecke entsprechen den x–Komponenten und die dunklen entsprechen den y–Komponenten. Die Punkte des Cellcentered-Gitters sind als schwarze Punkte markiert.

trachten wir ein regelmäßiges Cell-Centered-Gitter, dann schreiben wir $\mathbf{x}^{CC}$, bei einem regelmäßigen Nodal-Gitter $\mathbf{x}^{nodal}$ und bei einem regelmäßigen Staggered-Gitter $\mathbf{x}^{staggered}$.
Die soeben betrachteten Gitter sind eine wichtige Voraussetzung für die im folgenden eingeführten Interpolationsverfahren.

5.1.2 Interpolation

In diesem Abschnitt wollen wir betrachten, wie wir aus einem gemessenen, diskreten Bild ein kontinuierliches Bild erhalten. Gesucht wird eine Funktion $\mathcal{I} : \mathbb{R}^d \to \mathbb{R}$, die die gegebenen Daten I_j^{Daten} auf einem Cell-Centered-Gitter an den Positionen $\mathbf{x}_j^{\text{Daten}}$ beschreibt und auch zwischen den Datenpunkten auswertbar ist. Es soll also gelten $\mathcal{I}(x_j^{\text{Daten}}) = I_j^{\text{Daten}}$. Wir nennen $\mathcal{I}$ die *Interpolante*.
Es gibt eine Reihe verschiedener Interpolationsmethoden. Angefangen bei der linearen Interpolation, welche wir nachfolgend betrachten wollen, gibt es unter anderem die Interpolation mit Splines höherer Ordnung oder auch Polynominterpolation. In dieser Arbeit werden wir nur die lineare Interpolation verwenden, da sie sehr effizient zu berechnen ist.

Die lineare Interpolation können wir als Summe von gewichteten Basisfunktionen beschreiben [Opfer, 2002]. Wir betrachten die Interpolation zunächst im Eindimensionalen, bevor wir ihre Erweiterung auf $d = 2, 3$ beschreiben. Die bereits erwähnten Basisfunktionen schreiben wir als $B_j(x) : \mathbb{R} \to \mathbb{R}$ mit $j = 1, \ldots, N$. Wie wir das N wählen, sehen wir später. Die gewichtete Summe der N Basisfunktionen mit den zu bestimmenden α_j

$$\mathcal{I}(x) = \sum_{j=1}^{N} \alpha_j B_j(x) \tag{5.1}$$

interpoliert die gegebenen Daten und ist auch für alle anderen Punkte $x \in \mathbb{R}$ auswertbar.

Bis auf die Randfunktionen soll für alle $x \in \mathbb{R}$ und $j = 1, \ldots, N$ gelten

$$B_j(x) = B_0(x - j).$$

Somit reicht die Angabe von $B_0(x)$, um für alle Werte aus $\mathbb{R}$ die passende Basisfunktion zu bestimmen. In den von uns beschriebenen Fällen sind die Basisfunktionen positiv, gerade und haben außerdem kompakte Träger. Das bedeutet, dass zur Berechnung eines $x \in \mathbb{R}$ nur jeweils eine geringe Anzahl an Summanden zu betrachten sein wird, was sich positiv auf den Rechenaufwand und somit die Geschwindigkeit der Interpolationsmethode auswirkt.

5.1.2.1 Lineare Interpolation - 1D

Die wohl am häufigsten verwende Art der Interpolation, ist die von Isaac Newton eingeführte *lineare Interpolation*. Die Idee der linearen Interpolation im Eindimensionalen wird in Abbildung 5.6 erklärt. Angenommen wir haben Funktionswerte an den Punkten x_j^{Daten} und x_{j+1}^{Daten} gegeben und sind nun interessiert an einem Wert am Punkt $\hat{x}$, der zwischen beiden Datenpunkten liegt. Dann verbinden wir die gegebenen Funktionswerte durch eine Gerade und werten diese am Punkt $\hat{x}$ aus, um den Funktionswert $\mathcal{I}(\hat{x})$ zu erhalten. Da wir ausserhalb des Bildbereiches keine Werte gegeben haben, nehmen wir für diese an, dass sie gleich null sind.

5.1. Gitter und Interpolation

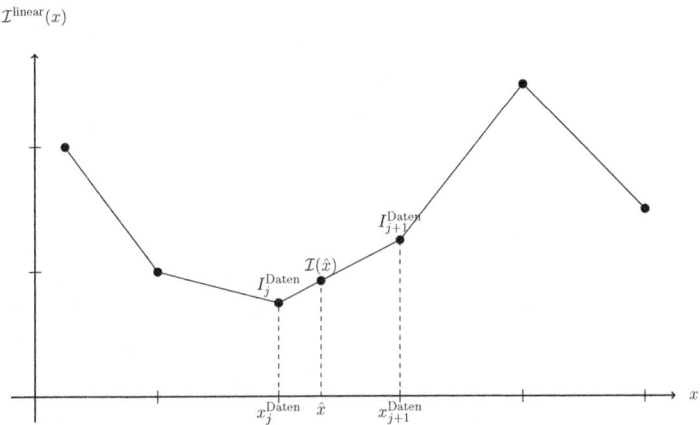

Abbildung 5.6: Beispiel zur 1D-Linearen-Interpolation

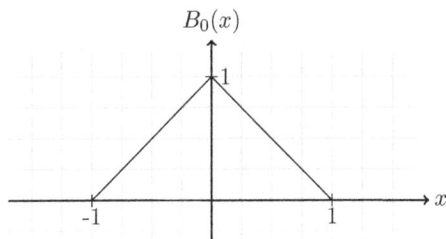

Abbildung 5.7: Lineare Basisfunktion $B_0(x)$.

Die Basisfunktion ist wie folgt gegeben

$$B_0(x) = \begin{cases} 1 + x, & \text{falls } x \in (-1, 0] \\ 1 - x, & \text{falls } x \in (0, 1) \\ 0, & \text{sonst.} \end{cases} \qquad (5.2)$$

In Abbildung 5.7 ist der Graph der Basisfunktion im Intervall $(-1, 1)$ abgebildet. Für ein beliebiges $x \in \mathbb{R}$ wird die Summe aus Gleichung 5.1 auf maximal zwei Summanden reduziert. Zur Wahl des Parameters N stellen wir fest, dass das Intervall $[\frac{1}{2}, m+\frac{1}{2}]$ mit $m \in \mathbb{N}$ von genau $N = m$ Basisfunktionen überdeckt wird.
Mit $B_j(x_k^{\text{Daten}}) = \delta_{jk}$ sowie der Interpolationsbedingung $\mathcal{I}(x_j^{\text{Daten}}) = I_j^{\text{Daten}}$, für $j, k = 1, \ldots, m$ folgt, dass die Gewichte $\alpha = I^{\text{Daten}}$ sind.

Der große Vorteil der linearen Interpolation ist die Geschwindigkeit, in der sie berechnet werden kann. Ihr Nachteil ist allerdings, wie sehr gut am eindimensionalen Fall erkennbar ist, dass die Funktion zwar stetig, aber ausgerechnet an den Stützstellen nicht stetig differenzierbar ist. Dieser Tatsache sind wir uns bewusst und nehmen sie aufgrund der Geschwindigkeit in Kauf.

5.1.2.2 Erweiterung des Verfahrens auf 2D und 3D

Die Erweiterung des vorgestellten eindimensionalen Interpolationsverfahrens auf 2D und 3D ist intuitiv möglich. Die anfangs eingeführte Schreibweise der Interpolante kommt hier erneut zum Tragen. Wir erinnern uns, dass diese für den eindimensionalen Fall geschrieben werden konnte als

$$\mathcal{I}(x) = \sum_{j=1}^{N} \alpha_j B_j(x).$$

5.1. Gitter und Interpolation

Die Erweiterung auf den 2D-Fall erfolgt nun folgendermaßen

$$\mathcal{I}(\mathbf{x}) = \mathcal{I}((x_1, x_2)^T) = \sum_{j=1}^{N_1} \sum_{k=1}^{N_2} \alpha_{jk} B_j(x_1) B_k(x_2).$$

Für den Fall $d = 3$ bestimmen wir die Interpolante durch

$$\mathcal{I}(\mathbf{x}) = \sum_{j=1}^{N_1} \sum_{k=1}^{N_2} \sum_{l=1}^{N_3} \alpha_{jkl} B_j(x_1) B_k(x_2) B_l(x_3).$$

Die Basisfunktionen B_j, B_k, B_l sind die Basisfunktionen, die wir auch schon aus dem eindimensionalen Fall kennen. Die Gewichte α_{jk} beziehungsweise α_{jkl} können nach wie vor direkt aus den Bilddaten abgelesen werden.

5.1.2.3 Diskrete Bilder und Ableitungen

Die später betrachteten Registrierungsprobleme werden mithilfe des Discretize-then-Optimize-Ansatzes gelöst. Die Fragen, die wir dazu in diesem Abschnitt schon einmal klären wollen sind

- Wie gelange ich von der ursprünglichen diskreten Darstellung des Bildes zu einer anderen diskreten Darstellung?

- Wie sehen die für die Optimierungsverfahren benötigten diskretisierten Bildableitungen aus?

Im vorherigen Abschnitt haben wir betrachtet, wie wir aus einem diskret vorliegenden Grauwertbild $I \in G^n$ die kontinuierliche Darstellung eines Referenzbildes $\mathcal{R}$ erhalten. Nun wollen wir kurz betrachten, wie wir ausgehend davon eine andere diskrete Darstellung erhalten, also das originale, diskrete Bild an anderen Gitterpunkten auswerten können. Durch Vorgabe eines Cell-Centered-Gitters $\mathbf{x} \in \mathbb{R}^{2 \cdot n_2}$ im Bereich Ω bestimmen wir ein diskretes $R \in G^{n_2}$. Es ist $n_2 = m_1 \cdot m_2$. Der Bereich Ω wird beliebig gewählt. Die Anzahl n der resultierenden Bildpunkte, die durch Interpolation des Datensatzes an den Gitterpunkten entstehen, ist dabei unabhängig von der Anzahl der Bildpunkte des originalen Datensatzes.

Das diskrete Bild R erlangen wir durch Auswertung von $\mathcal{R}$ an den Positionen definiert über das Gitter $\mathbf{x}$.

Wir erhalten

$$R = \mathcal{R}(\mathbf{x}) = \begin{pmatrix} \mathcal{R}(x_1 &, & x_{1+n}) \\ \mathcal{R}(x_2 &, & x_{2+n}) \\ & \vdots & \\ \mathcal{R}(x_n &, & x_{2 \cdot n}) \end{pmatrix} \in G^{n_2}.$$

Wir werden später die Punkte eines Gitters $\mathbf{x}$ durch Funktionen $y : \mathbb{R}^2 \to \mathbb{R}^2$ deformieren und sind dann ebenfalls interessiert an einer Diskretisierung der resultierenden Bilddaten. Wir diskretisieren zunächst, wie auch im vorherigen Fall, die kontinuierliche Funktion $\mathcal{R}$ an den Gitterpunkten $\mathbf{x}$, an denen wir das Referenzbild diskretisiert haben und werten dann das Templatebild an den resultierenden Gitterpunkten aus:

$$T_{\mathbf{y}} = \mathcal{T}(y(\mathbf{x})) = \begin{pmatrix} \mathcal{T}(y(x_1, x_{1+n})) \\ \mathcal{T}(y(x_2, x_{2+n})) \\ \vdots \\ \mathcal{T}(y(x_n, x_{2 \cdot n})) \end{pmatrix} \in G^{n_2}.$$

Diese Schreibweise erleichtert uns auch die Bestimmung der Bildableitungen nach den Komponenten von $\mathbf{y}$. Die Ableitung nach $y_{1:n}$, also den Komponenten in x_1-Richtung, ist dann

$$d_{y_{1:n}} T_{\mathbf{y}} =$$

$$\begin{pmatrix} \partial_{x_1} \mathcal{T}(y_1, y_{1+n}) & & & \\ & \partial_{x_1} \mathcal{T}(y_2, y_{2+n}) & & \\ & & \ddots & \\ & & & \partial_{x_1} \mathcal{T}(y_n, y_{2 \cdot n}) \end{pmatrix}.$$

5.1. Gitter und Interpolation

Die Ableitungen nach $y_{n+1:2\cdot n}$, also den Komponenten in x_2-Richtung werden nach demselben Muster gebildet und sind ebenfalls Diagonalmatrizen. Zusammengesetzt zu

$$dT_{\mathbf{y}} = (d_{y_{1:n}} T_{\mathbf{y}}, d_{y_{n+1:2n}} T_{\mathbf{y}}) \in \mathbb{R}^{n \times 2 \cdot n}$$

erhalten wir die Bildableitung $dT_{\mathbf{y}}$. Eine Erweiterung auf 3D ist nach selbem Muster möglich.

Um ein Gefühl für Bildableitungen zu erhalten, betrachten wir nachfolgend ein Beispiel.

Beispiel 25 (Bildableitungen)
Wir betrachten den in Abbildung 5.3 eingeführten Beispieldatensatz und bilden die Bildableitungen in x_1- und in x_2-Richtung. Aus den Hauptdiagonalen der Ableitung erhalten wir ein Grauwertbild mit den Werten der Ableitung des jeweiligen Pixels. In Abbildung 5.8 ist ein Oberflächenplot des Bildes und dessen Ableitungen zu sehen. Im Wesentlichen ist das Bild auf drei Ebenen konstant. Wir haben durch die Ableitungen nur sehr spärliche, lokale Informationen gewonnen. Für die Optimierungsprobleme, die wir später lösen wollen, wäre es besser, wir hätten Ableitungen zur Verfügung, die weniger lokal sind.

Woran liegt das? Wir betrachten ein Bild, welches aus nur drei unterschiedlichen Grauwerten besteht. Neben Grauwertwechseln an den Kanten der Segmentierungen haben wir ein sehr homogenes Bild vorliegen. Da die Verfahren, die wir später zur Bildregistrierung einsetzen wollen, ableitungsbasiert sind, müssen wir stets darauf achten, dass wir mehr Informationen aus den Ableitungen bekommen. Aus diesem Grund verwenden wir die Strategie, die binären oder fast binären Bilddaten zu glätten, um so, durch die geglätteten Kanten, mehr Informationen aus dem Bildgradienten für den Optimierer zu erhalten. In Abbildung 5.9 sehen wir neben dem geglätteten Datensatz auch den Oberflächenplot des Bildes. Dieser hat nun deutlich breitere Kanten-

Kapitel 5. Grundlagen der Bildregistrierung

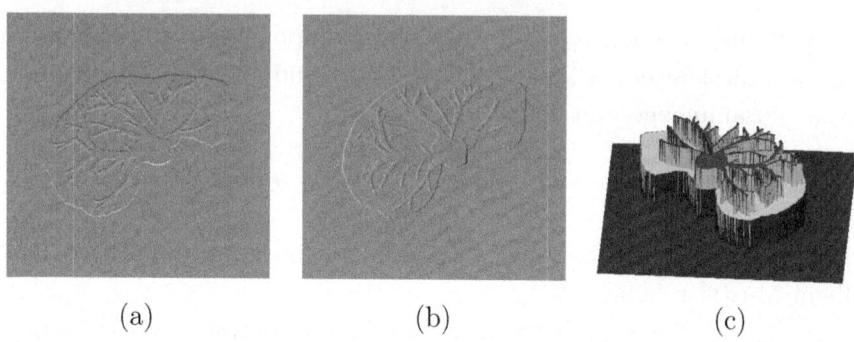

(a) (b) (c)

Abbildung 5.8: Abbildung (a) zeigt die Ableitung des Beispieldatensatzes in Richtung x_1, Abbildung (b) in Richtung x_2. Abbildung (c) zeigt einen Oberflächenplot der Daten.

informationen. Wir visualisieren auch die Bildgradienten des zuvor geglätteten Bildes und sehen, dass wir zwar nicht mehr so starke Bildgradienten haben, aber dass die Informationen weniger lokal sind, als im ungeglätteten Fall.

Ein weiterer wichtiger Baustein, den wir für Registrierungsverfahren benötigen, sind Distanzmaße. Diese betrachten wir nun.

5.2 Distanzmaße

Ein Distanzmaß $\mathcal{D}$ misst die einführend schon erwähnte Ähnlichkeit zweier Bilder. Je nach vorliegenden Bildmodalitäten kann dieses Distanzmaß zum Beispiel die Grauwertdifferenzen zweier Bilder mittels der *Sum of Squared Differences* (SSD) messen. Das SSD-Distanzmaß ist dann ein sinnvolles Maß, wenn wir Datensätze erzeugt durch gleiche Modalitäten registrieren wollen und wissen, dass die Grauwerte bezüglich dieser Modalität normiert sind. Dies ist zum Beispiel bei CT-Daten der Fall. Hier

5.2. Distanzmaße

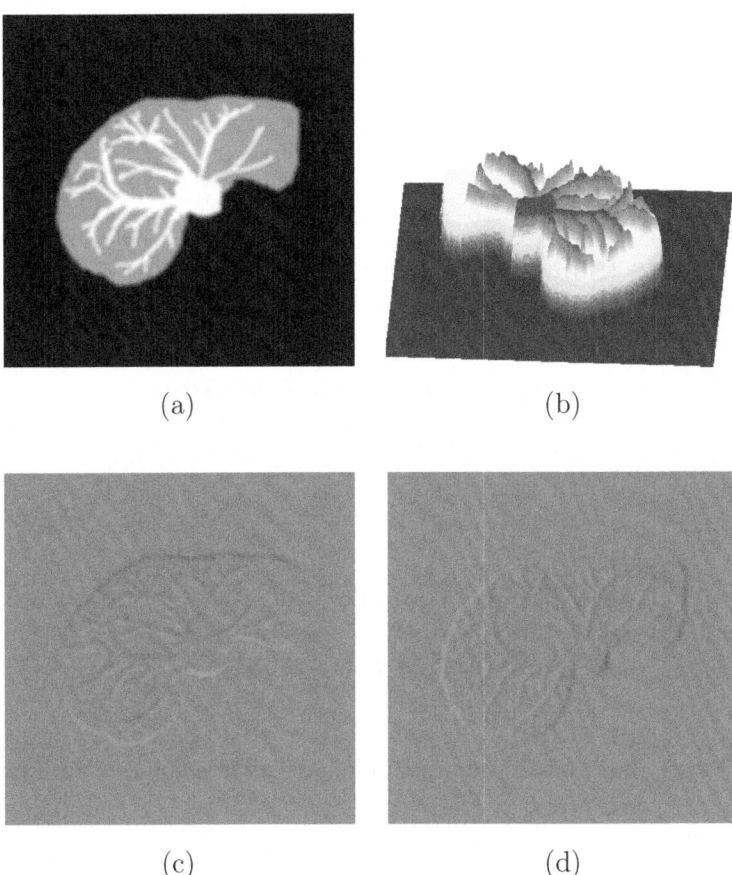

Abbildung 5.9: Abbildung (a) zeigt das geglättete Ausgangsbild. Abbildung (b) zeigt einen Oberflächenplot des geglätteten Bildes. In den Abbildungen (c) und (d) sind die Richtungsableitungen des Beispieldatensatzes in Richtung x_1 und in Richtung x_2 zu sehen.

werden die Grauwertinformationen über die Hounsfield-Skala direkt aus der spezifischen Gewebeabschwächung bestimmt [Buzug, 2004].

Definition 26 (Sum of Squared Differences (SSD))
Mit einer Funktion $y : \mathbb{R}^d \to \mathbb{R}^d$, ist das SSD-Maß gegeben als

$$\mathcal{D}^{\text{SSD}}(\mathcal{T}, \mathcal{R}; y) = \int_\Omega (\mathcal{T}(y(\mathbf{x})) - \mathcal{R}(\mathbf{x}))^2 d\mathbf{x}. \tag{5.3}$$

Eingeführt wurde das Maß für Verfahren der Bewegungserkennung mit optischen Fluss-Verfahren von Horn und Schunck [Horn & Schunck, 1981] und von Lucas und Kanade [Lucas & Kanade, 1981].

Möchten wir eine multi-modale Problemstellung lösen, wie zum Beispiel ein Registrierungsproblem zwischen Ultraschall und CT-Daten, dann benötigen wir ein Distanzmaß, welches diese multimodalen Daten richtig interpretieren kann. Das Distanzmaß, das wir für diese Fälle verwenden, ist das Normalized Gradient Field (NGF). Dieses Distanzmaß vergleicht nicht die reinen Grauwertinformationen, sondern, wie der Name schon sagt, normalisierte Bildgradienten. Die Idee dahinter ist, dass obwohl zwei Datensätze mit unterschiedlicher Modalität erzeugt wurden, dennoch Intensitätswechsel der Grauwerte an korrespondierenden Punkten auftreten. Dieses spiegelt sich im Bildgradienten wieder. Zwei Bilder sind einander dann ähnlich, wenn ihre korrespondierenden Kanten übereinander liegen. Das Distanzmaß wertet das Skalarprodukt der Bildgradienten aus - sind diese in einem betrachteten Punkt parallel, dann ist ihr Skalarprodukt gleich null.

5.2. Distanzmaße

Definition 27 (Normalized Gradient Field (NGF))
Das NGF-Maß lautet mit $y : \mathbb{R}^d \to \mathbb{R}^d$ und einem beliebig, aber fest gewählten $\varepsilon > 0$

$$\mathcal{D}^{\mathrm{NGF}}(\mathcal{T}, \mathcal{R}; y) = \int_\Omega 1 - \left(\frac{\nabla \mathcal{R}(\mathbf{x})^\mathrm{T} \cdot \nabla \mathcal{T}(y(\mathbf{x}))}{\|\nabla \mathcal{R}(\mathbf{x})\| \|\nabla \mathcal{T}(y(\mathbf{x}))\| + \varepsilon} \right)^2 \mathrm{d}\mathbf{x}.$$

Weiterhin wird durch $\nabla \mathcal{T}, \nabla \mathcal{R} \in \mathbb{R}^{n \times d \cdot n}$ der jeweilige Bildgradient beschrieben.

Das Maß wurde 2007 von Modersitzki [Haber & Modersitzki, 2007] zur Registrierung multimodaler Datensätze eingeführt. Im Nenner des Bruchs findet sich ein $\varepsilon > 0$. Dieses wird vor allem für den Fall benötigt, dass eine der Bildableitungen verschwindet. Zudem hat der Wert von ε auch Auswirkungen darauf, wie sensibel Kanten erkannt werden. Die Auswirkungen von verschiedenen Werten für ε betrachten wir im folgenden Beispiel.

Beispiel 28 (Vergleich der Distanzmaße)
Um ein Gefühl für beide vorgestellten Distanzmaße zu bekommen, betrachten wir die Problemstellung in Abbildung 5.10: Gegeben das Template (a) und zwei unterschiedliche Referenzbilder R_1 in Abbildung (b) und R_2 in Abbildung (c). Wir bestimmen jeweils den Wert des SSD und des NGF-Distanzmaßes für R_1 beziehungsweise R_2 und ein um den Mittelpunkt für 720 Drehwinkel zwischen 0 und 2π rotiertes Templatebild. Die Funktionswerte der Distanzmaße für die unterschiedlichen Fälle sind für das SSD-Maß in (d) und für NGF in (e) aufgetragen. Während wir beim SSD-Maß die Fälle mit R_1 und R_2 unterscheiden müssen, und aufgrund ihrer deutlich unterschiedlichen Wertebereiche sogar zwei unterschiedliche y-Achsen auftragen, brauchen wir dies beim NGF-Maß nicht, da die Funktionswerte identisch sind. Im Plot des NGF-Maßes sehen wir unterschiedliche Kurven für verschiedene ε. Wir können beobachten, dass je kleiner ε gewählt wird, desto markanter auch lokale Minima sichtbar sind. Für die Wahl ε ist es schwierig eine

allgemeingültige Aussage zu treffen. Die Wahl hängt stark ab von den vorliegenden Daten und muss für jeden Datentypen individuell erfolgen.

Das globale Minimum mit beiden Distanztermen wird für den Fall T_1 und R_1 erwartungsgemäß an den Rändern des Plots für $\theta = 0$ beziehungsweise $\theta = 2\pi$ erreicht.

In der Literatur sind noch eine Reihe weiterer Distanzmaße bekannt. Für multimodale Problemstellungen sei hier vor allem Mutual Information (MI) [Viola, 1995, Collignon et al., 1995] erwähnt. Da das NGF-Maß numerisch einfacher zu handhaben ist, werden wir uns in dieser Arbeit für multimodale Probleme auf NGF und für monomodale Probleme auf SSD beschränken.

5.2.1 Diskretisierung der Distanzmaße

In diesem Abschnitt werden wir betrachten, wie wir die vorgestellten Distanzmaße diskretisieren, um sie für den Discretize-then-Optimize-Ansatz nutzbar zu machen.

5.2.1.1 Diskretisierung des SSD-Maßes

Die Diskretisierung des SSD-Maßes erfolgt über die Mittelpunktsregel [Opfer, 2002]. Wir rufen uns in Erinnerung, dass für eine Funktion $f : \mathbb{R} \to \mathbb{R}$ gilt

$$\int_\Omega f(x)\mathrm{d}x \approx h \sum_{j=1}^n f(x_j) \text{ , mit } x_j \in \Omega$$

und im Falle einer quadrierten Funktion gilt

$$\int_\Omega (f(x))^2 \mathrm{d}x \approx h \sum_{j=1}^n (f(x_j))^2 = h\|\mathbf{f}\|,$$

5.2. Distanzmaße

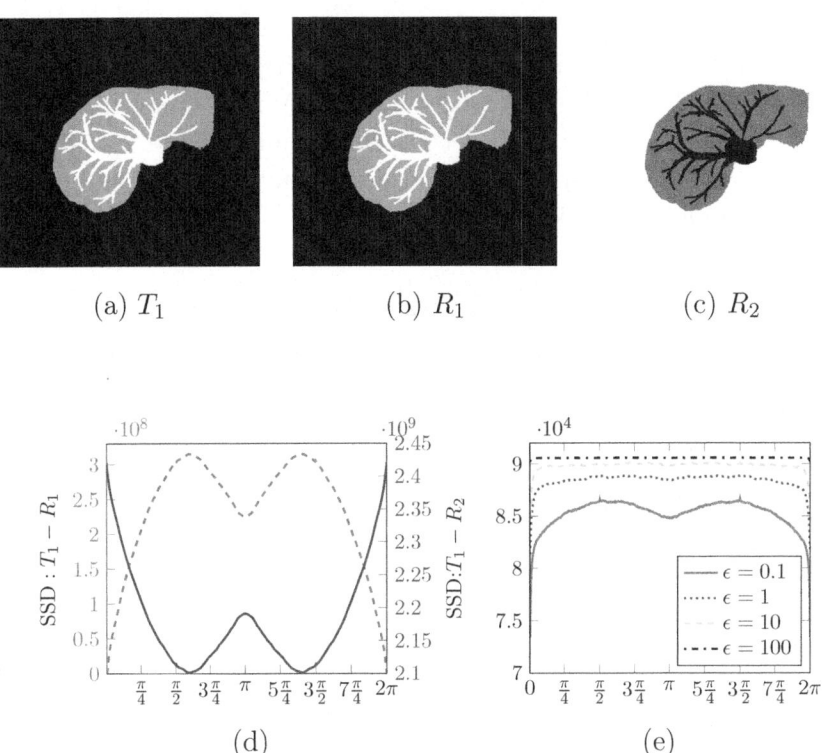

Abbildung 5.10: Auswertung der Distanzmaße SSD und NGF mit Template T_1 und Referenzbildern R_1 und R_2. Um die Auswirkungen des Distanzmaßes zu beobachten, wird das Template-Bild um 360° in kleinen Schritten rotiert. Links ist die Auswertung des SSD-Maßes für T_1 und R_1 (gestrichelte Linie, Achse links) und für T_1 und R_2 (durchgezogene Linie, Achse rechts) zu sehen, während rechts das NGF-Maß ausgewertet für T_1 und R_1 (für R_2 sind die Ergebnisse identisch) für unterschiedliche Parameter ε zu sehen ist.

wobei $\mathbf{f} \in \mathbb{R}^n$, die an den Stellen x_j, für $j = 1,\ldots,n$ diskretisierte Funktion f ist. Das h beschreibt die Länge eines Teilintervalls - in unserem Fall also die Größe des diskretisierten Pixels. Wir bestimmen h über die Länge von Ω und die Anzahl der Diskretisierungspunkte. Für die Fälle mit zwei-dimensionalen Datensätzen verfahren wir analog und erhalten mit $h = h_1 \cdot h_2$ die Funktion $D^{\mathrm{SSD}} : \mathbb{R}^{2 \cdot n} \to \mathbb{R}$

$$D^{\mathrm{SSD}}(T, R; \mathbf{y}) = \frac{h}{2} \sum_{j=1}^{n} \|T_\mathbf{y}(j) - R(j)\|^2.$$

Für das später verwendete Gauss-Newton-Verfahren benötigen wir die Ableitungen des Distanzmaßes. Wir erhalten die Ableitung wie folgt [Modersitzki, 2009]

$$\mathrm{d}D^{\mathrm{SSD}}(T, R, \mathbf{y}) = h \cdot (T_\mathbf{y} - R)^T \cdot \mathrm{d}T_\mathbf{y}.$$

Aufgrund der Tatsache, dass das SSD-Maß ein Least-Squares-Problem generiert, können wir nach [Nocedal & Wright, 2006] und Kapitel 4 die zweite Ableitung approximieren durch

$$\mathrm{d}_2 D^{\mathrm{SSD}}(T, R, \mathbf{y}) \approx h \cdot \mathrm{d}T_\mathbf{y}^T \cdot \mathrm{d}T_\mathbf{y}.$$

Die Erweiterung auf dreidimensionale Bilddaten ist in gleicher Weise möglich. Als nächstes betrachten wir das zweite eingeführte Distanzmaß und dessen Diskretisierung.

5.2.1.2 Diskretisierung des NGF-Maßes

Wir diskretisieren zunächst die Gradienten $\nabla \mathcal{T}$ und $\nabla \mathcal{R}$ unter Verwendung finiter Differenzen. Wir definieren dazu den Operator

$$D_{m_j} = \frac{1}{2h_j} \begin{pmatrix} -1 & 1 & & & & \\ -1 & 0 & 1 & & & \\ & \ddots & \ddots & \ddots & & \\ & & & -1 & 0 & 1 \\ & & & & -1 & 1 \end{pmatrix} \in \mathbb{R}^{m_j \times m_j}$$

5.2. Distanzmaße

zur Bestimmung der Ableitung eines eindimensionalen Problems. Nach Modersitzki [Modersitzki, 2009] können wir diesen Operator mithilfe des Kronecker-Produkts für höherdimensionale Problemstellungen nutzbar machen. Wir beschreiben hier, anders als für das SSD-Maß gleich den dreidimensionalen Fall. Für zweidimensionale Daten erhalten wir die Diskretisierungen durch das vernachlässigen der dritten Dimensionen. Wir konstruieren die Operatoren

$$\begin{aligned} \mathsf{D}_1 &= I_{m_3} \otimes I_{m_2} \otimes D_{m_1} \\ \mathsf{D}_2 &= I_{m_3} \otimes D_{m_2} \otimes I_{m_1} \\ \mathsf{D}_3 &= D_{m_3} \otimes I_{m_2} \otimes I_{m_1}. \end{aligned}$$

Durch Multiplikation mit den diskretisierten Bilddaten ($\mathsf{D}_1 T_\mathbf{y} \in \mathbb{R}^{m_1 \cdot m_2 \cdot m_3}$) erhalten wir für jeden Operator die Ableitung entlang der jeweiligen Raumrichtung.

Den diskretisierten Zähler des Distanzmaßes bestimmen wir mithilfe der punktweisen Multiplikation[1] über

$$r_1(\mathbf{y}) = \mathsf{D}_1 R \odot \mathsf{D}_1 T_\mathbf{y} + \mathsf{D}_2 R \odot \mathsf{D}_2 T_\mathbf{y} + \mathsf{D}_3 R \odot \mathsf{D}_3 T_\mathbf{y}.$$

Für den diskretisierten Nenner bestimmen wir punktweise die Längen der Bildableitungen[2]

$$lT_y = \sqrt[\circ]{\mathsf{D}_1 T_\mathbf{y} \odot \mathsf{D}_1 T_\mathbf{y} + \mathsf{D}_2 T_\mathbf{y} \odot \mathsf{D}_2 T_\mathbf{y} + \mathsf{D}_3 T_\mathbf{y} \odot \mathsf{D}_3 T_\mathbf{y} + \varepsilon^2}$$

$$lR = \sqrt[\circ]{\mathsf{D}_1 R \odot \mathsf{D}_1 R + \mathsf{D}_2 R \odot \mathsf{D}_2 R + \mathsf{D}_3 R \odot \mathsf{D}_3 R + \varepsilon^2}$$

und erhalten

$$r_2(\mathbf{y}) = lT_y \odot lR.$$

---

[1] Es sei $\odot$ das punktweise Produkt zweier Vektoren $\mathbf{a} = (a_1, a_2, \ldots, a_n)^T \in \mathbb{R}^n$ und $\mathbf{b} = (b_1, b_2, \ldots, b_n)^T \in \mathbb{R}^n$ mit $a \odot b = (a_1 b_1, a_2 b_2, \ldots, a_n b_n)^T$.

[2] Es sei für $\mathbf{x} \in \mathbb{R}^n$ die punktweise Wurzel $\sqrt[\circ]{\mathbf{x}} = (\sqrt{x_1}, \sqrt{x_1}, \ldots \sqrt{x_n})^T$.

Wir definieren ein $r(\mathbf{y})$ unter Verwendung der punktweisen Division[3]

$$r(\mathbf{y}) = r_1(\mathbf{y}) \oslash r_2(\mathbf{y}).$$

Die diskrete Berechnung des Integrals erfolgt wie auch schon beim SSD-Maß über die Mittelpunktsregel. Damit und mit $\omega = h_1 \cdot m_1 \cdot h_2 \cdot m_2$ erhalten wir

$$D^{\text{NGF}}(T, R, y) = \omega - \frac{h}{2} \|r(\mathbf{y})\|^2.$$

Für das Gauss-Newton-Verfahren benötigen wir weiterhin die Ableitungen des Distanzmaßes.

Da wir ein Kleinste-Quadrate-Problem gegeben haben, können wir die Ableitungen schreiben als

$$\mathrm{d}D^{\text{NGF}} = -h \cdot r(\mathbf{y})^T \mathrm{d}r(\mathbf{y})$$
$$\mathrm{d}^2 D^{\text{NGF}} \approx -\mathrm{d}r(\mathbf{y})^T \cdot h \cdot \mathrm{d}r(\mathbf{y}).$$

Zur Ableitung des Distanzmaßes benötigen wir die Ableitung des Residuums $\mathrm{d}r(\mathbf{y})$. Wir definieren zunächst für ein $\mathbf{x} \in \mathbb{R}^n$ die Matrix $\mathrm{diag}(\mathbf{x})$, die neben den Elementen von $\mathbf{x}$ auf der Hauptdiagonalen nur nullen enthält

$$\mathrm{diag}(\mathbf{x}) = \begin{pmatrix} x_1 & & & 0 \\ & x_2 & & \\ & & \ddots & \\ 0 & & & x_n \end{pmatrix}.$$

Nach der Kettenregel ist die Ableitung des Residuums

$$\mathrm{d}r(\mathbf{y}) = (\mathrm{diag}(r_2) \cdot \mathrm{d}r_1 + \mathrm{diag}(r_1) \cdot \mathrm{d}r_2) \cdot \mathrm{d}T_\mathbf{y}$$

---

[3] Die punktweise Division wird beschrieben durch $\oslash$. Es gilt für zwei Vektoren $\mathbf{a}$ und $\mathbf{b} \in \mathbb{R}^n$: $\mathbf{a} \oslash \mathbf{b} = (a_1/b_1, a_2/b_2, \ldots a_n/b_n)$

5.3. Parametrische Registrierung

mit den Ableitungen von r_1 und r_2

$$dr_1 = \text{diag}(D_1 R)D_1 + \text{diag}(D_2 R)D_2 + \text{diag}(D_3 R)D_3$$

und

$$dr_2 = -\text{diag}(1 \oslash (lR \odot lT_\mathbf{y})) \cdot$$
$$(\text{diag}(D_1 T_\mathbf{y})D_1 + \text{diag}(D_2 T_\mathbf{y})D_2 + \text{diag}(D_3 T_\mathbf{y})D_3).$$

Wir haben im vergangenen Abschnitt sowohl das SSD-Maß als auch das NGF-Maß zur Messung von Distanzen zwischen Bilddatensätzen kennen gelernt. Wir wissen, wie wir diese Maße diskretisieren können und wie wir ihre Ableitungen, die wir für die Optimierungsverfahren benötigen, bestimmen. Bevor wir die Distanzmaße zur Bildregistrierung verwenden betrachten wir nun die parametrische Registrierung.

5.3 Parametrische Registrierung

In diesem Abschnitt wollen wir zunächst Ansätze zur parametrischen Bildregistrierung betrachten. Was bedeutet *parametrische Registrierung*? Der Name resultiert daraus, dass wir nicht beliebige Deformationen des Templatebildes zulassen, sondern den Raum der Transformationen durch eine begrenzte Anzahl von Parametern beschreiben. In diesem Abschnitt betrachten wir affin-lineare Transformationen. In Kapitel 6 zu spezialisierten Ansätzen in der Bildregistrierung werden wir außerdem mit den Thin Plate Splines noch eine weitere Art der parametrischen Transformation kennenlernen, welche jedoch im Gegensatz zu dem hier vorgestellten Ansatz nicht intensitätsbasiert funktioniert.

5.3.1 Affin-lineare Transformationen

Affin-lineare Transformationen sind Transformationen, die Drehungen, Translationen, Scherungen und Skalierungen enthalten. Im zweidimensionalen Fall können wir affin-lineare Transformationen durch sechs und im dreidimensionalen Fall durch zwölf Parameter beschreiben. Affine Transformationen haben wir bereits kennengelernt im Kapitel 3.3 im Rahmen von Navigationssystemen und Trackingverfahren. Hier werden Positionsbeschreibungen in 3D in der Regel durch homogene 4×4-Matrizen realisiert, die ebenfalls affine Transformationen beschreiben. Angelehnt an die Notation im zitierten Kapitel würden wir also einen Gitterpunkt $\mathbf{x} = (x_1, x_2, x_3)^T$ mithilfe einer homogenen Transformationsmatrix folgendermaßen transformieren

$$\begin{pmatrix} x_1' \\ x_2' \\ x_3' \\ 1 \end{pmatrix} = \begin{pmatrix} w_1 & w_2 & w_3 & w_4 \\ w_5 & w_6 & w_7 & w_8 \\ w_9 & w_{10} & w_{11} & w_{12} \\ 0 & 0 & 0 & 1 \end{pmatrix} \cdot \begin{pmatrix} x_1 \\ x_2 \\ x_3 \\ 1 \end{pmatrix}.$$

Für 2D gilt analog

$$\begin{pmatrix} x_1' \\ x_2' \\ 1 \end{pmatrix} = \begin{pmatrix} w_1 & w_2 & w_3 \\ w_4 & w_5 & w_6 \\ 0 & 0 & 1 \end{pmatrix} \cdot \begin{pmatrix} x_1 \\ x_2 \\ 1 \end{pmatrix}.$$

Zur Lösung des Bildregistrierungsproblems mithilfe ableitungsbasierter Optimierungsverfahren ist diese Schreibweise unpraktisch. Wir wollen die Transformation im dreidimensionalen Fall nach [Modersitzki, 2009] mit $Q \in \mathbb{R}^{3 \times 12}$ für ein $\mathbf{x} \in \mathbb{R}^3$ mit

$$Q(\mathbf{x}) = \begin{pmatrix} x_1 & x_2 & x_3 & 1 & 0 & 0 & 0 & 0 & 0 & 0 & 0 & 0 \\ 0 & 0 & 0 & 0 & x_1 & x_2 & x_3 & 1 & 0 & 0 & 0 & 0 \\ 0 & 0 & 0 & 0 & 0 & 0 & 0 & 0 & x_1 & x_2 & x_3 & 1 \end{pmatrix}$$

beschreiben durch

$$\mathbf{y}(\mathbf{x}) = Q(\mathbf{x})\mathbf{w} \tag{5.4}$$

wobei $\mathbf{w} = (w_1, w_2, w_3, w_4, w_5, w_6, w_7, w_8, w_9, w_{10}, w_{11}, w_{12})^T$. Diese Schreibweise hat den Vorteil, dass das Beschreiben der Ableitungen so

5.3. Parametrische Registrierung

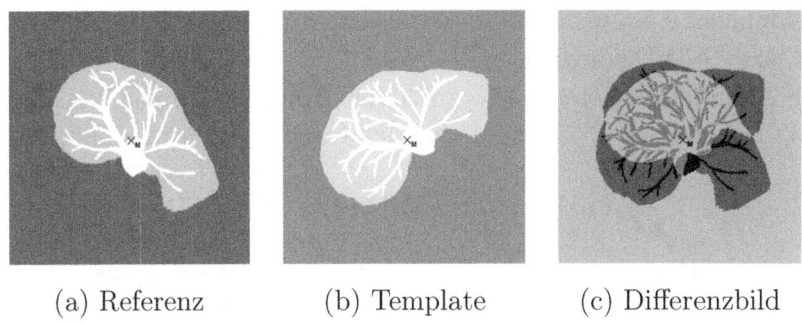

(a) Referenz   (b) Template   (c) Differenzbild

Abbildung 5.11: Abbildung (a) zeigt das Referenzbild, Abbildung (b) das durch Rotation um $\theta = \frac{\pi}{3}$ um den Punkt M erzeugte Templatebild und (c) das zugehörige Differenzbild.

sehr einfach und elegant erfolgen kann. Wir legen in der Matrix Q für jeden Gitterpunkt zwei beziehungsweise drei Zeilen an und können diese Matrix dann konstant für jede Wahl der Parameter **w** lassen.

Auf das Ausschreiben des analogen 2D-Falls verzichten wir an dieser Stelle.

Wir möchten nun die affin-linearen Transformationen verwenden, um ein Bildregistrierungsproblem zu lösen. Dazu betrachten wir das folgende Beispiel.

Beispiel 29 (Affin-lineare Registrierung)
In Abbildung 5.11 sehen wir in (a) ein Referenzbild der Größe 595×609. Den Bereich Omega wählen wir der Einfachheit halber als $\Omega = [0, 595] \times [0, 609]$. In der Abbildung (b) sehen wir ein aus (a) durch Rotation um den markierten Punkt $M = (304.5, 297.5)^T$ um $\theta = \frac{\pi}{3}$ entstandenes Templatebild, welches ebenfalls 595×609 Pixel groß ist und auch über Ω interpoliert wurde.

Mithilfe der affin-linearen Registrierung, unter Verwendung eines Multilevelansatzes, wollen wir die Transformation zwischen beiden Bildern

bestimmen. Als Distanzmaß verwenden wir das in Gleichung 5.3 eingeführte SSD-Distanzmaß.
Die Zielfunktion sieht für das auf affine Transformationen beschränkte SSD-Distanzmaß $\mathcal{D}_{\text{affin}}^{\text{SSD}} : \mathbb{R}^6 \to \mathbb{R}$ nach Gleichung 5.4 wie folgt aus

$$\mathcal{D}_{\text{affin}}^{\text{SSD}}(\mathbf{w}) = \int_\Omega (\mathcal{T}(\mathbf{Q}(\mathbf{x})\mathbf{w}) - \mathcal{R}(\mathbf{x}))^2 d\mathbf{x}.$$

Durch die Hinzunahme von T^{level} und R^{level} in das Distanzmaß als $\mathcal{D}_{\text{affin}}^{\text{SSD}}(\mathbf{w}; T^{level}, R^{level})$ wird beschrieben, auf welchem Level der Multilevelpyramide der Bilddaten der jeweilige Registrierungsschritt ausgeführt wird. Wir betrachten nachfolgend einen Pseudo-Code, der den Ablauf der Registrierung beschreibt. Mit:
GN-Optimierer(Zielfunktion,$\mathbf{w}^{\text{level-1}}$,Stopkriterien)
meinen wir hier Optimierung der Zielfunktion mit dem Gauss-Newton-Optimierer, wie in 4 beschrieben.

Algorithmus 3 Affin-Lineare Multilevel-Registrierung

Eingabe: T, R, MINLEVEL, MAXLEVEL
   Stopkriterien
   maxIter = 1000
   $\tau = 0.001$
   $\mathbf{w}^{\text{MINLEVEL-1}} = (1, 0, 0, 0, 1, 0)^T$
   for level = MINLEVEL $\to$ MAXLEVEL **do**
      Zielfunktion = $\mathcal{D}_{\text{affin}}^{\text{SSD}}(\mathbf{w}; T^{level}, R^{level})$
      $\mathbf{w}^{\text{level}} \stackrel{!\min \mathbf{w}}{=}$ GN-Optimierer(Zielfunktion, $\mathbf{w}^{\text{level-1}}$, Stopkriterien)
   $\mathbf{w}_{\text{opt}} = \mathbf{w}^{\text{level}}$

Wir minimieren die Zielfunktion bezüglich der Parameter $\mathbf{w} \in \mathbb{R}^6$ mit dem in Kapitel 4 beschriebenen Gauss-Newton-Verfahren. Als Startwert wählen wir die Identität, also $\mathbf{w} = (1, 0, 0, 0, 1, 0)^T$. Die Stoppkriterien wählen wir mit maxIter = 1000 und τ= 0.001.
Die Abbildungen 5.12 und 5.13 zeigen die sechs verschiedenen Level der Bilder T und R, erzeugt wie in [Gonzalez & Woods, 2001] beschrieben, die wir sukzessive zur Registrierung verwenden können.

5.3. Parametrische Registrierung

Wir bestimmen das Ergebnis auf den Levels sieben bis eins. Das heißt, wir wählen das siebte Level als gröbstes Level auf dem wir starten und verwenden, wie im Algorithmus 3 beschrieben, das errechnete Ergebnis als Startwert auf dem jeweils nächsten Level, bis wir beim ersten Level ankommen. Der Iterationsverlauf der Registrierung auf den verschiedenen Levels ist in Abbildung 5.14 zu sehen. Gezeigt ist für jeden Iterationsschritt der Wert der Zielfunktion $\mathcal{D}_{\text{affin}}^{\text{SSD}}$. Die jeweiligen Werte sind zur einfacheren Interpretation linear verbunden. Die unterschiedlichen Levels sind voneinander getrennt durch senkrechte Trennlinien. Wir beobachten im ersten Schritt des jeweils nächst größeren Ergebnisses erwartungsgemäß einen Anstieg des Distanzwertes. Dieser ist dadurch zu erklären, dass wir in jedem neuen Schritt eine deutlich größere Menge an Pixeln miteinander vergleichen. Die Distanzfunktion wird dann aber jeweils wieder kleiner und erreicht im finalen Iterationsschritt den Wert 0. Dies deckt sich auch mit den Beobachtungen, die wir in Abbildung 5.15 machen. Dort sind die Zwischenergebnisse als Differenzbilder zwischen $T^{\text{level}}(y(\theta))$ und R^{level} auf den einzelnen Levels sowie das Endergebnis der affinen Registrierung zu sehen. Nach dem finalen Schritt können wir keine Unterschiede mehr zwischen Referenz und Template feststellen. Wir sehen in Abbildung 5.16 (a) das transformierte Templatebild. In Abbildung (b) sehen wir das zugehörige originale Templatebild und darüber das berechnete Deformationsgitter. Der errechnete Minimierer, den wir mit dem Subskript $_{\text{opt}}$ bezeichnen, lautet

$$\mathbf{w}_{\text{opt}} = (0.5,\ -0.87,\ 409.89,\ 0.87,\ 0.5,\ -114.95)^T.$$

Der Rotationspunkt ergibt sich durch Anwendung der Rotationsmatrix auf den Translationsanteil

$$\begin{pmatrix} 0.5 & -0.866 \\ 0.866 & 0.5 \end{pmatrix} \cdot \begin{pmatrix} 409.8853 \\ -114.9538 \end{pmatrix} = \begin{pmatrix} 304.4941 \\ 297.4970 \end{pmatrix}.$$

Mithilfe der affin-linearen Registrierung auf sechs verschiedenen Levels waren wir sowohl in der Lage die korrekten Drehwinkel, als auch den Rotationspunkt herauszufinden.

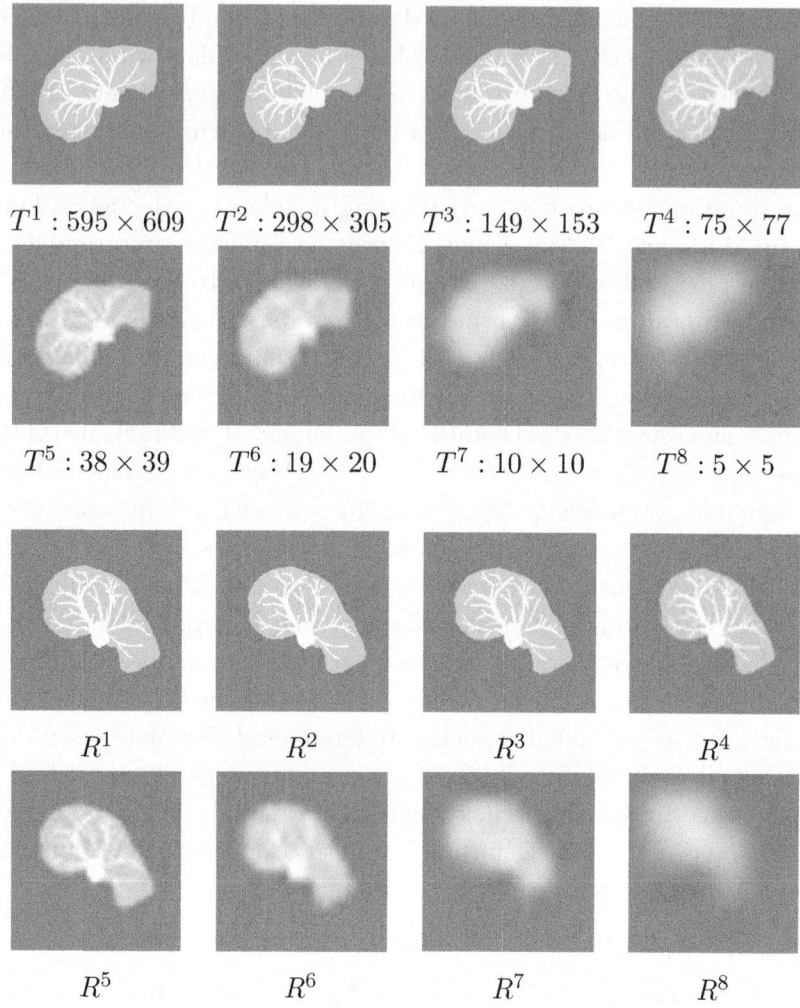

Abbildung 5.12: Multilevel-Pyramide der Testdaten für das affin-lineare Registrierungsproblem. Jeweils zu sehen sind die unterschiedlichen Auflösungen der Template- sowie der Referenzdaten. Zusätzlich zu den Template-Daten sind auch die jeweiligen Bildgrößen in Pixeln notiert.

5.3. Parametrische Registrierung

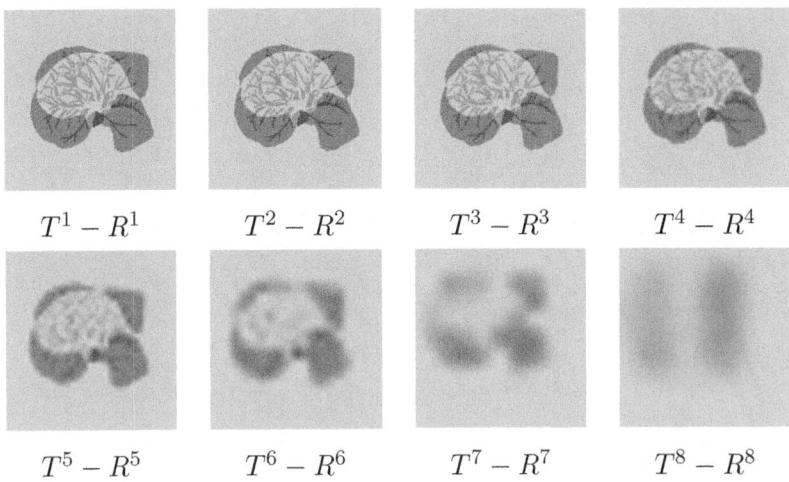

Abbildung 5.13: Differenzen der Multilevel-Pyramide der Testdaten für das affin-lineare Registrierungsproblem.

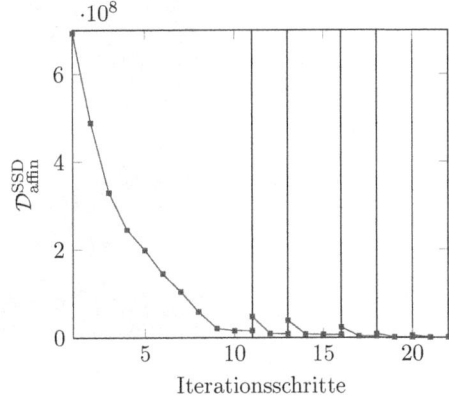

Abbildung 5.14: Iterationsverlauf für die affine Multilevel-Registrierung sukzessive auf 6 verschiedenen Levels.

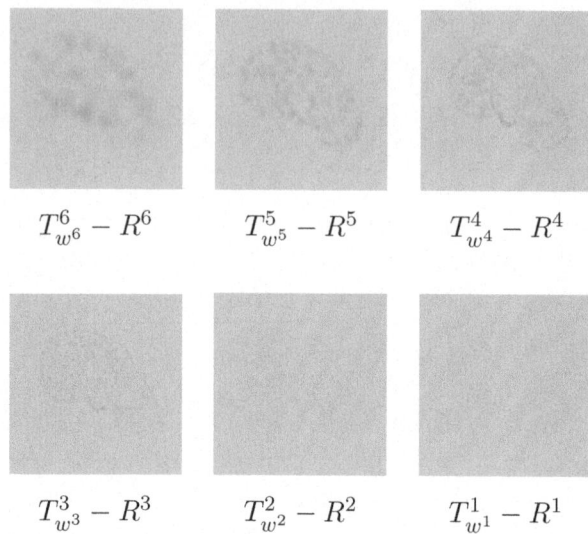

$T_{w^6}^6 - R^6$ $\qquad$ $T_{w^5}^5 - R^5$ $\qquad$ $T_{w^4}^4 - R^4$

$T_{w^3}^3 - R^3$ $\qquad$ $T_{w^2}^2 - R^2$ $\qquad$ $T_{w^1}^1 - R^1$

Abbildung 5.15: Ergebnisse der affin-linearen Registrierung auf den einzelnen Levels. Zu sehen sind jeweils die Differenzen zwischen transformiertem Template und der Referenz.

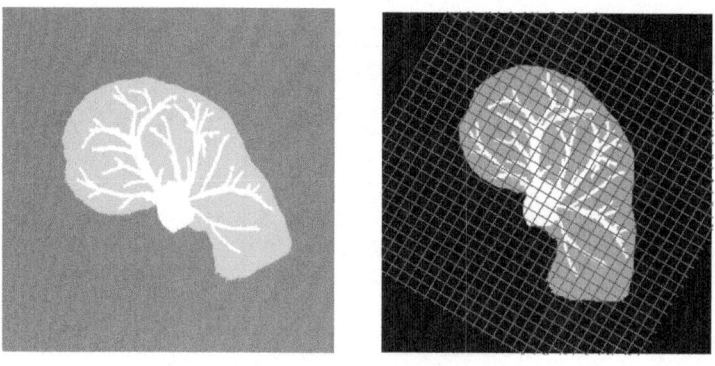

(a) Transformiertes Template $\qquad$ (b) Template mit Gitter

Abbildung 5.16: Ergebnis der affin-linearen Registrierung. In Abbildung (a) sehen wir das transformierte Templatebild. Abbildung (b) zeigt das dazu ausgewertete transformierte Gitter über dem originalen Template.

5.3. Parametrische Registrierung

Natürlich ist das betrachtete Beispiel ein sehr einfaches, für das es eine affin-lineare Transformation gibt, die Template und Referenz identisch macht. In der Praxis ist dies in der medizinischen Anwendung eher selten der Fall. Gerade in der von uns betrachteten Problemstellung der Leberchirurgie. Wir werden die affin-lineare Registrierung in unseren Anwendungsfällen jeweils als ersten Schritt vor einer nachfolgenden nichtlinearen Registrierung anwenden.

Das nun folgende Beispiel soll allerdings noch einmal verdeutlichen, dass man auch bei der affin-linearen Registrierung, selbst für das von uns betrachtete, sehr einfache Beispiel mit Problemen konfrontiert sein kann.

Beispiel 30 (Zweiter Versuch zur affin-linearen Registrierung)
Die Problemstellung, die wir in diesem Beispiel betrachten wollen, ist

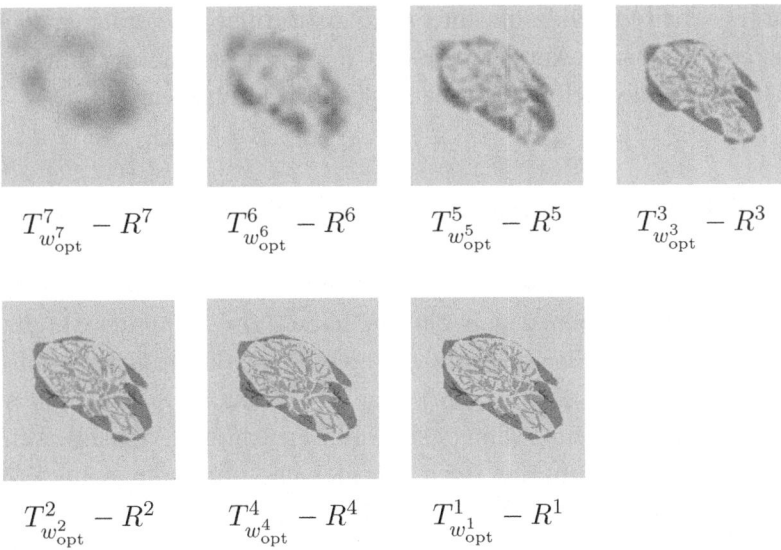

$T^7_{w^7_{\text{opt}}} - R^7 \qquad T^6_{w^6_{\text{opt}}} - R^6 \qquad T^5_{w^5_{\text{opt}}} - R^5 \qquad T^3_{w^3_{\text{opt}}} - R^3$

$T^2_{w^2_{\text{opt}}} - R^2 \qquad T^4_{w^4_{\text{opt}}} - R^4 \qquad T^1_{w^1_{\text{opt}}} - R^1$

Abbildung 5.17: Ergebnisse der affin-linearen Registrierung auf den einzelnen Levels. Zu sehen sind jeweils die Differenzen zwischen transformiertem Template und der Referenz.

identisch zur Problemstellung im vorherigen Beispiel 29. Wir verändern lediglich das Level auf dem wir unsere Multilevel-Registrierung starten. Das Startlevel ist für dieses Beispiel das Level 7.
Das für diesen Fall errechnete Ergebnis ist

$$w_{\text{opt}} = (0.94,\ 0.04,\ 4.01,\ -1.33,\ 1.11,\ 302.50)^T.$$

Wir betrachten in Abbildung 5.17 erneut die Differenzbilder auf den einzelnen gerechneten Levels der affinen Registrierung und stellen fest, dass das Ergebnis nicht zufriedenstellend ist. Die Differenz zwischen Template und Referenzbild ist zwar, wie im Iterationsverlauf in Abbildung 5.19 zu sehen, insgesamt kleiner geworden, aber die errechnete Deformation entspricht nicht der vorgegebenen. Wie die Zwischenergebnisse zeigen, hat offenbar die Registrierung auf dem ersten gerechneten Level ein lokales Minimum gefunden, welches die nachfolgenden Schritte nicht korrigieren konnten.

Warum scheiterte die affin-lineare Registrierung im vorangegangenen Beispiel? Um eine Antwort auf die Frage zu geben, wollen wir das Beispiel und die Zielfunktion nachfolgend vereinfachen.

Beispiel 31 (Parametrische Bildregistrierung)
Wir wissen, dass die Lösung des Registrierungsproblems eine Drehung um den Punkt M ist. Daher beschränken wir im nun folgenden Beispiel die Transformationen genau darauf, haben also nur einen Freiheitsgrad. Wir werten die Zielfunktion mithilfe der linearen Interpolation an 400 Winkeln $\theta \in [0,\ldots,2\pi]$ aus. Abbildung 5.18 zeigt den Wert der Zielfunktionen in Abhängigkeit des betrachteten Winkels. Wir sehen, dass die Zielfunktion zwar ein globales Minimum beim Winkel $\theta = \frac{\pi}{2}$ annimmt, aber weitere lokale Minima aufweist. Neben dem globalen Minimum sehen wir in der Abbildung Differenzbilder zu weiteren prägnanten Punkten im Funktionsverlauf (lokale Minima und Maxima sowie das globale Minimum). Je nachdem mit welchem Startwert das Registrierungsergebnis für diese Bilddaten bestimmt wird, werden wir

mit ableitungsbasierten Optimierungsverfahren nicht im globalen Minimum, sondern in einem der lokalen Minima landen.

Die zuletzt gezeigten Beispiele könnten die Frage aufwerfen, warum wir uns überhaupt mit affin-linearer Registrierung beschäftigen sollten, wenn wir deren Ergebnissen doch gar nicht trauen können. Wir möchten an dieser Stelle das Bewusstsein dafür schärfen, dass wir die so häufig verwendete affin-lineare Registrierung mit Bedacht anwenden müssen. Wie Beispiel 30 zeigte, müssen wir zum Beispiel darauf achten, welche Bilddaten wir in einem Multilevel-Verfahren vergleichen, um nicht direkt im ersten Schritt das globale Minimum unerreichbar zu machen.

Das Wissen aus diesen Beispielen nutzen wir später weiterhin aus, um für gegebene Problemstellungen *Zusatzwissen* in den Algorithmus einzubringen und damit die Wahrscheinlichkeit eines plausiblen Registrierungsergebnisses zu erhöhen. Hätten wir in den beiden einfachen Beispielen etwa einige wenige Landmarkeninformationen zur Verfügung gehabt, dann hätten wir ein plausibles Ergebnis berechnen können - auch für Beispiel 30.

5.4 Nicht-parametrische Registrierung

In dieser Arbeit werden wir in den folgenden Teilen Strategien vorschlagen, mit denen wir Zusatzwissen über die Problemstellung zur Lösung eines Registrierungsproblems hinzuziehen können.
Vorwissen kann in die Registrierung einfließen zum Beispiel durch

- Wahl des richtigen Distanzmaßes

- Überlegungen zur Plausibilität der Deformation und gegebenenfalls der Restriktion unerwünschter Deformationen

- Landmarken-Informationen für bekannte Punkt-zu-Punkt-Korrespondenzen.

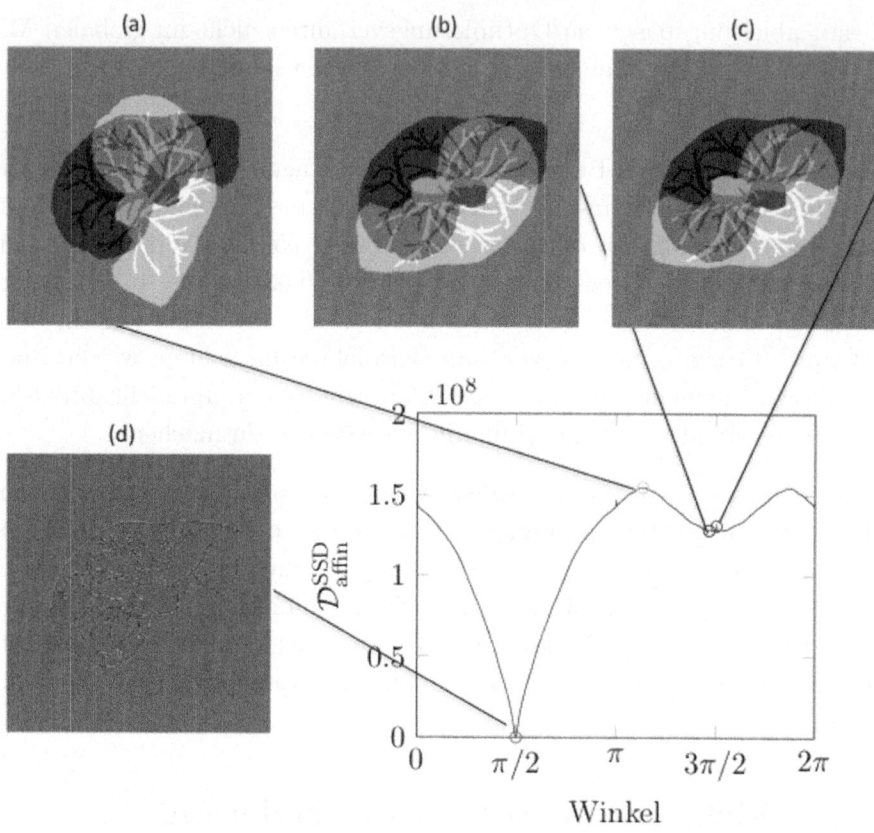

Abbildung 5.18: Die Abbildungen (a) - (d) zeigen Differenzbilder für unterschiedliche Drehwinkel. Im globalen Minimum sind Template und Referenz identisch. In einem der beiden lokalen Minima überlappt ein im Vergleich zu den benachbarten Drehwinkeln großer Teil der Daten (b). In Abbildung (a) sind die Daten maximal weit voneinander entfernt. Abbildung (c) ist ebenfalls ein kleines lokales Maximum, das sich nicht sehr deutlich von (b) unterscheidet. Unten rechts sehen wir die Funktionswerte von $\mathcal{D}^{\mathrm{SSD}}(\theta)$ aufgetragen für $\theta \in [0,\ldots,2\pi]$.

5.4. Nicht-parametrische Registrierung

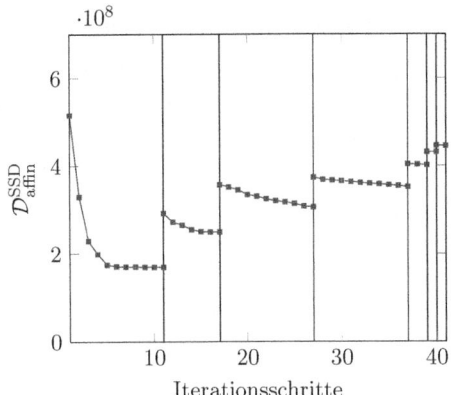

Abbildung 5.19: Iterationsverlauf auf 7 Levels für das affin-lineare Registrierungsproblem.

Um zufriedenstellende Registrierungsergebnisse zu erhalten, ist es wichtig sich zunächst genau mit der gegebenen Problemstellung zu befassen, um damit zu einem maßgeschneiderten Verfahren für das gegebene Problem zu gelangen. Dies beginnt bei der Wahl des richtigen Distanzmaßes (siehe Abbildung 5.10) und wird fortgesetzt über die Einschränkung der möglichen Deformationen oder die explizite Nutzung von Zusatzwissen, zum Beispiel in Form von Landmarken.

Einige Einschränkungen möglicher Deformationen haben wir in den vorangegangenen Beispielen bereits kennengelernt. So haben wir zum Beispiel nur Rotationen oder affin-lineare Deformationen zugelassen. Im folgenden Abschnitt wollen wir einen anderen Weg als die parametrische Registrierung wählen, um die möglichen Transformationen einzuschränken. Wir werden Anforderungen an die Plausibilität einer nicht-linearen Deformation stellen. Erreichen wollen wir dies durch Anwendung restringierter Optimierungsverfahren, die bereits in Kapitel 4 eingeführt wurden. Zunächst verwenden wir additive Nebenbedingungen, also Penalty-Funktionen. Wie diese Nebenbedingungen eine plausible Transformation erreichen können, wollen wir im Folgenden betrachten.

Die im nächsten Abschnitt betrachteten Penaltyfunktionen sind Funktionen, die Glattheitseigenschaften eines errechneten Deformationsfeldes bestimmen. Sie sind auch bekannt als Regularisierer. Aus verschiedenen Gründen sind Regularisierer für die nicht-lineare Registrierung von Bedeutung.

5.4.1 Regularisierer

Das Zielfunktional für Registrierungsprobleme besteht bisher nur aus einem Distanzterm. In den vorherigen Beispielen haben wir die möglichen Transformationen auf affin-lineare Deformationen beschränkt. Für die meisten Problemstellungen reichen aber affin-lineare Verfahren nicht aus, um ein zufriedenstellendes Ergebnis zu erzielen. Eine Leber im offenen Situs wird sich im Vergleich zur prä-operativen Situation nicht affin-linear verhalten, sondern deutliche, nicht-lineare Deformationen aufweisen.

Wir müssen also in der Lage sein, einen Datensatz genauso *frei* zu deformieren. Mit freier Deformation ist gemeint, dass wir jeden Bildpunkt an eine beliebige andere Position verschieben können wollen (Interpretation im Lagrange-Ansatz). Da wir den Eulerschen Ansatz verfolgen, wollen wir die Punkte des Gitters, an dem wir den gegebenen Datensatz auswerten, frei auswählen können. Da wir dann die Deformation nicht mehr global durch eine Matrix-Vektor-Multiplikation darstellen können, sprechen wir von *nicht-linearer Registrierung*.

Um ein Registrierungsproblem zu lösen, ist die Lösung eines inversen Problems erforderlich. Das korrespondierende Vorwärts-Problem, (vgl. Beispiel 24) ist das Folgende:
Gegeben ein Bild $\mathcal{I}(\mathbf{x})$ und eine Transformation y: errechne das transformierte Bild $\mathcal{I}(y(\mathbf{x}))$.
Das inverse Problem ist:
Gegeben das transformierte Bild $\mathcal{I}(y(\mathbf{x}))$ und das originale Bild $\mathcal{I}(\mathbf{x})$, bestimme die Transformation y. Weil die vorliegende inverse Problemstellung der Bildregistrierung ein im Sinne von Hadamard [Hadamard, 1902] schlecht gestelltes Problem ist, benötigen wir zu dessen Lösung einen Regularisierer. Siehe für weiterführende Informationen über

5.4. Nicht-parametrische Registrierung

schlecht gestellte Bildregistrierungsprobleme und zu weiteren Gründen für die Notwendigkeit eines Regularisierers [Modersitzki, 2004].

Eine andere Interpretation zur Notwendigkeit des Regularisierers ist die folgende:
Wir möchten mithilfe des Regularisierers bestimmte Deformationen anderen Deformationen vorziehen. Wie einführend schon erwähnt, sind wir an *plausiblen* Deformationen interessiert. Eine Deformation ist dann nicht plausibel, wenn sie zum Beispiel die Ordnung von nebeneinanderliegenden Objekten ändert. Wenn sie zum Beispiel bei der Registrierung zweier Gesichter das linke mit dem rechten Auge vertauscht. Ein Weg diese Plausibilität zu erlangen, ist es, die Möglichkeiten der Deformation einzuschränken. Konkret heißt dies, dass wir möglichst gleichmäßige Deformationen bevorzugen wollen. Ein weiterer Weg die Qualität zu bewerten, ist es, die lokalen Volumenänderungen des Gitters zu betrachten. Dazu werden wir in Abschnitt 5.4.2 eine Möglichkeit beschreiben, die dieses bewerkstelligt und uns somit, neben dem Distanzmaß, ein weiteres Gütemaß für die Registrierungsergebnisse liefert.
Wir erweitern die bisherige Zielfunktion, um einen gewichteten Regularisierungsterm $\mathcal{S}(y)$ und erhalten die Verbundfunktion.

Definition 32 (Verbundfunktion)
Die Verbundfunktion $\mathcal{J}$ *(Joint Function)* mit $y : \mathbb{R}^d \to \mathbb{R}^d$ und $\alpha > 0$ ist gegeben durch

$$\mathcal{J}(y) = \mathcal{D}(\mathcal{T}, \mathcal{R}; y) + \alpha \mathcal{S}(y).$$

Diese Funktion soll minimiert werden. Zusätzlich zum Regularisierungsterm $\mathcal{S}(y)$ beinhaltet die Verbundfunktion auch den Parameter α, welcher diesen gewichtet. Aus Abschnitt 4 kennen wir diesen Parameter als Penalty-Parameter und haben gesehen, dass dessen Wahl nicht trivial ist. Im Abschnitt 5.4.3 werden wir die Auswirkung des Parameters an einigen Beispielen betrachten und daraus Interpretationsmöglichkeiten und Hilfestellungen zu seiner Wahl anbieten. Zunächst wollen wir jedoch drei aus der Literatur bekannte Regularisierer einführen und danach deren Diskretisierungen betrachten.

Wir haben anfangs schon festgestellt, dass wir an möglichst glatten, also homogenen Deformationsergebnissen interessiert sind, um das Template der Referenz ähnlich zu machen. Dies bedeutet, dass wir keine großen Sprünge in der Deformation erzeugen wollen. Bezogen auf die Darstellung der Deformation als Gitter bedeutet dies, dass wir auch eine visuell homogene Deformation erhalten. Interpretieren wir das Deformationsfeld in einer Dimension als Bild, dann bedeutet das, dass wir kleine Bildgradienten haben wollen.

Der erste Regularisierer, den wir in diesem Zusammenhang betrachten, ist der sogenannte Diffusive Regularisierer.

Definition 33 (Diffusiver Regularisierer)
Der *Diffusive Regularisierer* für ein differenzierbares Deformationsfeld $y : \mathbb{R}^d \to \mathbb{R}^d$ ist

$$\mathcal{S}^{\text{diff}}(\mathbf{y}) = \frac{1}{2} \sum_{l=1}^{d} \int_{\Omega} \|\nabla y_l(\mathbf{x})\|^2 \, d\mathbf{x}.$$

Er wurde von Horn und Schunck [Horn & Schunck, 1981] im Bereich der optischen Flussverfahren und für die variationelle Bildregistrierung von Fischer und Modersitzki [Fischer & Modersitzki, 2002] eingeführt. Der Diffusive Regularisierer summiert die Ableitungen des Deformationsfelds in den einzelnen Dimensionen. Existieren hohe Werte für Ableitungen, dann wird der Wert des Regularisierers, der auf das Distanzmaß addiert wird, groß. Hohe Ableitungen werden demnach über den Penaltyterm *bestraft*, sodass das Resultat des Optimierungsverfahrens, je nach Wahl von α, ein möglichst homogenes Deformationsfeld ist.

Der *Elastische Regularisierer* erweitert den bekannten Diffusiven Term um einen Summanden, welcher die Divergenz für eine Funktion $f : \mathbb{R}^d \to$

5.4. Nicht-parametrische Registrierung

$\mathbb{R}^d$ berechnet durch

$$\operatorname{div}(f) = \partial_1 f_1 + \partial_2 f_2 + \partial_3 f_3.$$

Die Divergenz können wir interpretieren als ein Maß für das *Auseinanderstreben* des Deformationsfeldes.

Definition 34 (Elastischer Regularisierer)
Für ein differenzierbares $y : \mathbb{R}^d \to \mathbb{R}^d$ und die Navier-Lamé-Konstanten λ und $\mu > 0$ ist der Elastische Regularisierer gegeben als

$$\mathcal{S}^{\text{elastic}}(\mathbf{y}) = \frac{1}{2} \int_\Omega \sum_{\ell=1}^{d} \mu \left\| \nabla y_\ell(x) \right\|^2 + (\mu + \lambda) \operatorname{div}^2 y(x) \, \mathrm{d}x.$$

Je nach Wahl der Navier-Lamé-Konstanten λ und μ ist es möglich, das Verhalten verschiedener, elastischer Materialien mit diesem Regularisierer zu modellieren. Eingeführt wurde er zur nicht-linearen Bildregistrierung von Broit [Broit, 1981]. Nachdem der Diffusive Regularisierer die Deformationen in den Raumrichtungen noch unabhängig voneinander betrachtet hat, *koppelt* dieser Regularisierer die Raumrichtungen durch einen Divergenz-Term. Wir werden dies noch einmal genauer analysieren im Abschnitt 5.4.1.1 über die Diskretisierung der Regularisierer.

Ein weiterer Regularisierer ist der nun vorgestellte *Curvature Regularisierer*. Der Regularisierer bestraft neben Ableitungen erster Ordnung, im Gegensatz zu den bisher bekannten, Ableitungen zweiter Ordnung. Die zweite Ableitung eines Deformationsfeldes misst approximativ dessen Krümmung (*engl. Curvature*).

Definition 35 (Curvature Regularisierer)
Für ein zweimal differenzierbares Deformationsfeld $y : \mathbb{R}^d \to \mathbb{R}^d$ ist der Curvature Regularisierer gegeben durch

$$\mathcal{S}^{\text{curv}}(\mathbf{y}) = \frac{1}{2} \int_\Omega \sum_{\ell=1}^{d} \left\| \Delta y_\ell(x) \right\|^2 \, \mathrm{d}x.$$

Kapitel 5. Grundlagen der Bildregistrierung

Der Curvature Regularisierer, der Ableitungen zweiter Ordnung bestraft, wurde von Fischer und Modersitzki im Jahr 2003 [Fischer & Modersitzki, 2003b] eingeführt.

5.4.1.1 Diskretisierung der Regularisierer

Wie auch schon für die Distanzmaße werden wir nun kurz die Diskretisierung der verwendeten Regularisierer beschreiben. Wir beginnen mit dem Diffusiven Regularisierer, betrachten dann den Elastischen Regularisierer und schließen ab mit dem Curvature Regularisierer.

Diskretisierung des Diffusiven Regularisierers Der Diffusive Regularisierer ist der einfachste der betrachteten Regularisierer. Wie einführend schon erwähnt, werden hier die Ableitungen des Deformationsfeldes in den einzelnen Dimensionen summiert.

Die Diskretisierung des Diffusiven Regularisierers erfolgt auf einem Staggered-Gitter (siehe Abschnitt 5.1.1). Der Grund dafür ist der Folgende: Die Ableitungen in die unterschiedlichen Raumrichtungen sollen jeweils auf demselben Gitter bestimmt sein. Würden wir zum Beispiel ein nodales Gitter verwenden, dann würden die Ableitungen, je nach Raumrichtung, auf der entsprechenden Komponente des Staggered-Gitters zu finden sein. Bestimmen wir die Ableitungen durch Verwendung eines Staggered-Gitters, dann finden sich die Ableitungen aller Raumrichtungen auf dem Cell-Centered-Gitter.

Wir möchten die diskretisierte Form des Diffusiven Regularisierers mithilfe der Mittelpunktregel schreiben als

$$\mathcal{S}^{\text{diff}}(\mathbf{y}) = \int_\Omega \sum_{j=1}^d \|\nabla y_j\|^2 \mathrm{d}x$$

$$\approx \frac{h}{2} \left\| \mathcal{B}^{\text{diff}}(\mathbf{y}) \right\|^2 = S^{\text{diff}}(\mathbf{y}).$$

Der Operator $\mathcal{B}^{\text{diff}}$, den wir auf das Deformationsfeld $\mathbf{x}^{\text{staggered}}$ anwenden,

5.4. Nicht-parametrische Registrierung

sieht folgendermaßen aus [Papenberg, 2008]:

$$\mathcal{B}^{\text{diff}} = \begin{pmatrix} D_{11} \\ D_{12} \\ & D_{21} \\ & D_{22} \end{pmatrix}.$$

Die Komponente D_{11} bestimmt die Ableitung der ersten Raumrichtung in die erste Richtung, die Komponente D_{12} folglich die Ableitung der ersten Raumrichtung in die zweite Richtung und so weiter.

Die Komponenten $D_{ij}, i,j = 1,2$ bestimmen wir mithilfe eines Ableitungsoperators über kurze Differenzen, da die Diskretisierung auf dem Staggered Gitter dieses anbietet. Wir erinnern uns, dass wir die Ableitung einer stetigen Funktion $f : \mathbb{R} \to \mathbb{R}$ mit einem $h \in \mathbb{R}$ bestimmen können über

$$f'(x) = \frac{f(x+h) - f(x)}{h^2} + \mathcal{O}(h^2).$$

Für den eindimensionalen Fall sieht der Ableitungsoperator wie folgt aus:

$$D(h,m) = \frac{1}{h} \begin{pmatrix} -1 & 1 & & \\ & \ddots & \ddots & \\ & & -1 & 1 \end{pmatrix} \in \mathbb{R}^{m \times m+1}.$$

Wie auch schon für die Distanzmaße können wir den eindimensionalen Operator mithilfe des Kronecker-Produkts für höhere Dimensionen nutzbar machen.

Wir bestimmen die einzelnen Komponenten jeweils durch

$$\begin{aligned} D_{11} &= I_{m_2} & \otimes & & D(h_1, m_1) \\ D_{12} &= D(h_2, m_2 - 1) & \otimes & & I_{m_1+1} \\ D_{21} &= I_{m_2+1} & \otimes & & D(h_1, m_1 - 1) \\ D_{22} &= D(h_2, m_2) & \otimes & & I_{m_1}. \end{aligned}$$

Der Operator $\mathcal{B}^{\text{diff}}$ ist dünn besetzt. Dies hat den Vorteil, dass eine Multiplikation mit diesem Operator *günstig* ist und nicht viele Rechenoperationen erfordert.

Der nächste Regularisierer, der Elastische, ergänzt den Diffusiven Regularisierer um genau diese Kopplung der einzelnen Raumrichtungen.

Diskretisierung des Elastischen Regularisierers Analog zum Diffusiven Regularisierer diskretisieren wir auch den Elastischen Regularisierer über die Mittelpunktregel

$$\mathcal{S}^{\text{elas}}(\mathbf{y}) = \int_\Omega \sum_{\ell=1}^d \mu \|\nabla y_\ell\|^2 + (\mu + \lambda)\text{div}^2(y) \, dx$$

$$\approx \frac{h}{2} \left\|\mathcal{B}^{\text{elas}}(\mathbf{y}; \mu, \lambda)\right\|^2 = S^{\text{elas}}(\mathbf{y}).$$

Der Operator $\mathcal{B}^{\text{elas}}$ des Elastischen Regularisierers ist sehr ähnlich dem Diffusiven Regularisierer, zumindest im oberen Teil. Er wird noch um einige gekoppelte Zeilen ergänzt, die wir durch den Divergenz-Term erhalten. Wir erinnern uns, dass die Divergenz eines Deformationsfeldes bestimmt wird durch die Addition der Ableitungen der Komponenten des Deformationsfeldes in die jeweiligen Raumrichtungen. Dies ist auch einer der Gründe, weshalb das Deformationsfeld auf einem Staggered-Gitter gegeben sein sollte. Die einzelnen Ableitungen sind so alle am selben Ort bestimmt und wir können sie direkt addieren. Der Operator $\mathcal{B}^{\text{elas}}$ sieht wie folgt aus

$$\mathcal{B}^{\text{elas}} = \begin{pmatrix} \mu \cdot D_{11} & \\ \mu \cdot D_{12} & \\ & \mu \cdot D_{21} \\ & \mu \cdot D_{22} \\ (\mu + \lambda) \cdot D_{11} & (\mu + \lambda) \cdot D_{22} \end{pmatrix}.$$

5.4. Nicht-parametrische Registrierung

Im Gegensatz zum Diffusiven Regularisierer betrachten wir mit dem Elastischen Regularisierer nun nicht mehr jede Raumrichtung für sich, sondern *koppeln* sie durch den Divergenz-Term.

Diskretisierung des Curvature Regularisierers Der Curvature Regularisierer verwendet, anders als die bisher betrachteten Regularisierer, zweite Ableitungen. Da wir die Ableitungen nicht mehr addieren müssen, benötigen wir auch die Diskretisierung auf Staggered-Gittern nicht mehr. Wir geben hier eine Diskretisierung auf Cell-Centered-Gittern nach [Papenberg, 2008] an. Wir erinnern uns, dass wir die zweite Ableitung einer zweimal stetigen Funktion $f : \mathbb{R} \to \mathbb{R}$ mit einem $h \in \mathbb{R}$ bestimmen können durch

$$f''(x) = \frac{f(x-h) - 2f(x) + f(x+h)}{h^2} + \mathcal{O}(h^2).$$

Daher ist die Operatormatrix für den eindimensionalen Fall

$$D_j^{\text{curv}} = \begin{pmatrix} -1 & 1 & & & & \\ 1 & -2 & 1 & & & \\ & & \ddots & \ddots & \ddots & \\ & & & 1 & -2 & 1 \\ & & & & -1 & 1 \end{pmatrix} \in \mathbb{R}^{m_j \times m_j}.$$

Über das Kronecker-Produkt können wir, wie schon bekannt, auch diesen Operator für höhere Dimensionen nutzbar machen. Wir erhalten dann den Curvature-Operator

$$B^{\text{curv}} = \begin{pmatrix} I_{m_3} \otimes I_{m_2} \otimes D_1^{\text{curv}} & & \\ & I_{m_3} \otimes D_2^{\text{curv}} \otimes I_{m_1} & \\ & & D_3^{\text{curv}} \otimes I_{m_2} \otimes I_{m_1} \end{pmatrix}.$$

Damit erhalten wir analog zu den anderen Regularisierern über die Mittelpunktsregel den Curvature Regularisierer

$$\mathcal{S}^{\mathrm{curv}}(\mathbf{y}) = \frac{1}{2} \int_\Omega \sum_{\ell=1}^{3} \|\Delta y_\ell\|^2 \, d\mathbf{x} \approx \frac{h}{2} \|B^{\mathrm{curv}}\mathbf{y}\|^2 = S^{\mathrm{curv}}(\mathbf{y}).$$

Beispiel 36 (Beispieldaten zur nicht-linearen Registrierung)
Um im Folgenden verschiedene Arten der nicht-linearen Registrierung zu testen, erzeugen wir ein künstliches Template aus dem bekannten, vereinfachten, zweidimensionalen Leberdatensatz. In Abbildung 5.20 ist in (a) das Referenzbild und in (b) das nicht-linear deformierte Template zu sehen. Abbildung (d) zeigt das Gitter, mit dem das Template erzeugt wurde. Dies wird nicht die zu erwartende Lösung des Registrierungsproblems sein, da wir genau das entgegengesetzte Problem lösen werden. Es soll hier lediglich einen Eindruck über die verwendete Deformation geben. In Abbildung (c) sehen wir das initiale Differenzbild. Die Bildgrößen sind $\mathbf{m} = (304, 252)$ und das Gebiet Ω legen wir fest als $\Omega = [0\,,\,304] \times [0,\,252]$.

Die erzeugten Testdaten verwenden wir, um die Auswirkungen der Regularisierer auf die Registrierungsergebnisse zu untersuchen.

5.4.2 Messung der Registrierungsgüte

Die Qualität eines Registrierungsergebnisses objektiv zu messen, ist nicht möglich, da in den seltensten Fällen eine Ground Truth bekannt ist. Wir wollen uns von anderer Richtung diesem Thema nähern. Wir möchten in der Regel, dass die Deformation $y : \mathbb{R}^d \to \mathbb{R}^d$ stetig ist. Weiterhin möchten wir, dass das errechnete Deformationsfeld faltungsfrei ist. Wenn dies nicht so ist, dann haben wir keine bijektive Lösung für das Registrierungsproblem bestimmt. Anschaulich bedeutet dies, dass wir die Nachbarschaften deformierter Bildregionen aufgelöst und Pixel

5.4. Nicht-parametrische Registrierung

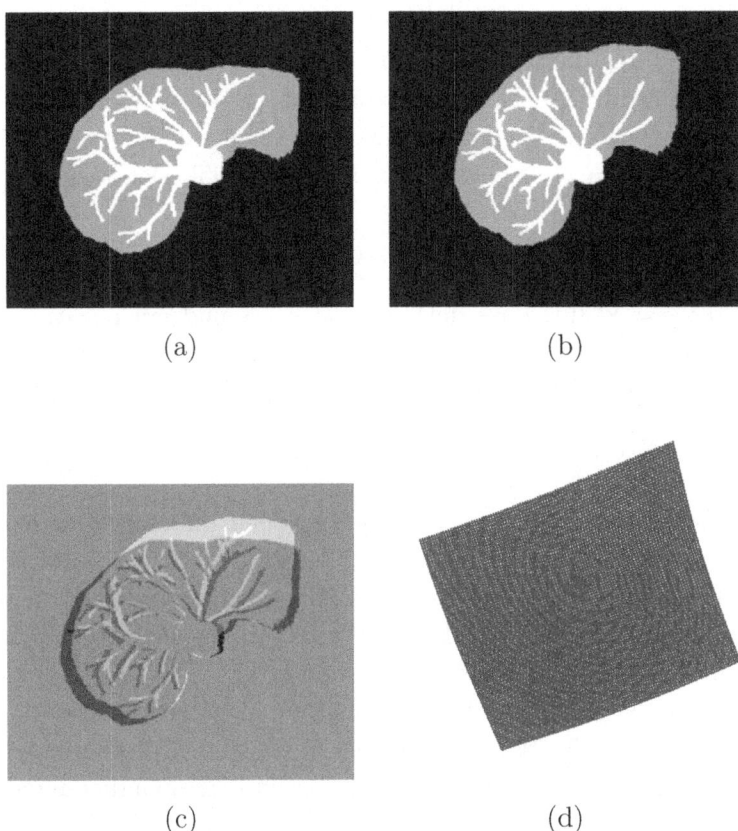

Abbildung 5.20: Abbildung (a) zeigt das bekannte Referenzbild. In Abbildung (b) ist das Template zu sehen und in (c) sehen wir die Differenz zwischen Template und Referenz. In Abbildung (d) ist das angewendete Deformationsgitter visualisiert.

vertauscht haben. Ist die Lösung nicht bijektiv, dann können wir keine Umkehrabbildung dafür bestimmen.
Der aus der Analysis bekannte Satz über die Existenz einer Umkehrabbildung motiviert uns, die Funktionaldeterminante $\det \nabla \mathbf{y}(\mathbf{x})$ der errechneten Deformation y zu betrachten [Forster, 2005]. Der Satz liefert die Bedingung:

$$\det \nabla y(\mathbf{x}) \neq 0 \quad \forall \mathbf{x} \in \Omega.$$

Da für $y(\mathbf{x}) = \mathbf{x}$ gilt, dass $\det \nabla y(\mathbf{x}) = 1$ ist und ein negativer Wert bedeuten würde, dass ein null-Übergang existiert, muss für alle $\mathbf{x} \in \Omega$ eines faltungsfreien Deformationsfeldes gelten

$$\det \nabla \mathbf{y}(\mathbf{x}) > 0.$$

Eine weitere Motivation zur Verwendung eben dieser Bedingung lässt sich geometrisch herleiten. Im Prinzip bestimmen wir mithilfe der Determinante der Jakobischen des Deformationsfeldes die Änderungen der Volumina der jeweiligen Pixel. Ein Wert von eins bedeutet auch hier, dass keine Volumenänderung stattgefunden hat. Ein Wert kleiner als eins, dass das Volumen geschrumpft und ein Wert größer eins, dass das Volumen sich vergrößert hat. Sinkt der Wert einer Determinante unter null, dann bedeutet dies, dass eine Faltung im korrespondierenden Pixel vorliegt.

Wir betrachten beispielhaft das Deformationsfeld in Abbildung 5.21 (a). Die Werte der Determinante in den Ursprungskoordinaten sind in Abbildung (b) gezeigt. Wir können beobachten, dass der Plot der Determinanten im Wesentlichen Werte größer als null zeigt. In der Region in der wir Werte kleiner als null sehen, können wir in der Visualisierung der Deformation beobachten, dass das Gitter gefaltet ist.
Sobald wir in der Determinante der Jakobischen einen negativen Wert beobachten, ist dies ein Hinweis darauf, dass das errechnete Gitter nicht faltungsfrei ist. Eine weitere Auswertungsmöglichkeit wäre die folgende: Wenn ein Großteil der Pixel Werte aufweist, die größer beziehungsweise deutlich verschieden sind von eins, dann können wir ableiten, dass die

5.4. Nicht-parametrische Registrierung

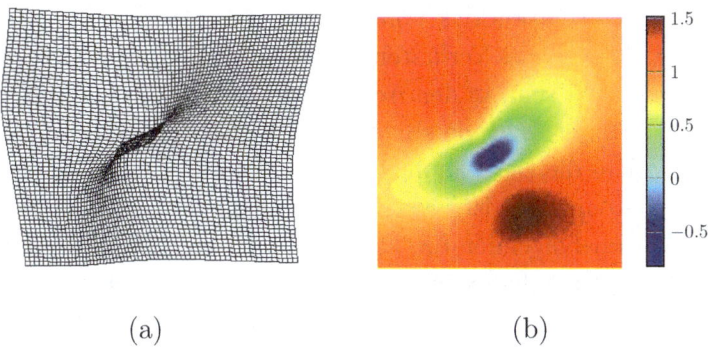

(a) (b)

Abbildung 5.21: Die Abbildung (a) zeigt ein Gitter mit einer Faltung und Abbildung (b) die korrespondierenden Werte der Determinanten der Deformation.

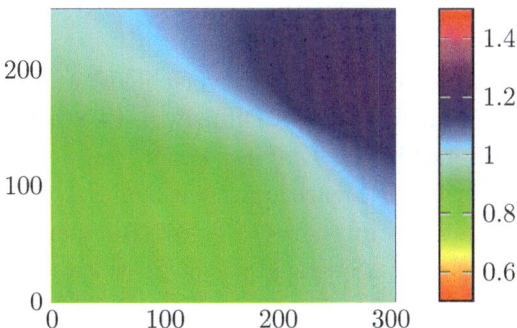

Abbildung 5.22: Die Abbildung zeigt die zum aktuellen Beispieldatensatz gehörige Analyse der Deformation. Zu sehen ist für jedes Pixel die Determinante der Jakobischen.

errechnete Deformation das Volumen des Template-Bildes deutlich verändert hat. Auch dieses Verhalten kann je nach betrachteter Problemstellung unerwünscht sein. In den Arbeiten von Modersitzki et. al. [Rohlfing et al., 2003, Haber & Modersitzki, 2004] wurde die Determinante daher auch explizit in die Berechnung eines Ergebnisses, zum Beispiel für eine volumenerhaltende Registrierung, einbezogen.
Wir werden im Folgenden die Determinante der Jakobischen als Kennzahl zur Bewertung der errechneten Registrierungsergebnisse verwenden. Für die erzeugten Beispieldaten in Beispiel 36 ist die Determinante der Jakobischen in Abbildung 5.22 zu sehen. Die Werte befinden sich alle in einem Bereich zwischen 0.8 und 1.2. Wir können also keine großen Volumenänderungen beobachten sondern eine sehr glatte Deformation.

5.4.3 Wahl des Regularisierungsparameters α

In diesem Abschnitt wollen wir einige Tests zur Wahl des Regularisierungsparameters in der Verbundfunktion

$$\mathcal{J}(y) = \mathcal{D}(\mathcal{T}, \mathcal{R}; y) + \alpha \mathcal{S}(y)$$

durchführen. Dazu berechnen wir für verschiedene α das nicht-lineare Registrierungsergebnis mithilfe des Diffusiven, Elastischen und des Curvature Regularisierers für den Datensatz aus Beispiel 36. Wir verteilen die Werte von α auf einer logarithmischen Skala zwischen 1×10^0 und 1×10^5, beziehungsweise für den Curvature-Regularisierer werden wir zusätzlich auch Werte für α betrachten, die zwischen 1×10^5 und 1×10^8 liegen.
Die Ergebnisse der Registrierung werden sämtlich auf gauss-geglätteten Daten mit einem Kern der Größe 9×9 und einem Sigma von 3 bestimmt. Die Bildgröße ist 304×252. Wir verwenden zur Berechnung der Registrierungsergebnisse also keinen Multilevel-Ansatz, da wir hier nur an qualitativen Aussagen zur Wahl von α interessiert sind und keine zusätzlichen Parameter, wie die Wahl der minimalen und maximalen Level-Auflösung, betrachten wollen.

5.4. Nicht-parametrische Registrierung

Die Parameter für das Optimierungsverfahren sind wie folgt gewählt: Die maximale Anzahl an Iterationen ist maxIter = 350. Diese Anzahl wird allerdings für die vorliegende Problemstellung nicht erreicht. Die geforderte Genauigkeit für die Abbruchkriterien des Optimierers ist tol = 1×10^{-5}. Der iterative CG-Löser bricht ab, wenn eine Toleranz von $\text{tol}_{CG} = 1 \times 10^{-5}$ erreicht ist.

Betrachten wir zunächst die Ergebnisse für den Diffusiven Regularisierer. Abbildung 5.23 (a) zeigt für die gewählten α die Werte des Distanzterms sowie die Werte des Regularisierungsterms nach Konvergenz des Gauss-Newton-Verfahrens. Wir beobachten, dass die Werte für den ungewichteten Regularisierer kleiner werden, je höher das α gewählt ist. Je kleiner der Wert des Regularisierers ist, desto glatter ist das Deformationsfeld. Wir erinnern uns, dass der Diffusive Regularisierer große Werte der Ableitungen des Deformationsfeldes bestraft. Ein kleiner Wert bedeutet also eine homogene, gleichmäßige Deformation.

Wir beobachten weiterhin, dass die Ergebnisse des Distanzterms zu Beginn relativ stark schwanken und erst nach einem lokalen Maximum das tatsächliche Minimum erreichen, in dem die Distanz verschwindet. Danach beobachten wir einen erneuten sukzessiven Anstieg. Dies können wir wie folgt erklären: Während zu Beginn der Distanzterm im Optimierer stärker wirkt als der Regularisierer und somit die Möglichkeiten der Deformation sehr flexibel sind, ist irgendwann ein Punkt erreicht, in dem kaum noch Deformationen möglich sind. Durch das große α gewinnt der Regularisierer zunehmend an Gewicht und der Distanzterm verliert an Einfluss im Optimierungsverfahren. Daher steigen die Werte des Distanzterms später sukzessive an. Die drei markierten Zwischenergebnisse werden wir später detaillierter betrachten. Abbildung (b) zeigt die korrespondierende Auswertung der Deformationsfelder im Hinblick auf Faltungen.

Wir betrachten in den Abbildungen 5.24 und 5.25 Beispiele für die eingezeichneten markanten Werte von α. Für $\alpha = 3.87$ liegt ein lokales Minimum vor. Das resultierende Differenzbild und auch das inter-

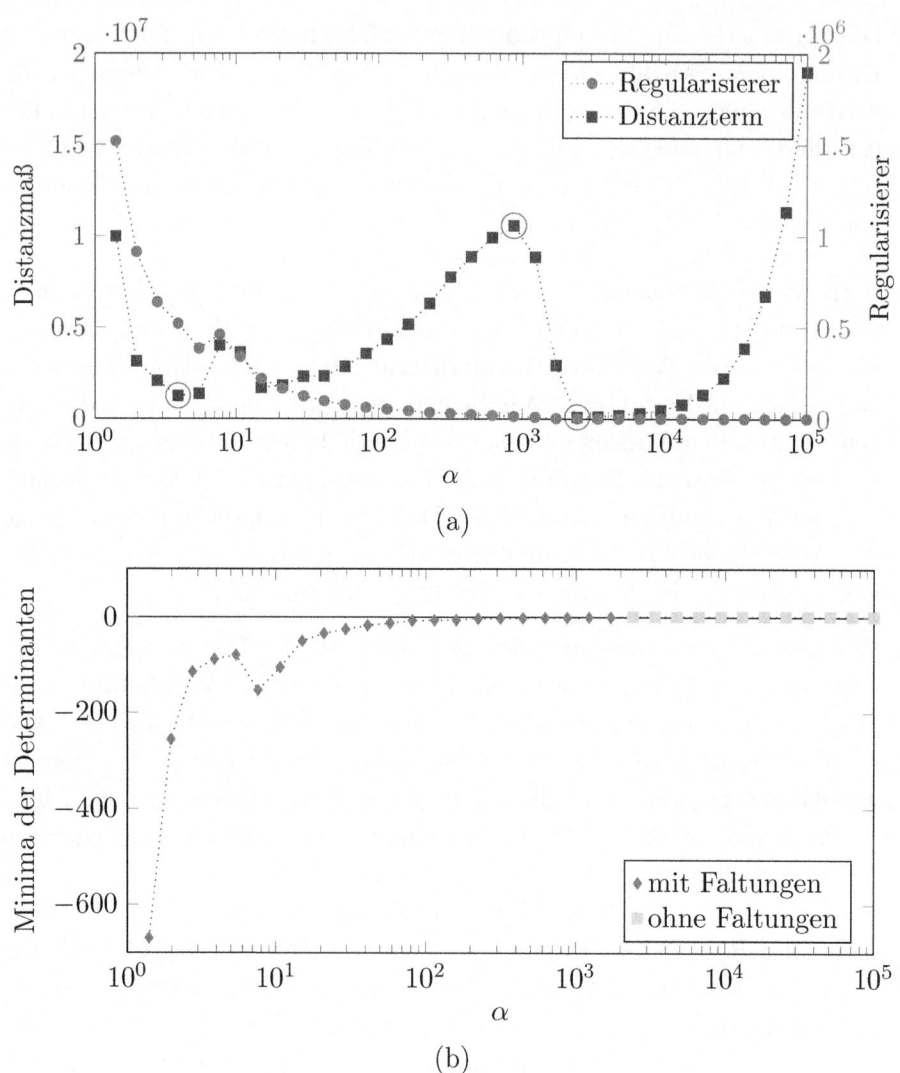

Abbildung 5.23: Ergebnisse der nicht-linearen Registrierung des Beispielproblems für den Diffusiven Regularisierer. Zu sehen sind die finalen Werte der Distanzmaße sowie die Werte des ungewichteten Regularisierers in Abbildung (a). Die Abbildung (b) zeigt die Minima der Determinante der Jakobischen und gibt an, für welche Werte von α das Gitter Faltungen aufweist.

5.4. Nicht-parametrische Registrierung

polierte Template enthalten Artefakte, wie wir sie in diesem Beispiel bei nicht faltungsfreien Gittern erwarten können. Abbildung 5.25 bestätigt den Eindruck. Das Gitter ist stark gefaltet und die Werte der Determinanten der Jakobischen zeigen ebenfalls etliche Faltungen. Mit $\alpha = 873.33$ betrachten wir ein Beispiel für ein lokales Maximum. Auch hier beobachten wir zum einen Faltungen, zum anderen sehen wir deutliche Artefakte in der Differenz und im interpolierten Templatebild. Für $\alpha = 2.4119 \times 10^3$ erhalten wir hingegen ein glattes Deformationsfeld. Dieser Eindruck wird auch durch die Auswertung der Determinanteninformation gestützt. Der Mittelwert der Determinanten aus allen Pixeln ist 1.0023 mit einer Standard-Abweichung von 0.0727. Das Minimum der Determinanten liegt bei 0.7917 und das Maximum bei 1.2756. Betrachten wir das interpolierte Template sowie das Differenzbild, stellen wir fest, dass die Differenz zwischen beiden Bildern fast verschwunden ist und das Template keine unerwarteten Artefakte aufweist. Wir erinnern uns an die Analyse, der zur Erzeugung der Testdaten verwendeten Deformation aus Abbildung 5.22. Die Minima und Maxima der bestimmten Determinanten stimmen mit den Werten dort überein. Das von uns bestimmte Ergebnis hat die verwendete Deformation rückgängig gemacht.

Neben dem Diffusiven Regularisierer betrachten wir nun die Ergebnisse für den Elastischen und den Curvature-Regularisierer. Für den Elastischen Regularisierer wurde der Testlauf mit identischen Werten für α, wie im Diffusiven Fall, gemacht. Beim Curvature-Regularisierer wurden zusätzlich Versuche mit α im Intervall $[1 \times 10^5, 1 \times 10^8]$ gemacht. Der Grund lässt sich leicht aus den Kurven in Abbildung 5.26 ablesen. Für Werte kleiner als $\alpha = 1 \times 10^5$ wurde noch kein faltungsfreies Deformationsfeld bestimmt, und auch die Differenz zwischen deformiertem Template und Referenz war noch nicht zufriedenstellend. Ansonsten zeigen die Plots in Abbildung 5.26 ähnliche Verhalten, wie die Plots für den Diffusiven Fall. Wir sehen, dass die resultierenden Gitter erst ab einem gewissen Schwellwert faltungsfrei sind. Hinter diesem Schwellwert liegt auch der Minimierer für das Registrierungsproblem.

So ausführlich wie beim Diffusiven Fall wollen wir die Ergebnisse hier

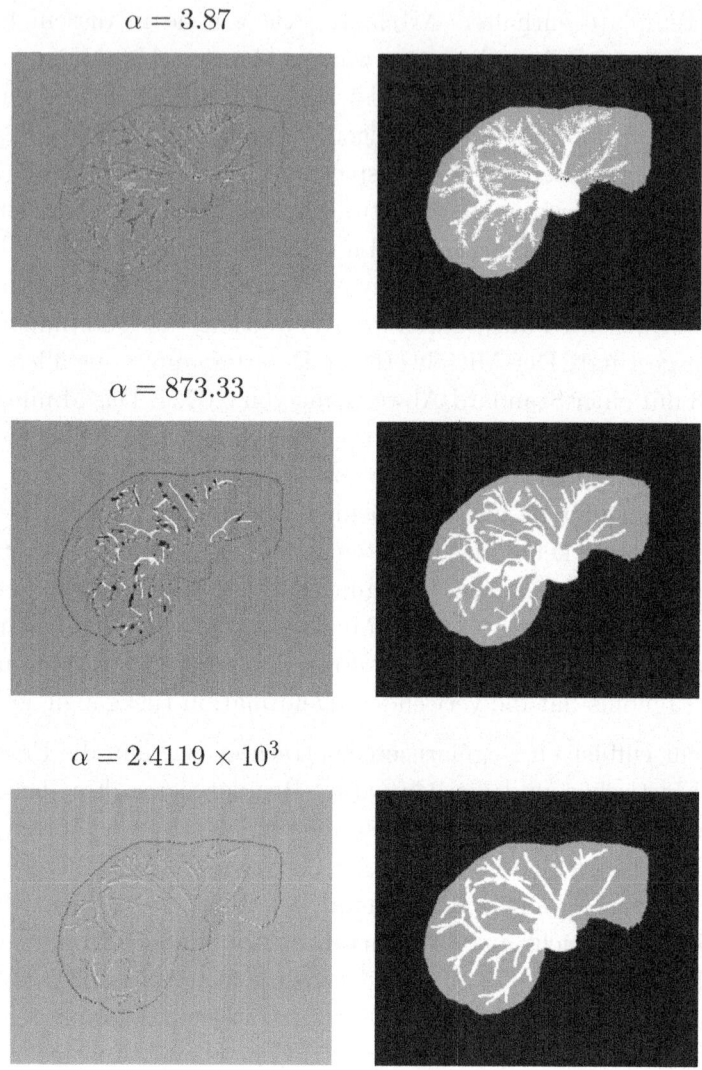

Abbildung 5.24: Ergebnisse des Diffusiven Registrierungsverfahrens für ausgewählte Werte von α. In der linken Spalte sind jeweils die Differenzbilder von Referenz und Template zu sehen und rechts die zugehörigen interpolierten Templates.

5.4. Nicht-parametrische Registrierung

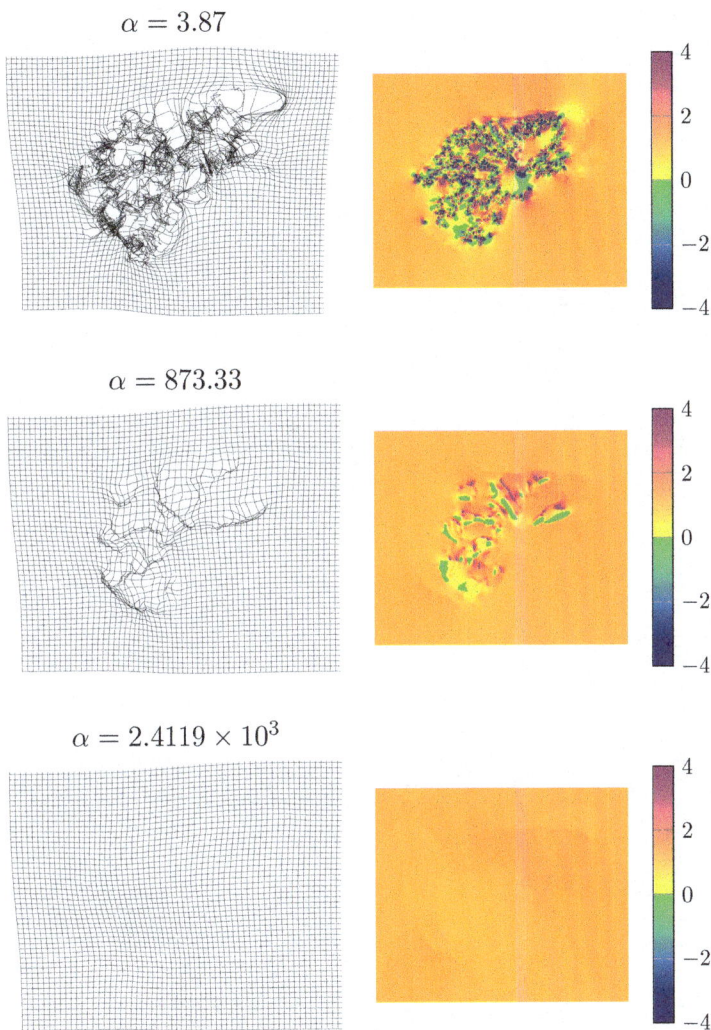

Abbildung 5.25: Ergebnisse des Diffusiven Registrierungsverfahrens für drei ausgewählte Werte von α. In der linken Spalte sind jeweils die Deformationsfelder zu sehen und rechts die zugehörigen Determinantenplots. Um eine Vergleichbarkeit zu ermöglichen, sind alle Determinantenplots auf einer Farbskala von -4 bis 4 dargestellt (Werte, die über oder unter den Bereichsgrenzen liegen, werden mit -4 beziehungsweise 4 visualisiert).

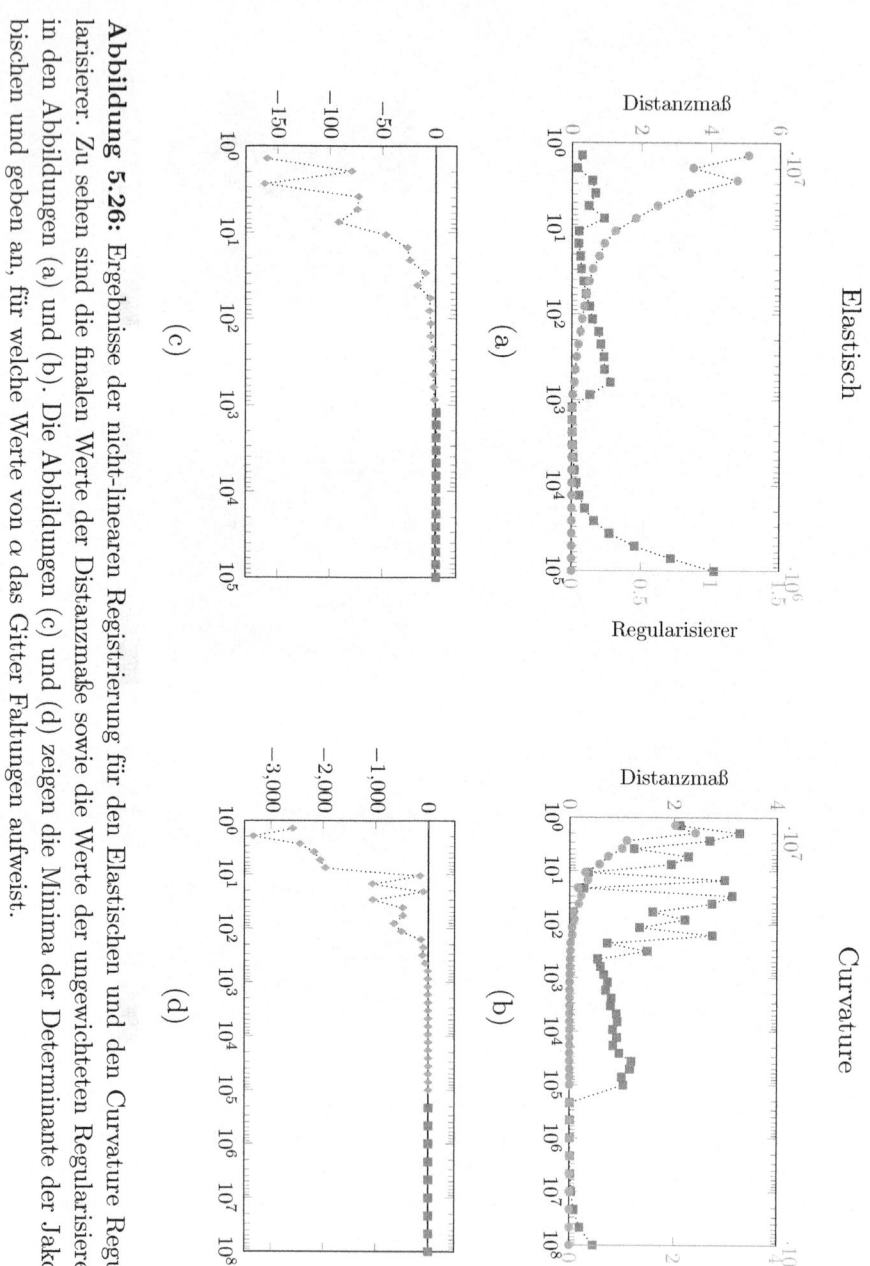

Abbildung 5.26: Ergebnisse der nicht-linearen Registrierung für den Elastischen und den Curvature Regularisierer. Zu sehen sind die finalen Werte der Distanzmaße sowie die Werte der ungewichteten Regularisierer in den Abbildungen (a) und (b). Die Abbildungen (c) und (d) zeigen die Minima der Determinante der Jakobischen und geben an, für welche Werte von α das Gitter Faltungen aufweist.

5.4. Nicht-parametrische Registrierung

Tabelle 5.1: Vergleich der Pixel-Volumina der Registrierungsergebnisse.

	Diffusiv	Elastisch	Curvature
Mittelwert	1.0033	1.0065	0.9995
Standardabweichung	0.483	0.0229	0.0798
Laufzeit	557.96 s	893.01 s	1508.44 s

nicht betrachten. Wir betrachten lediglich die resultierenden Deformationsfelder. Wir sehen in Abbildung 5.27 die Deformationsfelder für das Ergebnis mit der jeweils niedrigsten Distanz des Elastischen und des Curvature Regularisierers. Beide Deformationsfelder sind ähnlich glatt, wie auch das bereits gezeigte Ergebnis für den Diffusiven Regularisierer, weisen aber dennoch Unterschiede auf. Die Ergebnisse der Differenzplots sind ebenfalls vergleichbar und auch die deformierten Templatebilder wirken sinnvoll. Auf die Darstellung der Determinantenplots verzichten wir an dieser Stelle. Wie auch schon aus den Gittern zu sehen ist, sind diese sehr homogen und liefern keine zusätzlichen Informationen.

Ein weiterer Versuch die Ergebnisse zu klassifizieren, erfolgt dennoch über die Determinante. Wir betrachten einige Kennzahlen zu den Volumina der errechneten Deformation in Tabelle 5.1 und können ablesen, dass alle Regularisierer in der Lage sind, ein Ergebnis zu erzeugen, welches kaum Volumenänderungen nach sich zieht und damit als sehr glatt bezeichnet werden kann. Die letzte Zeile in der Tabelle zeigt die Laufzeiten des Algorithmus auf. Die Implementierung der Algorithmen ist auf MATLAB basierend und nicht laufzeitoptimiert.

Was können wir nun aus diesem Abschnitt lernen? Je höher der Regularisierungsterm in der Verbundfunktion

$$\mathcal{J}(y) = \mathcal{D}(\mathcal{T}, \mathcal{R}; y) + \alpha \mathcal{S}(y)$$

gewichtet wird, desto kleiner wird der Funktionswert des Regularisierers ausfallen und desto glatter ist das Registrierungsergebnis. Die Wahl

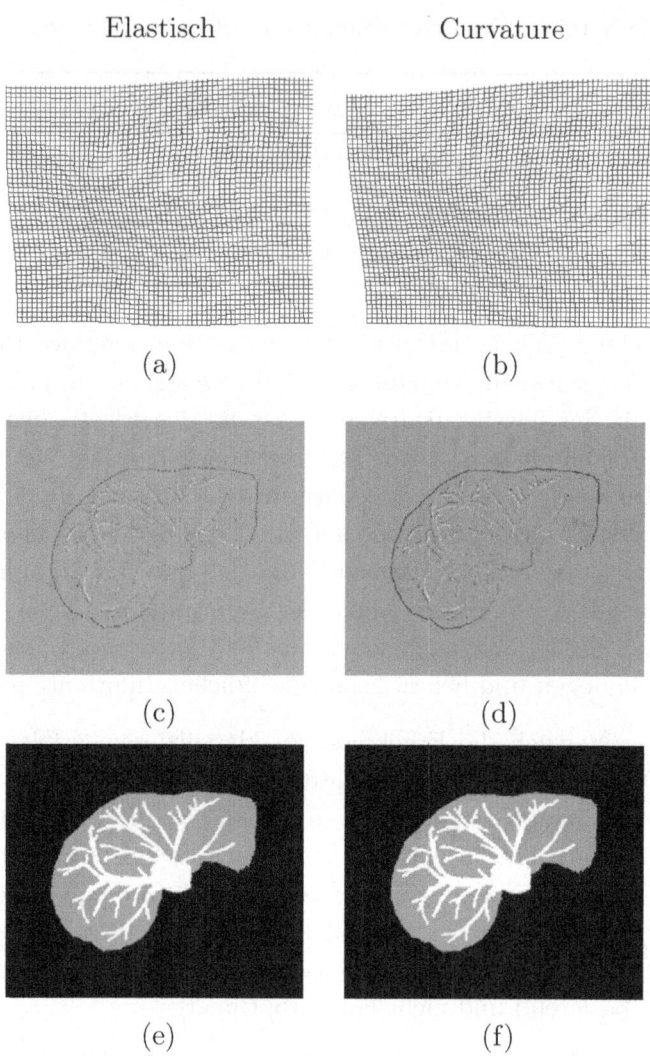

Abbildung 5.27: Visualisierung zweier Ergebnisse der nicht-linearen Registrierung für den Elastischen und den Curvature Regularisierer. Zu sehen sind die Deformationsgitter für $\alpha = 1.2253 \times 10^3$ (Elastisch) und $\alpha = 2.1544 \times 10^5$ (Curvature) in den Abbildungen (a) und (b). Die Abbildungen (c) und (d) zeigen die korrespondierenden Differenzbilder zwischen Referenz und deformierten Templates (in Abbildungen (e) und (f) zu sehen).

5.4. Nicht-parametrische Registrierung 131

von α ist nicht trivial. Eine allgemeingültige Regel zur Wahl von α, unabhängig von der Problemstellung, ist schwierig aufstellbar. Für die praktische Anwendung der Regularisierer ist der folgende Tipp hilfreich: Bereits nach den ersten Schritten des Optimierungsverfahrens kann anhand der Werte des Distanzterms und des gewichteten Regularisierungsterms abgelesen werden, ob der Regularisierer genügend Einfluss hat. Beide Werte sollten in vergleichbaren Größenordnungen starten, damit sich das Gitter nicht gleich in den ersten Schritten stark faltet.

Die Laufzeiten zur Lösung von Registrierungsproblemen können auch schon für einfachere, kleine Registrierungsprobleme (wie die im vorherigen Abschnitt von uns betrachteten 2D-Probleme) bisweilen recht lang sein, siehe Tabelle 5.1.
Im Abschnitt 5.3 haben wir ein Multiresolutions-Verfahren zur Beschleunigung der Registrierung zweier Bilddatensätze verwendet. An dieser Stelle wollen wir dieses Konzept erneut aufgreifen und ebenfalls für nichtlineare Problemstellungen nutzen. Im Gegensatz zur Multiresolutions-Strategie für den parametrischen, affin-linearen Fall in dem wir unabhängig von der Bildauflösung über sechs, beziehungsweise 12 Parameter optimieren, ist dies bei der nicht-linearen Registrierung anders. Hier bestimmt die Anzahl der Gitterpunkte die Anzahl der Unbekannten. Die Anzahl der Gitterpunkte muss dabei nicht identisch zur Bildgröße sein. Das nachfolgende Beispiel soll diesen Sachverhalt illustrieren.

5.4.4 Anzahl der Deformationspunkte

Wir wissen, dass die Laufzeit eines nichtlinearen Registrierungsverfahrens immer direkt gekoppelt ist an die Anzahl der Unbekannten. Für die nicht-lineare Registrierung ist die Anzahl der Unbekannten gleich der Anzahl der Gitterpunkte, die die Bilddeformation beschreiben.
Betrachten wir die Abbildung 5.28, dann sehen wir in (a) einen Bilddatensatz der Größe 150×180 diesen Bilddatensatz diskretisieren wir auf dem ebenfalls dargestellten Gitter der Größe 50×60. Abbildung (b) zeigt das originale Bild ausgewertet an den Gitterpunkten. Wir sehen, dass

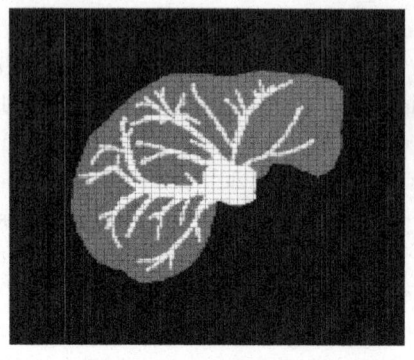 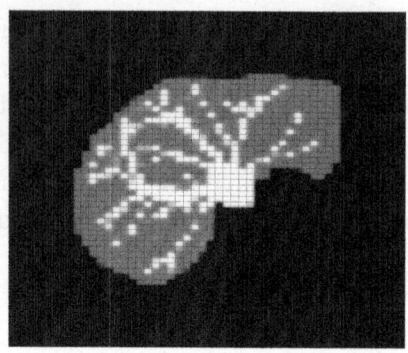

(a) 150 × 180 Pixel (b) 50 × 60 Pixel

Abbildung 5.28: Bilddatensatz mit originaler Auflösung von 150×180 Pixeln. Das nodale Gitter, auf welchem wir die Deformation bestimmen werden, ist in (a) überblendet. Abbildung (b) zeigt (a) ausgewertet an den Zellmittelpunkten des Gitters.

die wesentlichen Strukturen erhalten bleiben und haben so unser Optimierungsproblem der Dimension 27331 auf nur noch 3111 Unbekannte verkleinert.

Wenden wir eine Deformation auf die Gitterpunkte an und deformieren so die Bildpunkte, dann können wir mithilfe eines Interpolationsoperators die Deformation auch für den vollen Bilddatensatz bestimmen. Die Abbildung 5.29 (a) zeigt die Gitter auf der kleinen, bzw. hochinterpoliert auf der vollen Bildauflösung. In den Abbildungen (c) und (d) sind die zugehörigen deformierten Bilddatensätze zu sehen.

Mithilfe des im folgenden beschriebenen Interpolationsoperators ist es auch möglich in den Zwischenschritten des Registrierungsverfahrens die Bilddaten in ihrer originalen Auflösung zu vergleichen und auch die Bildableitungen in der originalen Auflösung zu bestimmen, obwohl das Minimum nur auf dem kleinen Gitter bestimmt wird.

5.4. Nicht-parametrische Registrierung

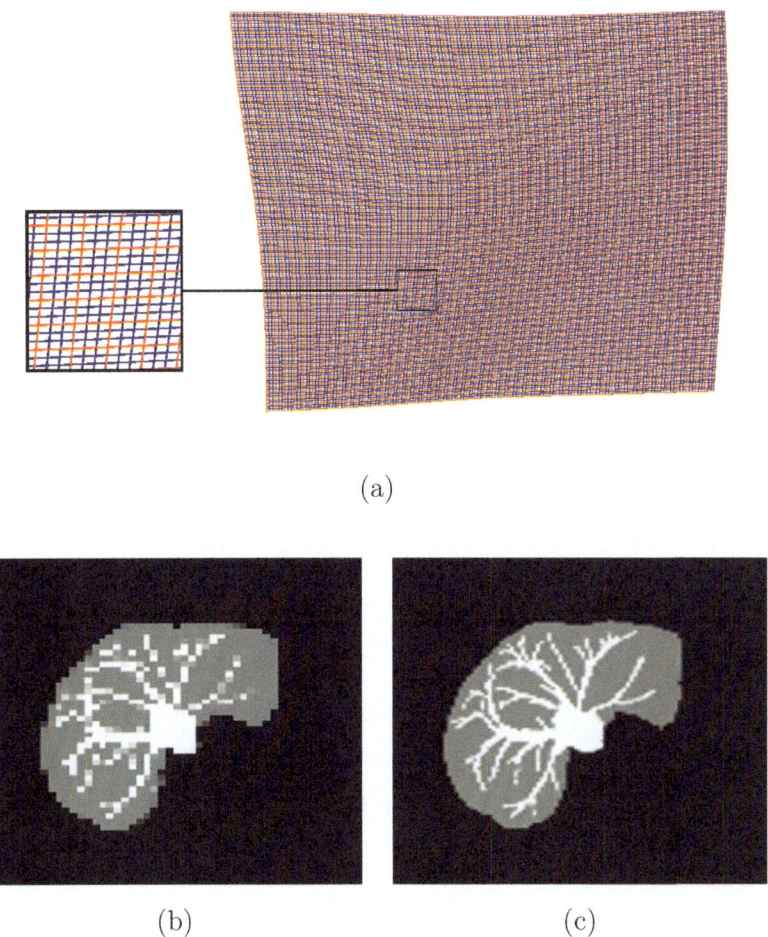

(a)

(b) (c)

Abbildung 5.29: In (a) ist das deformierte Gitter der Größe 50×60 in Rot zu sehen, hinterlegt in Blau ist das hochinterpolierte Gitter, in der Größe 150×180. Da das Gitter der vollen Bildauflösung sehr fein ist, findet sich links die Vergrößerung eines kleinen Bereichs. Das Ergebnis der Deformation, ausgewertet an den Zell-Mittelpunkten ist in Abbildung (c) für das kleine Gitter zu sehen und in Abbildung (d) für das große.

134 Kapitel 5. Grundlagen der Bildregistrierung

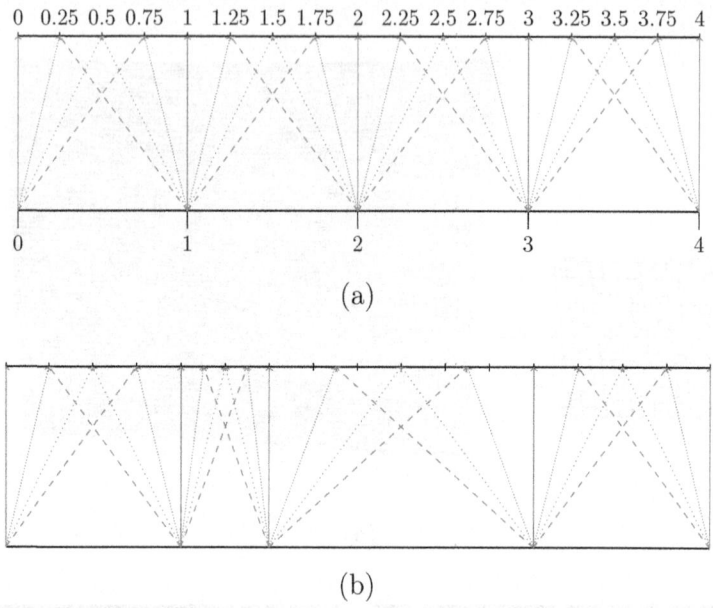

Abbildung 5.30: Grafische Darstellung des Interpolationsoperators für $m = 4$ und $\Omega = [0\,,\,4]$ in (a), sowie in (b) des Interpolationsoperators für ein unregelmäßiges Gitter mit $m = 4$.

5.4.4.1 Interpolationsoperator für Gitterpunkte

Wir betrachten an dieser Stelle beispielhaft den Interpolationsoperator für nodale Gitter. Wir vereinfachen seine Darstellung auf zwei Dimensionen. Die Erweiterung auf dreidimensionale Gitter ist jedoch problemlos möglich. In Abbildung 5.30 (a) sehen wir die eindimensionale Darstellung eines nodalen Gitters auf dem Intervall $\Omega = [0, 4]$ mit $m = 4$. Wir erhalten also vier Zellen mit insgesamt fünf Randpunkten. Je nach Abstand von der Position auf dem kleinen Gitter wird ein Gitterpunkt unterschiedlich stark gewichtet auf die neuen Gitterpunkte des feineren Gitters aufgeteilt.

5.4. Nicht-parametrische Registrierung

Die zugehörige Operator-Matrix sieht wie folgt aus:

$$P = \begin{pmatrix} 1 & 0 & 0 & 0 & 0 \\ 0.75 & 0.25 & 0 & 0 & 0 \\ 0.5 & 0.5 & 0 & 0 & 0 \\ 0.25 & 0.75 & 0 & 0 & 0 \\ 0 & 1 & 0 & 0 & 0 \\ 0 & 0.75 & 0.25 & 0 & 0 \\ 0 & 0.5 & 0.5 & 0 & 0 \\ 0 & 0.25 & 0.75 & 0 & 0 \\ 0 & 0 & 1 & 0 & 0 \\ 0 & 0 & 0.75 & 0.25 & 0 \\ 0 & 0 & 0.5 & 0.5 & 0 \\ 0 & 0 & 0.25 & 0.75 & 0 \\ 0 & 0 & 0 & 1 & 0 \\ 0 & 0 & 0 & 0.75 & 0.25 \\ 0 & 0 & 0 & 0.5 & 0.5 \\ 0 & 0 & 0 & 0.25 & 0.75 \\ 0 & 0 & 0 & 0 & 1 \end{pmatrix}.$$

Durch Multiplikation eines Gitters mit $m = 4$ erhalten wir dann das hochinterpolierte Gitter. Wir betrachten noch ein zweites nicht-linear deformiertes Gitter in Abbildung 5.30 (b). Die Gewichtung der einzelnen Komponenten sorgt dafür, dass wir ein sinnvoll hochinterpoliertes Gitter erhalten. Für die Erweiterung auf 2D und 3D erfolgt die Gewichtung analog, jedoch zusätzlich unter Berücksichtigung der weiteren Raumdimensionen. Wir verzichten an dieser Stelle auf eine ausführliche Beschreibung.

5.4.5 Nicht-parametrische Multilevel Registrierung

Die Vorteile der Multilevel-Registrierung sind die Steigerung der Robustheit des Optimierungsproblems in Bezug auf den Startwert und die Beschleunigung des Optimierungsverfahrens.

Wir lösen das Registrierungsproblem zunächst auf einem Datensatz mit weniger Gitterpunkten, im Falle der nicht-linearen Registrierung resultiert dies in weniger Unbekannten, und nehmen dann sukzessive immer mehr Informationen hinzu, bis die volle Bildauflösung erreicht ist. Es ist wünschenswert möglichst viele *billige* Schritte auf den groben Leveln zu berechnen, und dann auf den feinen Leveln nur noch wenig Arbeit zu leisten. Weitere Informationen zum Thema der Multilevel Registrierung finden sich in [Modersitzki, 2009, Papenberg, 2008].

Die Multilevelpyramide wird analog zum affinen Fall aufgebaut, weshalb wir auf deren Darstellung an dieser Stelle verzichten.

Wir bezeichnen das jeweilige Bild eines Levels mit T^{level} beziehungsweise R^{level}. Die jeweils auf den Leveln berechneten Ergebnis-Gitter bezeichnen wir mit $y_{\text{opt}}^{\text{level}}$.

Neben den schon bekannten Parametern für die Abbruchkriterien maxIter und τ sowie dem Regularisierungsparameter α, wählen wir für die Multilevel-Registrierung zwei weitere Parameter: MINLEVEL und MAXLEVEL. Das Level, auf welchem wir die Registrierung starten und das Level, auf welchem wir stoppen. Im folgenden Beispiel wollen wir vor allem ihren Einfluss auf die Ergebnisse untersuchen.

Beispiel 37 (Multilevel Registrierung)
Wir betrachten erneut das Beispiel aus Abbildung 5.20. In den Abbildungen 5.31 und 5.32 sehen wir die zugehörige Multilevel-Pyramide. Wir wählen MINLEVEL = 6 und MAXLEVEL = 1 und berechnen das Ergebnis der Registrierung mit dem Diffusiven Regularisierer. Da in den vergangenen Tests der Wert $\alpha = 2.4119 \times 10^3$ ein guter für das

5.4. Nicht-parametrische Registrierung

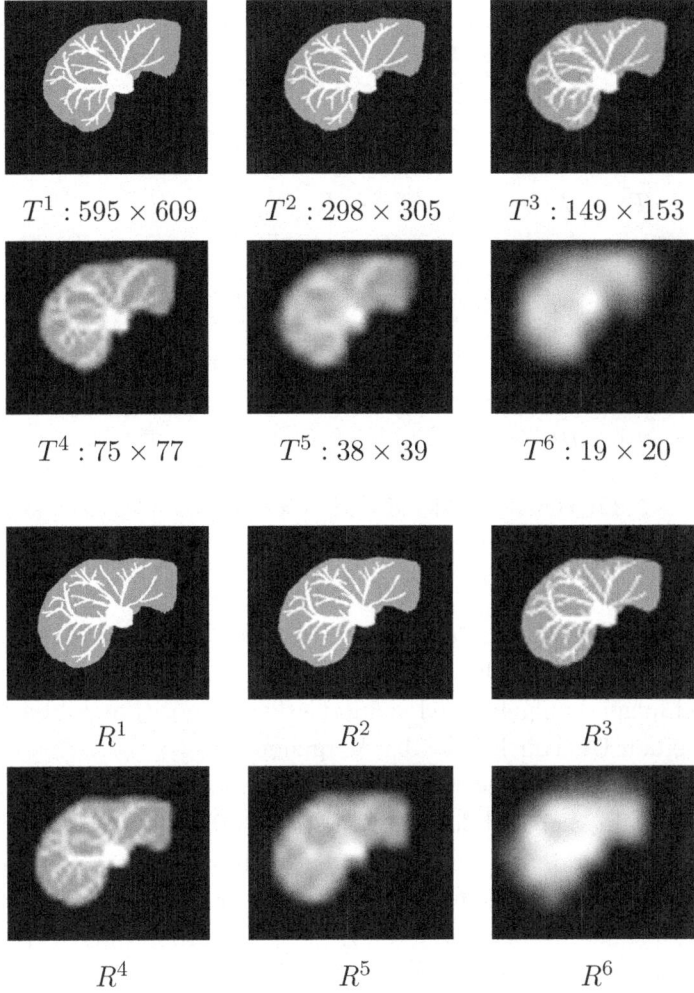

Abbildung 5.31: Multilevel-Pyramide der Testdaten für das nicht-lineare Registrierungsproblem.

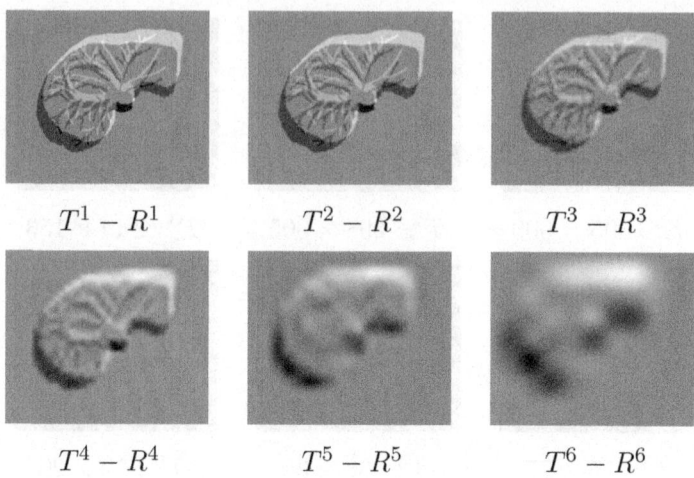

Abbildung 5.32: Differenzbilder der Multilevel-Pyramide der Testdaten für das nicht-lineare Registrierungsproblem.

gegebene Problem war, betrachten wir auch die Ergebnisse für das Multilevelbeispiel mit diesem Parameter.

Der nachfolgend aufgeführte Pseudo-Code in Algorithmus 4 bietet noch einmal einen Überblick über das Vorgehen.

In Abbildung 5.33 sehen wir die Zwischenergebnisse der Multilevelregistrierung. In den Abbildungen (a)-(d) sind die Zwischenergebnisse nach den Leveln 6, 5, 4 und das Endergebnis auf dem ersten Level als deformiertes Template sowie in (e)-(h) mit den zugehörigen Differenzbildern zu sehen. In der untersten Zeile in den Abbildungen (i)-(l) sind die zugehören Deformationsgitter gezeigt.

Den Iterationsverlauf für die Multilevelregistrierung sehen wir in Abbildung 5.34. Wir sehen, dass die meisten Schritte im gröbsten Level gerechnet werden. Bei jedem Levelwechsel vergrößert sich zunächst die Distanz zwischen den Datensätzen durch die neu hinzukommenden Bildinformationen. Gestrichelt eingezeichnet ist der Wert des Regularisierers, gepunktet der Wert des Distanzmaßes und durchgezogen die gewichtete Summe beider Maße.

5.4. Nicht-parametrische Registrierung

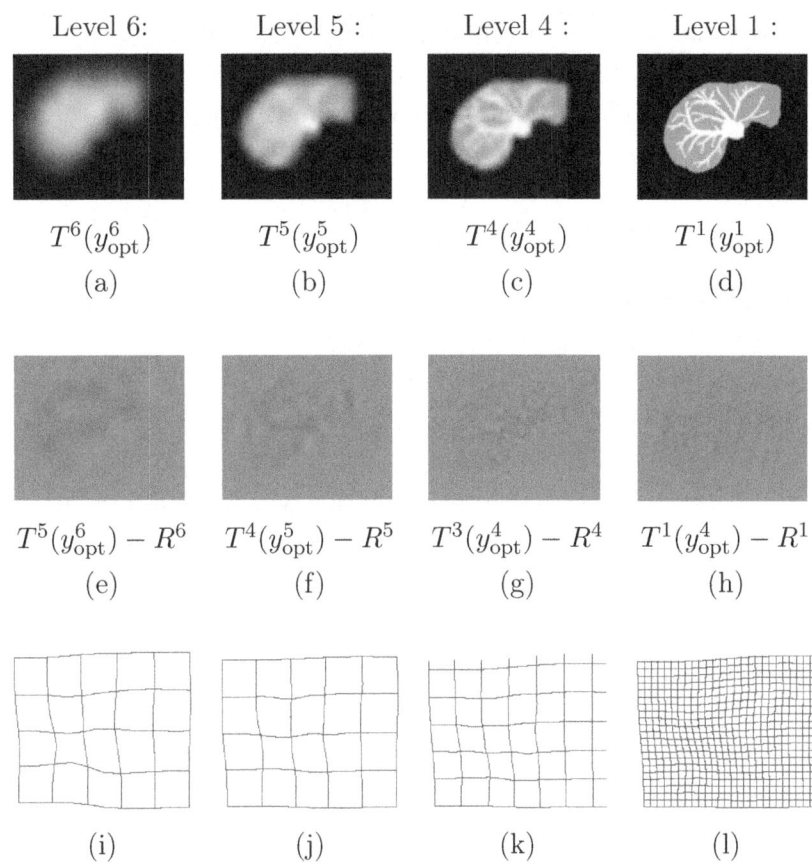

Abbildung 5.33: Zwischenergebnisse der Multilevelregistrierung. In den Abbildungen der oberen Zeile sind die Zwischenergebnisse nach den Leveln 6, 5, 4 und das Endergebnis auf Level 1 als deformiertes Template sowie in der mittleren Zeile mit den entsprechenden Differenzbildern zu sehen. Die zugehörigen Gitter sind in der untersten Zeile zu sehen.

Algorithmus 4 Nicht-Lineare Multilevel-Registrierung

Eingabe: T, R, MINLEVEL = 6, MAXLEVEL = 1
Aufbau der Multilevel-Pyramiden aus T und R
Stopkriterien
maxIter = 1000
$\tau = 0.001$
$\alpha = 2.4119 \times 10^3$
$\mathbf{y}_{\text{start}}$ = regelmäßiges Gitter
for level = MINLEVEL $\rightarrow$ MAXLEVEL **do**
  Zielfunktion = $\mathcal{D}(T^{level}, R^{level}; \mathbf{y}) + \alpha \cdot \mathcal{S}(\mathbf{y})$
  if level > minLevel **then**
    $\mathbf{y}^{\text{start}}$ = Hochprolongieren($\mathbf{y}^{\text{level-1}}$)
  $\mathbf{y}^{\text{level}} \stackrel{!\min \mathbf{y}}{=}$ GN-Optimierer(Zielfunktion, $\mathbf{y}^{\text{start}}$, Stopkriterien)
  $\mathbf{y}_{\text{opt}} = \mathbf{y}^{\text{level}}$

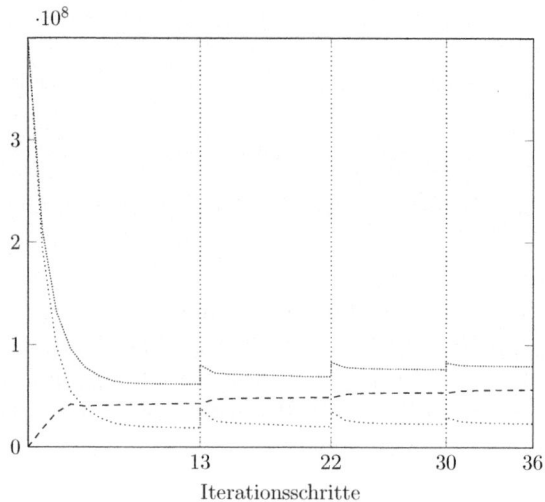

Abbildung 5.34: Die Abbildung zeigt den Iterationsverlauf für die Multilevelregistrierung mit MINLEVEL = 4 und MAXLEVEL = 1. Die Laufzeit ist insgesamt 45.93 Sekunden. Wir sehen das Distanzmaß (gepunktet), den Regularisierer (gestrichelt) sowie die Verbundfunktion (durchgezogen).

5.4. Nicht-parametrische Registrierung

In Abbildung 5.35 vergleichen wir für das gegebene Beispiel die Ergebnisse für verschiedene Werte von MINLEVEL. Rein optisch ist das Ergebnis ausgehend von MINLEVEL= 4 das Beste.

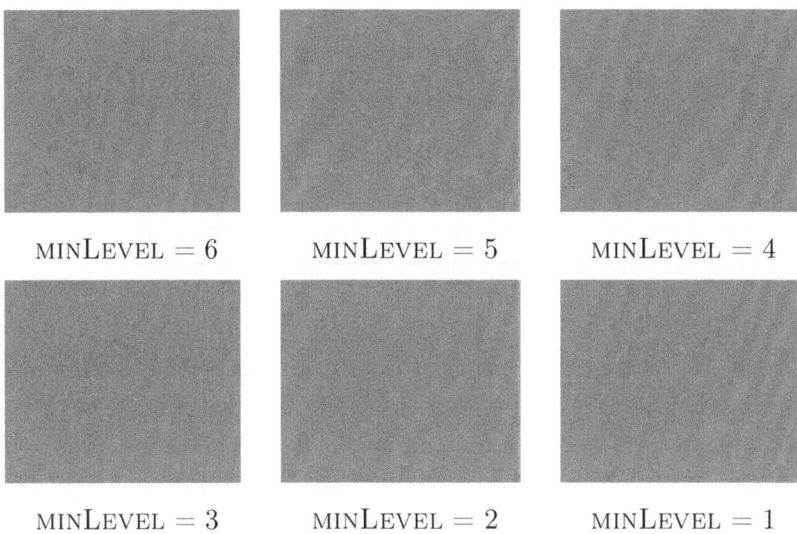

| MINLEVEL = 6 | MINLEVEL = 5 | MINLEVEL = 4 |
| MINLEVEL = 3 | MINLEVEL = 2 | MINLEVEL = 1 |

Abbildung 5.35: Vergleich der Resultate für die unterschiedliche Wahl der minimalen Auflösung. Die Abbildungen zeigen jeweils das finale Ergebnis auf dem ersten Level.

Bestätigt wird der Eindruck durch Tabelle 5.2. Dort sind für jedes Startlevel, neben den Gesamt-Laufzeiten, auch die Werte der Distanzfunktion im gefundenen Minimum zu finden. Wir sehen außerdem, dass ausgehend von MINLEVEL = 4 nicht nur das beste Ergebnis im Sinne des kleinsten Wertes im Distanzmaß, sondern auch die kürzeste Laufzeit erzielt wurde.

Wir können nicht nur ein besseres Ergebnis durch die Multilevelstrategie verzeichnen, sondern zusätzlich auch eine Laufzeitverbesserung um fast Faktor 7.

Tabelle 5.2: Laufzeiten und errechnete Minima in Abhängigkeit des Startlevels.

MINLEVEL	Bildgröße	Zeit (s)	$\mathcal{D}^{\mathrm{SSD}}(y_{\mathrm{opt}})$
1	320 × 256	307.29 s	1.3035×10^8
2	160 × 128	176.89 s	1.2171×10^8
3	80 × 64	66.28 s	1.0528×10^8
4	40 × 32	45.93 s	7.9488×10^7
5	20 × 16	54.40 s	8.4399×10^7
6	10 × 8	46.93 s	8.4456×10^7

In diesem Abschnitt haben wir die Grundlagen der Bildregistrierung betrachtet, die wir im Rahmen dieser Arbeit verwenden. Eine deutlich ausführlichere Darstellung dieser Grundlagen findet sich zum Beispiel im häufiger zitierten Buch von Jan Modersitzki [Modersitzki, 2009].

KAPITEL 6

Spezialisierte Registrierungsansätze

Inhalt

6.1	**Landmarken**	**144**
	6.1.1 Registrierung mit exakten Landmarken	149
	6.1.2 Landmarken mit Unsicherheiten	170
	6.1.3 Auswirkungen fehlerhafter Landmarken	182
6.2	**Mechanismen zur Beschleunigung und Steigerung der Robustheit**	**188**
	6.2.1 Multiskalenansatz	190
	6.2.2 Fokussierung	195
6.3	**2D-3D-Registrierung**	**199**
	6.3.1 Volume-to-Slice Registrierung	201

Die Integration von Zusatzwissen in einen Registrierungsalgorithmus ist vor allem interessant, um robustere Registrierungsergebnisse zu erhalten. Die Lösung des Registrierungsproblems erfolgt über die numerische Minimierung einer Zielfunktion, welche in der Regel eine Reihe lokaler Minima besitzt. Zur Vermeidung der lokalen Minima, die keine korrekte Lösung des Registrierungsproblems beschreiben, sollen in diesem Abschnitt Ansätze vorgestellt werden, mit denen wir zusätzliches Wissen verwenden können, um es zur Lösung des Registrierungsproblems zu nutzen. Die vorliegende Arbeit stellt im Anwendungskontext der navigierten Chirurgie vor, wie Zusatzwissen über die Problemstellung beispielsweise als mathematische Nebenbedingung für Optimierungsverfahren modelliert werden kann.

6.1 Landmarken

In diesem Abschnitt wollen wir uns mit der *Landmarkenbasierten* Registrierung beschäftigen. Dazu klären wir zunächst die Frage, was Landmarken sind und im weiteren Verlauf dieses Abschnitts, wie wir diese zur Lösung von Registrierungsproblemen verwenden können.
Laut Duden [Dud, 2007] stammt der Begriff *Landmarke* aus der Seefahrt.

Landmarke Eine Landmarke ist ein weithin sichtbarer Punkt an der Küste (zum Beispiel ein Hügel, Kirchturm oder Ähnliches), der für die Navigation verwendet werden kann.

Im Umfeld der Bildregistrierung bezeichnen Landmarken markante Punkte innerhalb von Bildern. Das können zum Beispiel auffällige Strukturen, Ecken, Kreuzungspunkte sein, die entweder manuell oder automatisch detektiert werden. Das Detektieren der Landmarken soll nicht Thema dieser Arbeit sein. Für unsere Anwendungsfälle verwenden wir Datensätze sowohl mit automatisch detektierten, als auch mit manuell gesetzten Landmarken.

Eine Landmarke allein hilft uns zur Lösung von Registrierungsproblemen noch nicht weiter. Zur Registrierung eines Templatebildes auf ein ein Referenzbild benötigen wir die Informationen von korrespondierenden Landmarken in beiden Bildern. Genau genommen sprechen wir im Registrierungskontext also immer von *Landmarkenpaaren*.

Bei der Lösung eines Bildregistrierungsproblems sind wir mit verschiedenen Problemen konfrontiert: Die Lösung ist in den seltensten Fällen eindeutig. Verschiedene Deformationsgitter können zu optisch ähnlichen oder sogar optisch identischen Resultaten im transformierten Templatebild führen. Neben dem schon bekannten Problem lokaler Minima ist die Frage, welches der errechneten Deformationsgitter plausibler als ein anderes ist, in vielen Fällen nicht oder nur schwer zu beantworten. Beide

6.1. Landmarken

aufgeworfenen Probleme können wir durch Hinzunahmen von Landmarken adressieren.
Bevor wir ein erstes Beispiel betrachten, wollen wir an dieser Stelle noch einige Bemerkungen zur verwendeten Notation machen. Die j-te Landmarke im $d-$dimensionalen Templatebilddatensatz bezeichnen wir mit $\mathbf{t}_j \in \mathbb{R}^d$. Die korrespondierende Landmarke im Referenzbild mit $\mathbf{r}_j \in \mathbb{R}^d$. Die Anzahl aller vorhandenen Landmarkenpaare bezeichnen wir mit $n_{\mathrm{LM}} \in \mathbb{N}$.
Gehen wir davon aus, dass die Landmarkenpaare in beiden Datensätzen korrekt gesetzt sind, dann beschreiben wir das Landmarkenregistrierungsproblem wie folgt:

Definition 38 (Landmarkenregistrierungsproblem)
Gesucht ist eine Transformation $y : \mathbb{R}^d \to \mathbb{R}^d$, die das Templatebild T **plausibel** deformiert, sodass es möglichst ähnlich zur Referenzbild R wird. Zugleich sollen die Landmarken des Templatebildes nach der Transformation mit den Landmarken des Referenzbildes übereinstimmen.

Je Landmarkenpaar $j = 1, \ldots, n_{LM}$ fordern wir für die Funktion $c_j : \mathbb{R}^n \to \mathbb{R}$, dass

$$c_j(y) = \|y(\mathbf{r}_j) - \mathbf{t}_j\|_2^2 \stackrel{!}{=} 0.$$

Anders als aus den klassischen Bildregistrierungsproblemen bekannt, wenden wir die Transformation hier nicht auf die Templatebilddaten an, sondern auf die Referenzbild-Landmarken. Dies ist erforderlich, da wir die Bildregistrierungsprobleme im Euler-Framework formuliert haben. Die Transformation y gibt an, *woher* ein Punkt transformiert wurde. Stimmen mit der Transformation $y : \mathbb{R}^d \to \mathbb{R}^d$ dann $y(\mathbf{r}_j)$ und $\mathbf{t}_j$ überein, wird durch die bestimmte Transformation $\mathbf{t}_j$ auf $\mathbf{r}_j$ abgebildet. In den von uns in diesem Kapitel betrachteten Beispielen wird, wie auch in den vorherigen Kapiteln, die Dimension der Datensätze $d = 2$ sein.
Mathematisch können wir das *hybride Landmarkenregistrierungsproblem* damit, in Anlehnung an die bekannte Schreibweise von herkömmlichen Registrierungsproblemen, mit der Distanz $\mathcal{D} : \mathbb{R}^n \to \mathbb{R}$, einem Regularisierer $\mathcal{S} : \mathbb{R}^n \to \mathbb{R}$ und einem Gewichtungsparameter $\alpha \in \mathbb{R}^+$, schreiben

als restringiertes Optimierungsproblem

$$\min_y \mathcal{D}(T, R; y) + \alpha \mathcal{S}(y)$$

u.d.N. $\quad c_j(y) = \|y(\mathbf{r}_j) - \mathbf{t}_j\|_2^2 = 0, \quad \text{für } j = 1, \ldots, n_{LM}.$

Nachfolgend betrachten wir ein einführendes Beispiel um den Einfluss von Landmarken auf Registrierungsprobleme und deren Auswirkungen auf lokale Minima zu verstehen. Die Problemstellung ist bereits bekannt aus Beispiel 5.10 in Abschnitt 5.

Beispiel 39 (Landmarken und lokale Minima)
Wir betrachten das in Abbildung 6.1 gezeigte Registrierungsproblem. Das Ziel ist es, das Templatebild so zu transformieren, dass es dem Referenzbild möglichst ähnlich ist. Wie auch in Beispiel 5.10 suchen wir hier nach dem Rotationswinkel, welcher das Templatebild um den markierten Punkt dreht und damit beide Bilder in Übereinstimmung bringt.

Genau wie im schon bekannten Beispiel, visualisieren wir den Wert des Distanzmaßes. Wir wählen für das monomodale Problem das Distanzmaß *Sum of Squared Differences* (SSD) und für verschiedene Werte von θ visualisieren wir dessen Funktionswert (grüne Linie). Wir erkennen sowohl ein globales als auch lokale Minima der Funktion.

Neben den bekannten, vereinfachten Darstellungen der menschlichen Leber finden wir in der Abbildung 6.1 weitere Markierungen in den Daten. Die roten Kreuze symbolisieren Landmarken. Das Landmarkenpaar markiert das Ende eines Gefäßes in beiden Datensätzen. Neben der SSD ist auch der jeweilige euklidische Abstand zwischen beiden Landmarken als rote Linie eingezeichnet. Kaum überraschend ist der Abstand gleich null, wenn auch die Differenz zwischen den beiden Bildern verschwindet, die Bilder also exakt übereinander liegen und damit auch die Landmarken. Wir verwenden im nächsten Schritt den Abstand der beiden Landmarken als Penalty-Term für das Distanzmaß. Damit

6.1. Landmarken

erhalten wir das Optimierungsproblem

$$\mathcal{D}^{\text{SSD}}(y(\theta)) + \beta \sum_{j}^{n_{LM}} c_j(y(\theta)) \overset{!}{=} \min_{\theta}$$

mit

$$c_j(y(\theta)) = \|y^\theta(\mathbf{r_j}) - \mathbf{t_j}\|_2^2.$$

Die Funktionswerte für ein fest gewähltes $\beta = 2 \times 10^4$ sind durch die blaue Linie gezeigt. Wir können sehen, dass die Zielfunktion für diese Wahl von β nur noch ein einziges Minimum aufweist, welches auch gleichzeitig das globale Minimum ist. Zur Wahl von β als Gewichtungsparameter in Penalty-Ansätzen haben wir bereits im Abschnitt 4 einige Versuche gemacht und festgestellt, dass dessen Wahl schwierig ist. Für diesen Fall wurde die Wahl von β durch Ausprobieren verschiedener Werte in derart getroffen, dass die zu zeigenden Phänomene gut visualisierbar sind. Die Wahl des Parameters ist, wie schon in der Einführung zu Penalty-Funktionen besprochen, auch hier schwierig, da β keinerlei anschauliche Entsprechung hat.

Mithilfe des Landmarkenpaares sind wir im Beispiel in der Lage, durch Einführung des gewichteten Penalty-Terms, das Registrierungsproblem so zu formulieren, dass wir bei der Minimierung der Zielfunktion das globale Minimum finden.

Auch für nicht-lineare Registrierungsprobleme ist die Kenntnis von Landmarken vorteilhaft und ermöglicht in vielen Fällen erst die Lösung des vorliegenden Registrierungsproblems.

Wir werden in den nächsten Abschnitten verschiedene Typen von Landmarken und verschiedene Möglichkeiten ihrer Integration in die in Kapitel 5 eingeführten Registrierungsverfahren betrachten. Neben genauen Punkt-zu-Punkt Korrespondenzen werden wir später diese Eindeutigkeit aufweichen und Unsicherheiten in der Platzierung der Landmarken modellieren.

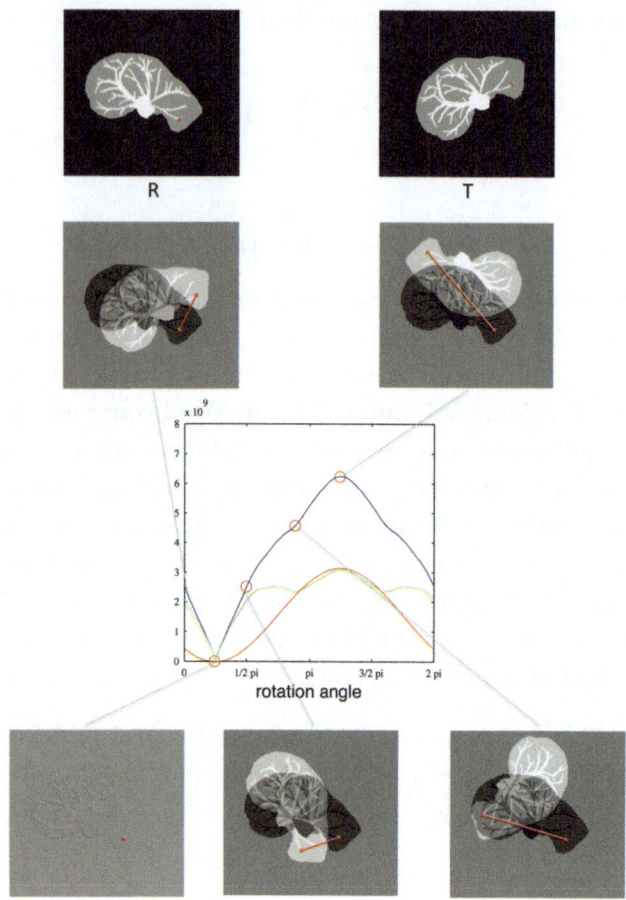

Abbildung 6.1: Beispiel für eine Registrierungsaufgabe mit drei lokalen Minima. Die Kenntnis über die Korrespondenz je eines Punktes im Template- und im Referenzbild reicht im vorliegenden Fall aus, um das Registrierungsproblem korrekt zu lösen. Die grüne Linie entspricht den Funktionswerten der SSD zwischen beiden Bildern in Abhängigkeit vom Drehwinkel. Die rote Linie beschreibt den Abstand der beiden Landmarken zueinander (gewichtet mit $\beta = 2 \times 10^4$) und die blaue Linie repräsentiert die resultierende Zielfunktion mit nur noch einem globalen Minimum.

6.1. Landmarken 149

Zunächst beginnen wir damit, Landmarken ohne Unsicherheiten zu betrachten.

6.1.1 Registrierung mit exakten Landmarken

Die Landmarken, die wir im vergangenen Abschnitt eingeführt haben, wollen wir *Punktlandmarken* nennen. Eine Punktlandmarke markiert eine Position, welche nach der Registrierung exakt auf eine korrespondierende Position transformiert werden soll. Derartige Punktlandmarken werden in der Registrierung in vielen Problemstellungen angewendet. In etlichen Fällen erhält man auch durch die reine Verwendung von Punktlandmarken bereits sehr gute und schnelle Registrierungsergebnisse. Zum Beispiel dort, wo nur rigide oder affine Transformationen bestimmt werden müssen.

Zunächst wollen wir rein landmarkenbasierte Verfahren betrachten, bevor wir später einen hybriden Ansatz anschauen, nämlich die Kombination aus intensitätsbasierter Registrierung und Landmarken. Diese rein landmarkenbasierten Verfahren verwenden wir später als Startwerte für hybride Verfahren.

6.1.1.1 Rein Landmarkenbasierte Verfahren

In diesem Abschnitt betrachten wir ein Verfahren, welches eine Registrierung zweier Datensätze ausschließlich basierend auf Landmarkeninformationen durchführt. Im einführenden Beispiel haben wir ein rigides Verfahren betrachtet, welches beschränkt war auf Rotationen. Hier stellen wir nun sowohl einen affin-linearen als auch einen nicht-linearen Ansatz vor. Wie im Abschnitt über die Bildregistrierung wollen wir auch hier den akademischen Datensatz aus Beispiel 36 verwenden, um die Verfahren kennenzulernen.

Beispiel 40 (Beispieldatensatz zur Landmarkenregistrierung)
Abbildung 6.2 zeigt den bereits bekannten Datensatz, den wir verwendet haben, um nicht-lineare Registrierungsverfahren einzuführen. Ziel ist es eine Transformation zu finden, die das Templatebild in Abbildung (a) so deformiert, dass es möglichst ähnlich zum Referenzbild in Abbildung (b) ist. Sowohl im Template- als auch im Referenzbilddatensatz wurden jeweils 5 korrespondierende Landmarken identifiziert und markiert.

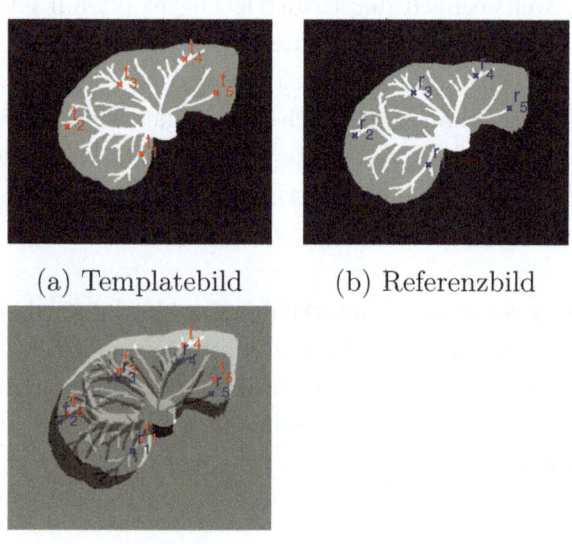

(a) Templatebild (b) Referenzbild

(c) Differenzbild

Abbildung 6.2: Abbildung (a) zeigt den Templatebilddatensatz mit fünf Landmarken t_j und (b) zeigt den Referenzbilddatensatz mit fünf korrespondierenden Landmarken r_j mit $j = 1, \ldots, n_{LM}$. Abbildung (c) zeigt das Differenzbild zwischen Templatebild und Referenzbild inklusive der Landmarken.

Zur Evaluation der nachfolgend eingeführten Verfahren fassen wir in Tabelle 6.1 die Ausgangssituation zusammen. Dazu führen wir die initialen Funktionswerte von c_j für die verschiedenen Landmarken sowie die SSD der Grauwertdifferenzen auf. Ein Registrierungsergebnis ist für uns dann zufriedenstellend, wenn die Differenzen zwischen den

6.1. Landmarken

Tabelle 6.1: Ausgangssituation des Landmarkenregistrierungsproblems. Gezeigt sind die Werte der Funktionen c_j, mit $j = 1, \ldots, 5$. Weiterhin ist die initiale Grauwertdifferenz zwischen Templatebild und Referenzbild als von den Landmarken unabhängige Größe zu sehen.

	c_1	c_2	c_3	c_4	c_5	SSD
initial	51.88	31.98	19.19	36.24	63.25	9.61×10^8

Landmarken verschwinden, die Grauwertdifferenz minimal ist und die Deformationsgitter keine Faltungen aufweisen.

Affine Landmarkenregistrierung

Aus Abbildung 6.2 im vorherigen Beispiel ist bereits ersichtlich, dass eine globale, affine Transformation, bestehend aus Scherung, Skalierung, Translation und Rotation nicht in der Lage sein wird das Templatebild so zu transformieren, dass beide Datensätze danach identisch sind. Dennoch betrachten wir die Lösung des affinen Problems, da wir es in unseren Anwendungsfällen als schnell zu bestimmenden Startwert für unsere Registrierungsverfahren verwenden wollen. Die Bedeutung eines guten Startwertes haben wir im Kapitel über Bildregistrierung bereits beleuchtet.

Wir möchten mit dem nun vorgestellten Verfahren die affinen Parameter bestimmen, welche eine Transformation in derart beschreiben, dass die Differenz aller Landmarken minimal ist. Für diesen Fall fassen wir alle Funktionen c_j zusammen in eine Zielfunktion $C^{\text{affin}} : \mathbb{R}^6 \to \mathbb{R}$.

Zur Berechnung der affinen Parameter lösen wir das folgende Optimierungsproblem: Finde ein $\mathbf{w} \in \mathbb{R}^6$, für das die Funktion C^{affin} minimal wird

$$C^{\text{affin}}(\mathbf{w}) := \sum_{j=1}^{n_{\text{LM}}} c_j(y^{\mathbf{w}})$$

wobei $y^{\mathbf{w}} : \mathbb{R}^2 \to \mathbb{R}^2$ bestimmt wird durch die affinen Parameter $\mathbf{w} \in \mathbb{R}^6$. Es gilt für ein $\mathbf{x} = (x_1, x_2)^T \in \mathbb{R}^2$:

$$y^{\mathbf{w}}\begin{pmatrix} x_1 \\ x_2 \end{pmatrix} = \begin{pmatrix} w_1 \cdot x_1 + w_2 \cdot x_2 + w_3 \\ w_4 \cdot x_1 + w_5 \cdot x_2 + w_6 \end{pmatrix}.$$

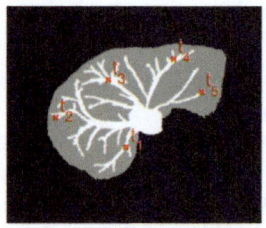 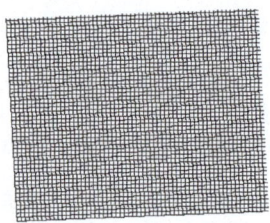

(a) Deformiertes Templatebild   (b) Deformationsgitter

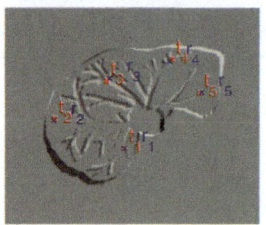 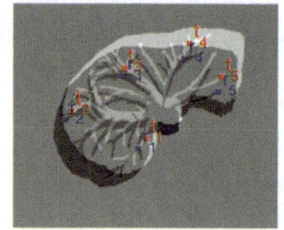

(c) Differenzbild (nach affin)   (d) Differenzbild (vorher)

Abbildung 6.3: Resultate zur landmarkenbasierten, affinen Registrierung. Abbildung (a) zeigt das transformierte Templatebild, (b) das errechnete Deformationsgitter und in (c) ist die neue Differenz zwischen dem deformierten Templatebild und dem Referenzbild zu sehen. Abbildung (d) zeigt noch einmal die initiale Differenz.

6.1. Landmarken

Diese Abbildung lässt sich auch schreiben als $y = Q(\mathbf{x})\mathbf{w}$ mit

$$Q(\mathbf{x}) = \begin{pmatrix} x_1 & x_2 & 1 & 0 & 0 & 0 \\ 0 & 0 & 0 & x_1 & x_2 & 1 \end{pmatrix}$$

und $\mathbf{w} = \begin{pmatrix} w_1, w_2, w_3, w_4, w_5, w_6 \end{pmatrix}^{\mathrm{T}}$.

Beispiel 41 (Affine Landmarkenregistrierung)
Wir bestimmen eine affin-lineare Lösung für das Registrierungsproblem

$$\min_{\mathbf{w}} C^{\text{affin}}(\mathbf{w}) = \sum_{j=1}^{n_{\text{LM}}} c_j(y^{\mathbf{w}}) = \sum_{j=1}^{n_{\text{LM}}} \|y^{\mathbf{w}}(\mathbf{r}_j) - \mathbf{t}_j\|_2^2$$

mit den Landmarken aus Abbildung 6.2. Das vorliegende Kleinste-Quadrate-Problem minimieren wir mithilfe des Gauss-Newton-Verfahrens (siehe 4). In Abbildung 6.3 sehen wir das Resultat für den gefundenen Minimierer.
Als Lösung wird $\mathbf{w}^{\text{opt}} \approx \begin{pmatrix} 0.99, & -0.05, & 28.90, & 0.05, & 1.01, & 8.78 \end{pmatrix}^{T}$ gefunden. In der Tabelle 6.2 sehen wir die neuen Abstände zwischen den jeweiligen Landmarken sowie die Grauwertdifferenz zwischen den Datensätzen nach der Transformation. Die Landmarken sind einander zwar näher, aber es ist offensichtlich, dass nicht-lineare Transformationen erforderlich sind, um das vorliegende Registrierungsproblem zu lösen.

Das auf diese Weise erzeugte Resultat kann uns für die schon bekannten, nicht-linearen Registrierungsverfahren als Startwert dienen und somit helfen, lokale Minima zu vermeiden. Im nächsten Abschnitt wollen wir ein weiteres landmarkenbasiertes Verfahren betrachten. Anders als beim gerade vorgestellten affinen Verfahren handelt es sich bei den Thin Plate Splines um ein nicht-lineares Verfahren, welches in der Lage ist die Landmarken exakt aufeinander abzubilden.

Tabelle 6.2: Registrierungsergebnis für die affine, landmarkenbasierte Registrierung: Der Abstand zwischen den Landmarken und die finale Grauwertdifferenz des Ergebnisses sind zu sehen.

	c_1	c_2	c_3	c_4	c_5	SSD
affin	1.06	9.08	50.38	43.95	7.81	1.27×10^7

Registrierung mit Thin Plate Splines

Mit den Thin Plate Splines (TPS) betrachten wir nun ein aus der Literatur gut bekanntes Verfahren, welches als Ergebnis eine nicht-lineare Transformation basierend auf Landmarkeninformationen liefert. Jean Duchon führte 1976 die TPS zur geometrischen Modellierung in der Computergrafik ein [Duchon, 1977]. Die physikalische Entsprechung der TPS ist die Biegeenergie von dünnen Metallplatten. Durch Bookstein [Bookstein, 1989] wurden die TPS zum ersten Mal in der Bildregistrierung zur Registrierung unter Verwendung von Landmarkenpaaren verwendet.

Das Problem, welches zu lösen ist, wenn ein landmarkenbasiertes Registrierungsproblem mit TPS gelöst werden soll, ist das folgende: Gesucht ist die Transformation $y : \mathbb{R}^2 \to \mathbb{R}^2$ für die gilt

$$\min_y \mathcal{S}(y) = \int_\Omega (\partial_{11}y)^2 + 2(\partial_{12}y)^2 + (\partial_{22}y)^2 \, d\mathbf{x} \qquad (6.1)$$
$$\text{u.d.N.} \quad c_j(y) = 0, \quad \text{für } j = 1, \ldots, n_{\text{LM}}.$$

Die damit bestimmte Deformation y erfüllt die Eigenschaft, dass sie eine minimale Biegeenergie aufweist unter der Nebenbedingung, dass die Landmarken aufeinander abgebildet werden. Man kann zeigen, dass das Optimierungsproblem aus Gleichung (6.1) eine analytische Lösung hat. Das heißt, dass das Funktional nicht mithilfe von Optimierungsmethoden wie zum Beispiel aus Abschnitt 4 minimiert werden muss. Zur Herleitung der analytischen Lösung und der nachfolgend beschriebenen Abbildung siehe zum Beispiel [Bookstein, 1989].

6.1. Landmarken

Ein Punkt $(x_1, x_2)^T \in \mathbb{R}^2$ wird durch ein $y : \mathbb{R}^2 \to \mathbb{R}^2$ und die Funktion $\phi : \mathbb{R}^2 \to \mathbb{R}$ mit

$$\phi(\mathbf{z}) = \|\mathbf{z}\|_2^2 \ln \|\mathbf{z}\|_2,$$

für $i = 1, 2$ wie folgt auf einen Punkt $(x_1', x_2')^T$ abgebildet

$$y^i(\mathbf{x}) = \omega_{1i}^p + \omega_{2i}^p x_1 + \omega_{3i}^p x_2 + \sum_{j=1}^{n_{\text{LM}}} \omega_{ji}^\phi \phi(\mathbf{x} - \mathbf{r}_j).$$

Für die Landmarken t_j^i, $j = 1, \ldots, n_{\text{LM}}$ gilt die Interpolationsbedingung

$$t_j^i = y^i(r_j^1, \ldots, r_j^d) = \omega_{1i}^p + \omega_{2i}^p x_1 + \omega_{3i}^p x_2 + \sum_{k=1}^{n_{\text{LM}}} \omega_{ji}^\phi \phi(\mathbf{r}_k - \mathbf{r}_j).$$

Mithilfe dieser Interpolationsbedingung können die Gewichte ω bestimmt werden.

Im 3D-Fall ist die Funktion $\phi : \mathbb{R}^3 \to \mathbb{R}$ durch $\phi(\mathbf{z}) = \|\mathbf{z}\|_2$ gegeben. Ansonsten ist die Bildungsvorschrift identisch mit einem zusätzlichen Summanden $\omega_{4i}^p x_3$.

Zu einer detaillierteren Darstellung zur Bestimmung der Gewichte ω^p verweisen wir auf die Literatur. An dieser Stelle sei nur noch einmal explizit gesagt, dass das lineare Gleichungssystem, das zu ihrer Bestimmung gelöst wird, abhängt von der Anzahl der Landmarken. Je mehr Landmarken also verwendet werden, desto komplexer wird die Bestimmung der Gewichte und damit der Lösung für die Thin Plate Splines. Nichtsdestotrotz haben wir mit den Thin Plate Splines ein sehr schnelles Verfahren zur Hand.

Beispiel 42 (Thin Plate Spline Landmarkenregistrierung)
Wir betrachten hier das Beispiel 41 zur Landmarkenregistrierung unter Verwendung von TPS. Die Abbildung 6.4 zeigt das Resultat und das dazugehörige Differenzbild. Weiterhin wird das resultierende Deformationsgitter gezeigt. Anders als im vorherigen Beispiel wird hier eine nicht-lineare Transformation bestimmt. Erwartungsgemäß werden die

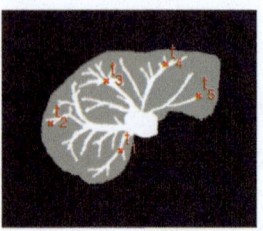 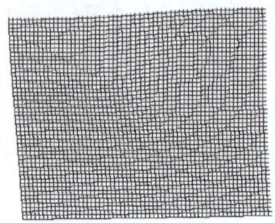

(a) Deformiertes Templatebild   (b) Deformationsgitter

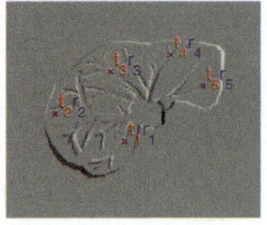 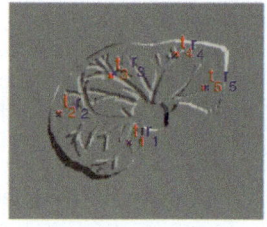

(c) Differenzbild (nach TPS)   (d) Differenzbild (nach affin)

Abbildung 6.4: Akademisches Beispiel zur Visualisierung der Thin Plate Splines. Der Thin Plate Spline Ansatz deformiert das Templatebild so, dass die Landmarken sich nach der Transformation überlappen. Abbildung (a) zeigt das deformierte Templatebild, (b) das errechnete Deformationsgitter und in (c) ist die neue Differenz zwischen dem deformierten Templatebild und dem Referenzbild zu sehen.

Landmarken direkt aufeinander transformiert. Dies können wir auch in Tabelle 6.3 sehen. Insgesamt ist das Registrierungsergebnis visuell besser als das lineare Ergebnis. Dies wird auch durch Betrachten der SSD beider Datensätze bestätigt. Tatsächlich beträgt die Differenz zwischen beiden Abbildungen nun nicht mehr 1.27×10^7, sondern 6.81×10^6.

Da sowohl die affine Landmarken Registrierung als auch die Thin Plate Spline Registrierung ausschließlich auf Landmarken basieren, ist ein perfektes Registrierungsergebnis nicht zu erwarten. In beiden

6.1. Landmarken

Tabelle 6.3: Registrierungsergebnis für die Thin Plate Spline Registrierung. Der Abstand zwischen den Landmarken und die finale Grauwertdifferenz des Ergebnisses sind zu sehen.

	c_1	c_2	c_3	c_4	c_5	SSD
TPS	0.00	0.00	0.00	0.00	0.00	6.81×10^6

Differenzbildern finden wir leicht Regionen, die nicht korrekt angepasst wurden.

Zusammenfassend stellen wir fest: Verfahren, die ausschließlich auf Landmarken beruhen sind

- einfach umzusetzen,
- können in kurzer Laufzeit ein Ergebnis bestimmen,
- werden ausschließlich basierend auf Landmarken selten ein perfektes Ergebnis liefern.

Im letzten Punkt mein *Perfekt*, dass eine plausible Transformation gefunden wird und die Differenz der monomodalen Bilder gleich null ist, da das Verfahren die Bilddaten gar nicht kennt.

Rein landmarkenbasierte Verfahren bieten uns die Möglichkeit, ausgehend von einigen wenigen Landmarken, eine gute Starttransformation für weitere nicht-lineare Registrierungsverfahren zu erzeugen. Wie wir aus Kapitel 5 wissen, ist dies von großer Bedeutung gerade im Hinblick auf das Vermeiden lokaler Minima.

Das bestimmte Ergebnis könnte man anschließend in einem zweiten, nicht-linearen, intensitätsbasierten Registrierungsschritt als Startwert verwenden, um schneller zu einem Registrierungsergebnis zu kommen. Je nach Art des vorliegenden Registrierungsproblems ist es dann aber möglicherweise so, dass nach Durchführung der Registrierung zwar ein Minimum des intensitätsbasierten Problems errechnet wird, dieses aber die Landmarken nicht mehr aufeinander abbildet. Da über die Landmarken jedoch zusätzliches Wissen über das Registrierungsproblem integriert werden soll, ist dieses Verhalten nicht wünschenswert.

6.1.1.2 Registrierung mit Hybriden Verfahren

Der in Kapitel 5 vorgestellte Ansatz zur intensitätsbasierten nichtlinearen Bildregistrierung soll hier um Landmarken erweitert werden. Die im zitierten Abschnitt verwendeten Bezeichnungen für die Distanzmaße und Regularisierer sind in diesem Kapitel dieselben.
Im Gegensatz zu anderen aus der Literatur bekannten Verfahren wird die Optimierung unseres hybriden Zielfunktionals mit den im Kapitel 4 vorgestellten Verfahren in einem Schritt erfolgen und nicht, wie zum Beispiel in [Wörz & Rohr, 2007], in alternierender Form.
Bevor wir damit starten einzelne Verfahren zu beleuchten, wollen wir an dieser Stelle bereits die in diesem Abschnitt verwendeten Parameter beschreiben, da wir sie in allen Fällen, sofern nicht anders beschrieben, gleich wählen.
Abbildung 6.5 zeigt die bereits in den vorherigen Abschnitten verwendeten Bilddaten. Wir sehen das Templatebild mit den eingezeichneten Landmarkenpositionen, das Referenzbild und auch das Differenzbild mit allen Landmarken. Die Auflösung der Datensätze ist 153×127 Pixel. In Abschnitt 5.4.3 haben wir gesehen, dass wir unter Verwendung eines gut gewählten Regularisierungsparameters auch ohne die Verwendung von Landmarken in der Lage sind, das Registrierungsproblem zufriedenstellend zu lösen. Da wir in diesem Abschnitt verschiedene Ansätze zur Registrierung mit Landmarken betrachten wollen, verzichten wir ebenfalls bewusst auf die Verwendung einer Multilevel-Strategie. Die Wahl von α leitet sich aus Abschnitt 5.4.3 ab. Wir wählen mit $\alpha = 1 \times 10^6$ den Parameter in der Art, dass wir ohne zusätzliche Informationen nicht in der Lage sind, das Problem zufriedenstellend zu lösen. Die Wahl des Distanzmaßes in diesem Funktional kann aus der gegebenen Problem-

6.1. Landmarken

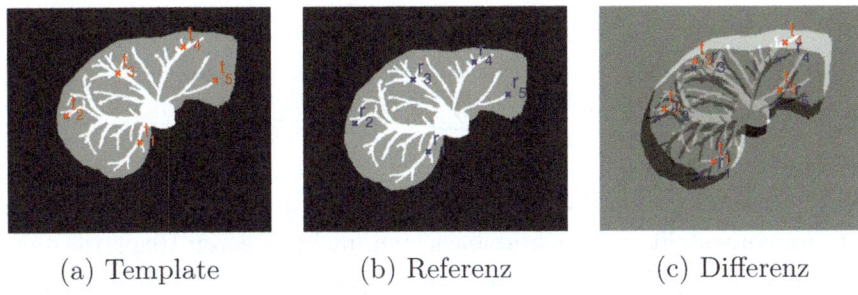

(a) Template (b) Referenz (c) Differenz

Abbildung 6.5: Zu sehen sind das Templatebild, das Referenzbild sowie das Differenzbild mit den markierten Positionen der Landmarken.

stellung heraus erfolgen. Bei der Wahl des Regularisierers haben wir an dieser Stelle nicht so viele Freiheiten. Wir müssen sicherstellen, dass die bestimmte Deformation hinreichend glatt ist und dass damit insbesondere keine Singularitäten im Bereich der Landmarken auftreten. Zu einer ausführlichen Untersuchung siehe [Heldmann & Papenberg, 2009b]. Aus diesem Grund wählen wir für die Registrierung mit Landmarken als Nebenbedingungen den Curvature-Regularisierer, als Regularisierer 2. Ordnung.

Landmarkenbedingungen als Penalty-Funktion

Ein Ansatz, den wir bereits im einführenden Beispiel betrachtet haben, ist es, die Landmarkeninformationen in Form eines additiven gewichteten Strafterms zu einem herkömmlichen Registrierungsansatz zu betrachten. Veröffentlicht wurde dieser Ansatz zur variationellen, landmarkenbasierten Registrierung zum Beispiel durch Papenberg et. al. in [Papenberg et al., 2008a]. Das resultierende Zielfunktional $\mathcal{J}^{\text{Penalty}} : \mathbb{R}^n \to \mathbb{R}$ bestehend aus Distanzmaß $\mathcal{D} : \mathbb{R}^n \to \mathbb{R}$, Regularisierer $\mathcal{S} : \mathbb{R}^n \to \mathbb{R}$ und dem Strafterm $\mathcal{P} : \mathbb{R}^n \to \mathbb{R}$ mit den Parametern $\alpha, \beta \in \mathbb{R}^+$ ist

$$\mathcal{J}^{\text{Penalty}}(\mathcal{T}, \mathcal{R}y) = \mathcal{D}(y) + \alpha \mathcal{S}(y) + \beta \mathcal{P}(y) \xrightarrow{y} \min$$

mit

$$\mathcal{P}(y) = \sum_{j=1}^{n_{\text{LM}}} c_j(y). \qquad (6.2)$$

Mit diesem Ansatz sind wir schnell und einfach in der Lage, Landmarken mit den vorgestellten intensitätsbasierten, nicht-linearen Registrierungsverfahren zu kombinieren. Bevor wir ein Beispiel zeigen für das schon bekannte Landmarkenregistrierungsproblem, betrachten wir zunächst die Diskretisierung des Penalty-Terms (6.2).

Diskretisierung der Landmarken-Nebenbedingung In diesem Abschnitt wollen wir die Diskretisierung der Penalty-Funktion betrachten, die wir benötigen, um die Funktion im Discretize-Then-Optimize-Ansatz zu verwenden. Ausführlicher und auch für dreidimensionale Problemstellung wird dieses Thema auch in [Papenberg, 2008] behandelt. Wir betrachten dazu den Fall, dass unsere Transformation auf einem nodalen Gitter bestimmt ist. Der Einfachheit halber betrachten wir an dieser Stelle zunächst den eindimensionalen Fall.

Die Funktion (6.2) wendet die Transformation $y : \mathbb{R} \to \mathbb{R}$ auf die n_{LM} Landmarken des Referenzbildes an. Wir betrachten hier Landmarken $r_j \in \mathbb{R}$. Ziel dieses Abschnitts ist es eine Matrix $P \in 2 \cdot n_{\text{LM}} \times n$ zu finden, die die folgende Formulierung approximiert

$$y(r_j) \approx P^T \mathbf{y}.$$

Da die Landmarken $\mathbf{r}_j$ nicht zwingend auf den Gitterpunkten der Transformation liegen müssen, dies sogar recht ungewöhnlich wäre, lösen wir an dieser Stelle ein lineares Interpolationsproblem. Die Abbildung 6.6 zeigt beispielhaft eine Landmarke r_1 auf einem eindimensionalen, nodalen Gitter.

Wir nummerieren die Gitterpunkte durch und nennen den p–ten Gitterpunkt y_p. Dann bestimmen wir die Einträge der Matrix P für n_{LM} Landmarken r_j, $j = 1, \ldots, n_{\text{LM}}$ wie folgt: Zunächst bestimmen wir je

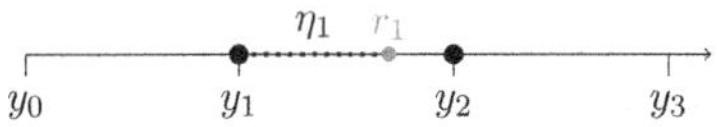

6.1. Landmarken

$$\begin{array}{c|ccc|}
 & \eta_1 \;\; r_1 & & \\
\hline
y_0 & y_1 & y_2 & y_3
\end{array}$$

Abbildung 6.6: Landmarke in einem eindimensionalen nodalen Gitter.

Landmarke ein
$$p_j = \max\{i \in \mathbb{N} \mid i \leq r_j\}$$
und damit ein $\eta_j = r_j - y_{p_j} \in \mathbb{R}$. Es ist weiterhin $h \in \mathbb{R}$ die Gitterweite (in Abbildung 6.6 ist h der Abstand von y_0 zu y_1). Dann ist die Operatormatrix $P \in \mathbb{R}^{2 \cdot n_{\mathrm{LM}} \times n}$

$$P_{i,j} = \begin{cases} \frac{1}{h} - \eta_i, & \text{für } j = p_i \\ \eta_i, & \text{für } j = p_i + 1 \\ 0, & \text{sonst.} \end{cases}$$

Wir erhalten den neuen Wert der Landmarke r_j bezüglich eines Gitters dann durch Multiplikation der Matrix mit den Gitterpunkten

$$P^T \mathbf{y} \approx y(r).$$

Für Cell-Centered Gitter ist die Notation analog. Jedoch ist die Diskretisierung der Landmarken in den Randzellen in diesem Fall artefaktbehaftet, da bei Cell-Centered-Gittern, anders als bei nodalen Gittern, die Randpunkte fehlen. Ein Ausweg könnte sein eine Regel zu formulieren, nach der Landmarken nicht in Randzellen platziert werden dürfen. Dies ist jedoch aufgrund der Verwendung von Multilevel-Ansätzen eine schwierige, kaum umsetzbare Strategie, da beim Heruntersamplen der Daten Landmarken auch nachträglich noch in Randzellen geraten können [Papenberg, 2008]. Aus diesem Grund verwenden wir nodale Gitter für die Registrierung mit Landmarken.

Beispiel 43 (Landmarkenregistrierung mit Penalty-Funktionen)
Gegeben sind erneut die beiden akademischen Datensätze mit jeweils fünf korrespondierenden Landmarken aus Abbildung 6.2. Wir bestim-

Tabelle 6.4: Registrierungsergebnisse für verschiedene Werte von β: die finale Grauwertdifferenz (SSD) und Differenzen der Landmarken im Ergebnis.

Penalty	Landmarkenabstände					SSD
	c_1	c_2	c_3	c_4	c_5	
$\beta_1 = 1 \times 10^0$	1.73	1.72	0.28	6.47	1.93	1.42×10^6
$\beta_2 = 1 \times 10^5$	0.36	0.41	0.07	0.27	0.24	3.39×10^5
$\beta_4 = 1 \times 10^7$	0.02	0.00	0.00	0.01	0.00	3.12×10^5
$\beta_5 = 1 \times 10^{10}$	0.03	0.00	0.00	0.03	0.00	1.18×10^7
$\beta_6 = 1 \times 10^{15}$	0.18	0.00	0.03	0.16	0.00	7.81×10^7

men das Registrierungsergebnis auf der Auflösung 153×127. Abbildung 6.5 zeigt die Ausgangssituation des Registrierungsproblems. Wir sehen das Templatebild mit den eingezeichneten Landmarkenpositionen, das Referenzbild und auch das Differenzbild mit allen Landmarken.

Um den Einfluss des Parameters $\beta \in \mathbb{R}^+$ zu beleuchten, wählen wir diesen zwischen $\beta = 1$ und $\beta = 1 \times 10^{15}$. Die Wahl von β, wie auch der Parameter $\alpha \in \mathbb{R}$ zur Gewichtung des Curvature-Regularisierers muss heuristisch erfolgen. Abbildung 6.8 zeigt zeilenweise die Resultate für unterschiedliche Werte von β. Wir sehen, dass wir für $\beta = 1 \times 10^5$ das visuell beste Ergebnis erhalten. Für kleinere sowie auch größere Werte von β erhalten wir schlechtere Ergebnisse. Die Tabelle 6.4 zeigt die Summe der Quadrierten Differenzen (SSD) sowie die jeweiligen finalen Landmarken-Abstände. Die Werte in der Tabelle bestätigen unseren visuellen Eindruck. Fast alle Landmarkendifferenzen verschwinden komplett, was für Soft-Constraints nicht unbedingt zu erwarten ist, hier aber die Gutartigkeit der Problemstellung widerspiegelt.

In Abbildung 6.7 sind für verschiedene Werte von β und die gegebenen fünf Landmarken die Summe der Landmarkenfehler sowie die resul-

6.1. Landmarken 163

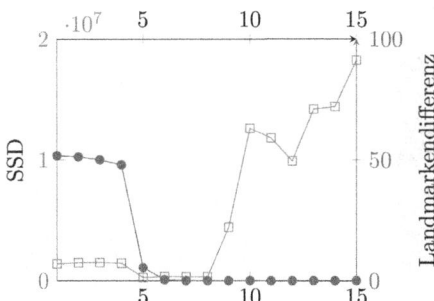

Abbildung 6.7: Die jeweiligen aufsummierten finalen Landmarken-Differenzen (Kreise) im Vergleich zur Grauwertdifferenz der Datensätze (Quadrate). Die x_1-Achse beschreibt die Zehner-Potenzen von β, für die das Registrierungsproblem gelöst wurde.

tierenden Differenzen im Ergebnis gezeigt. Für dieses Beispiel gilt, je stärker die Landmarken gewichtet werden, desto exakter wird das Ergebnis.

Wir halten an dieser Stelle noch einmal fest, dass die Wahl des Gewichtungsparameters β nicht intuitiv erfolgen kann. Zwar ist die Integration in einen nicht-linearen Registrierungsansatz auf diese Weise unkompliziert möglich, aber wir werden im Weiteren Methoden betrachten, die nicht von der Wahl eines Gewichtungsparameters abhängen, sondern eindeutig interpretierbare Parameter zur Steuerung der Genauigkeit besitzen.

Hybrider Ansatz mit Landmarken als exakte Nebenbedingungen

In diesem Abschnitt wollen wir analog zum Vorgehen im Abschnitt über Optimierungsverfahren ein weiteres beschränktes Optimierungsverfahren betrachten, mit dem wir Landmarkenregistrierungsprobleme lösen können. Die Landmarken sollen hier exakt aufeinander abgebildet werden.

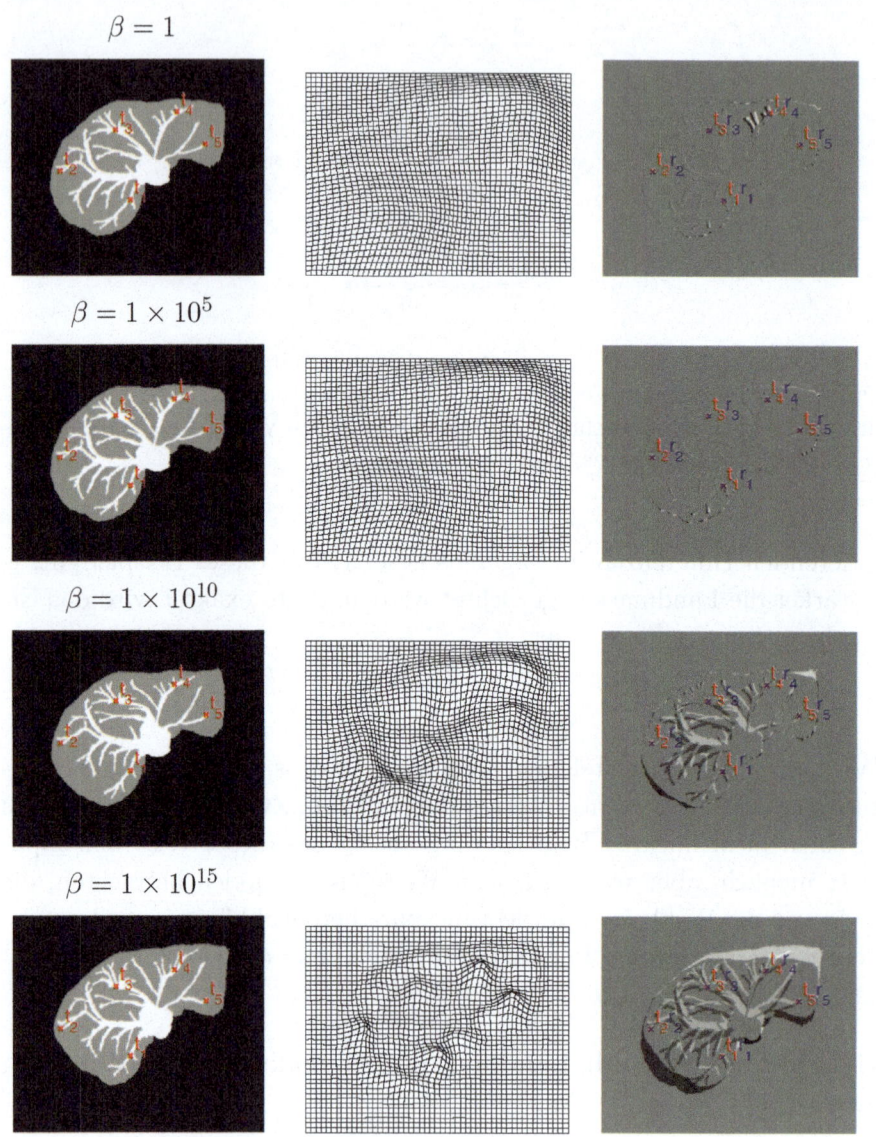

Abbildung 6.8: Zu sehen sind die Ergebnisse der Penalty-Verfahren (deformiertes Templatebild, Gitter, Differenzbild) für verschiedene Werte von β.

6.1. Landmarken

Nach dem Penalty-Verfahren im vergangenen Abschnitt betrachten wir nun ein gleichheitsbeschränktes Optimierungsproblem, welches wir mit der im Abschnitt 4 beschriebenen Augmented Lagrangefunktion minimieren. Das Optimierungsproblem liest sich wie folgt

$$\mathcal{J}(y) = \mathcal{D}(R,T;y) + \alpha \mathcal{S}(y)$$
$$\text{u.d.N. } c_j(y) = 0, \text{ für } j = 1,\ldots,n_{\text{LM}}.$$

Auch hier ist das Distanzmaß frei wählbar. Als Regularisierer $\mathcal{S}$ müssen wir erneut einen Regularisierer höherer Ordnung wählen, um Singularitäten im Deformationsgitter zu vermeiden, die durch die Nebenbedingungen entstehen könnten [Heldmann & Papenberg, 2009b]. Wie eingangs erwähnt verwenden wir den Curvature-Regularisierer.

An dieser Stelle wollen wir weiterhin auch kurz alternative Herangehensweisen erwähnen. Fischer und Modersitzki haben im Jahr 2003 einen eleganten Ansatz veröffentlicht, der die intensitätsbasierte Registrierung mit Landmarken beschreibt [Fischer & Modersitzki, 2003a]. Der Ansatz heißt *CoLd* für **Co**mbined **L**andmark and intensity **d**riven registration. Das auftretende Registrierungsproblem wird über eine geschickte Umformung des Problems mithilfe eines unrestringierten Optimierungsverfahrens gelöst. Diesen Ansatz werden wir an dieser Stelle jedoch nicht genauer betrachten, da er sich nicht auf die später auftretenden Problemstellungen mit ungenauen Landmarken anwenden lässt.

Wir betrachten nun ein Beispiel zum hybriden Ansatz mit Landmarken und Intensitäts-Informationen.

Beispiel 44 (Registrierung mit exakten Landmarken)
Die Daten und die Parameter für das restringierte Optimierungsverfahren sind gewählt, wie einführend beschrieben. Zudem ist es für den beschränkten Fall erforderlich, dass wir eine weitere Toleranz vorgeben, mit welcher wir die Nebenbedingungen erfüllen müssen, damit das Optimierungsverfahren abbricht. Wir wählen $\text{tol}_{\text{LM}} = 1 \times 10^{-3}$. Nach 77 Schritten erhalten wir das in Abbildung 6.9 gezeigte Ergebnis. Die Ausgangssituation ist in Abbildung 6.5 und das Ergebnis des

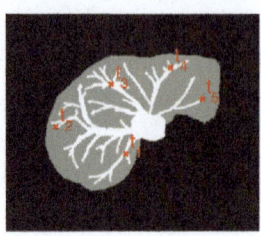 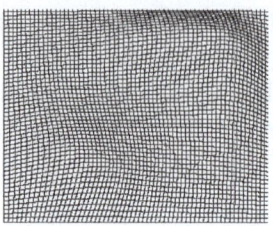 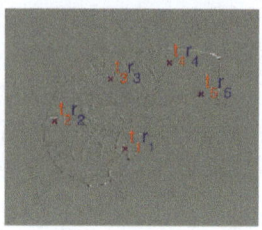

Abbildung 6.9: Zu sehen ist das Ergebnis des hybriden Ansatzes mit Punktlandmarken. Links das deformierte Templatebild, in der Mitte das Deformationsgitter und rechts das resultierende Differenzbild.

Tabelle 6.5: Registrierungsergebnisse für das Registrierungsproblem mit Landmarken: Der Abstand zwischen den Landmarken und die finale Grauwertdifferenz der Ergebnisse (Punktlandmarken, ohne Landmarken) sind zu sehen.

	1	2	3	4	5	SSD
initial	44.27	36.19	22.00	49.95	42.69	1.46×10^8
exakt	0.00	0.00	0.00	0.00	0.00	2.15×10^5
ohne	31.04	2.34	7.19	11.06	2.48	1.27×10^7

unrestringierten Verfahrens in der ersten Zeile von Abbildung 6.8 zu sehen.

Tabelle 6.5 zeigt die Differenzen der Landmarken zueinander vor der Registrierung, nach Registrierung mit Punktlandmarken sowie zum Vergleich nach Registrierung der Datensätze ohne die Landmarken. Erwartungsgemäß verschwinden die Differenzen zwischen den Landmarken bei gleichzeitiger Verbesserung des Wertes der Zielfunktion. Die Landmarken haben das Registrierungsverfahren in die richtige Richtung gelenkt, sodass das Ergebnis insgesamt deutlich besser als ohne Landmarken ausfällt.

6.1. Landmarken

Der Vorteil des vorgeführten restringierten Registrierungsverfahrens besteht gegenüber dem Penalty-Ansatz darin, dass wir exakt vorgeben können, wohin die Landmarken abgebildet werden. Konvergiert der Algorithmus, dann können wir sicher sein, dass $y(\mathbf{r}_j) = \mathbf{t}_j$, für $j = 1, \ldots, n_{\text{LM}}$ ist. Dies ist der große Vorteil gegenüber penaltybasierten Verfahren. Für diese finden wir möglicherweise auch Gewichtungsparameter, die diese Bedingung erfüllen, aber eben nicht garantiert (vgl. Tabelle 6.4).

Dieser Vorteil ist aber auch zugleich ein Nachteil des Verfahrens. Die in den vorherigen Beispielen betrachteten Landmarken waren sehr exakt detektiert. Sodass als korrespondierend markierte Punkte auch tatsächlich korrespondieren. Dies muss nicht immer der Fall sein. Verschiedene Faktoren können dafür sorgen, dass eine eins zu eins Korrespondenz nicht angenommen werden kann. Dies ist zum Beispiel der Fall, wenn wir Datensätze unterschiedlicher Modalitäten mit korrespondierenden Landmarken versehen wollen. Als Beispiel seien hier CT und Ultraschall-Daten genannt. Im Ultraschall-Bild wird schon allein aufgrund der vorliegenden Auflösung die Zuordnung eines korrespondierenden Punkts niemals so exakt sein, wie es im CT-Datensatz möglich ist. In den Anwendungsfällen, die wir später betrachten wollen, ist es zudem noch so, dass die Landmarken in den CT-Datensätzen intra-operativ gesetzt werden. Ein weiterer Faktor, der damit berücksichtigt werden muss ist, dass dort nicht beliebig viel Zeit verfügbar ist.

Im folgenden Beispiel wollen wir betrachten, was eine fehlerhaft gesetzte Landmarke für das vorgestellte Verfahren bedeuten würde.

Beispiel 45 (Registrierung mit fehlerhaften Landmarken)
Da es in der Realität und vor allem in den von uns betrachteten Anwendungsfällen selten exakt gesetzte Landmarken gibt, betrachten wir ein weiteres Beispiel. Vorliegend ist das schon bekannte Registrierungsproblem mit insgesamt fünf Landmarken. Drei der Landmarken sind

exakt gesetzt, die Landmarken r_1 und r_5 sind jedoch verschoben. Abbildung 6.10 zeigt sowohl Referenzbild als auch Templatebild des Beispieldatensatzes. Zusätzlich eingezeichnet sind die originalen Positionen der Landmarken und die, der fehlerhaft platzierten.

Die Registrierung des Datensatzes mit den Parametern des vorherigen Beispiels ergibt die Resultate in Abbildung 6.10 (c)-(f). Die fehlerhaft platzierten Landmarken sorgen dafür, dass eine größere Region des Datensatzes nicht sinnvoll registriert werden kann. Zum Vergleich ist rechts das Ergebnis einer Thin Plate Spline Registrierung mit den gegebenen Landmarken gezeigt. Neben den deformierten Templatebildern sind auch die Deformationsgitter gezeigt. Die Gitter sind beide glatt. Wobei wir beim hybriden Ansatz erkennen können, wo sich die fehlerhaft platzierten Landmarken befinden werden. Nämlich dort, wo das Gitter stärkere Deformationen aufweist.

In der Tabelle 6.6 sehen wir, dass die Differenzen zwischen den Landmarken sowohl für den exakten Ansatz, als auch für die Thin Plate Splines gleich null sind. Die Grauwertdifferenz ist erwartungsgemäß in beiden Versuchen schlechter, als für die exakt gesetzten Landmarken. Beim hybriden Ansatz hält sich die Differenz im Vergleich zu den Thin Plate Splines noch in Grenzen. Das erzielte Ergebnis ist jedoch noch nicht zufriedenstellend.

Tabelle 6.6: Registrierungsergebnisse für das Registrierungsproblem mit Landmarken. Der Abstand zwischen den Landmarken und die finalen Grauwertdifferenzen der Ergebnisse (hybrider Ansatz mit Punktlandmarken, Thin Plates Spline) sind zu sehen.

	c_1	c_2	c_3	c_4	c_5	SSD
initial	23.82	27.21	18.81	38.67	49.14	1.46×10^8
Punktlandmarken	0.00	0.00	0.00	0.00	0.00	3.56×10^6
TPS	0.00	0.01	0.00	0.00	0.00	2.15×10^7

6.1. Landmarken

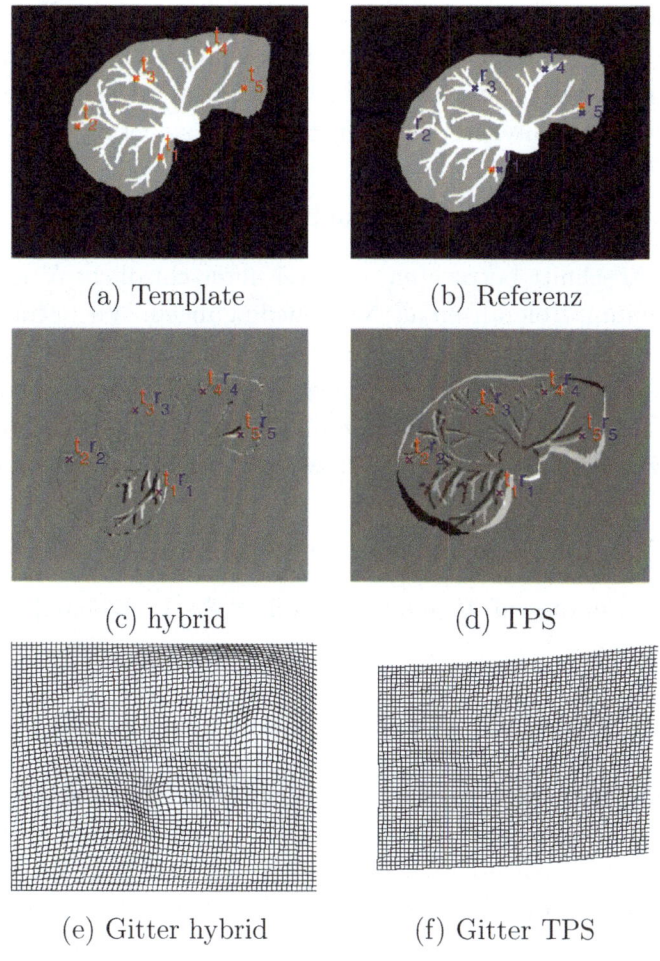

(a) Template (b) Referenz

(c) hybrid (d) TPS

(e) Gitter hybrid (f) Gitter TPS

Abbildung 6.10: Ausgangssituation zur Registrierung mit fehlerhaft platzierten Landmarken. Blau dargestellt sind die exakten Landmarken des Referenzbildes. Die Landmarken $\mathbf{r}_1$ und $\mathbf{r}_5$ sind zweimal markiert. Die rote Markierung zeigt die Position der fehlerhaft platzierten Landmarken. In Abbildung (c) sehen wir das Ergebnis der Registrierung mit den Landmarken als exakte Nebenbedingung. Rechts in Abbildung (d) ist zum Vergleich das Ergebnis unter Verwendung von Thin Plate Splines zu sehen. In der dritten Zeile sind die korrespondieren Gitter gezeigt.

Das gerade gezeigte Beispiel animiert zur Einführung eines Verfahrens, welches diese Unsicherheiten in der Platzierung der Landmarken in der Modellierung berücksichtigen kann. Die erwarteten Unsicherheiten wollen wir über einen interpretierbaren Parameter steuern.

6.1.2 Landmarken mit Unsicherheiten

In diesem Abschnitt betrachten wir zwei unterschiedliche Verfahren für Landmarken mit Toleranzen als Nebenbedingungen. Wir betrachten isotrope (kreis- beziehungsweise kugelförmige) und anisotrope (elliptische beziehungsweise ellipsoide) Toleranzregionen. Genau genommen sind die isotropen Toleranzregionen ein Spezialfall der anisotropen Regionen. Wir beginnen zunächst mit der Einführung isotroper Toleranzregionen.

6.1.2.1 Landmarken mit isotropen Toleranzregionen

Wir möchten in diesem Abschnitt mit $\text{tol}_j \in \mathbb{R}^+$ Probleme der Form

$$\mathcal{J}(y) = \mathcal{D}(R,T;y) + \alpha \mathcal{S}(y)$$
$$\text{u.d.N.} \quad c_j(y) = \|y(\mathbf{r}_j) - \mathbf{t}_j\|_2^2 \leq \text{tol}_j \quad \text{für } j = 1, \ldots, n_{\text{LM}}$$

betrachten. Die durch $c_j(y)$ beschriebenen Nebenbedingungen führen in 2D zu kreisförmigen und in 3D zu kugelförmigen Toleranzbereichen. In Abbildung 6.11 betrachten wir beispielhaft isotrope Regionen in 2D.
Wie die Abbildung schon andeutet, ist es sinnvoll isotrope Toleranzbereiche zum Beispiel an Gefäßverzeigungen zu verwenden. Diese Gefäßverzweigungen können in den von uns betrachteten Anwendungsfällen sowohl im CT als auch im US erkannt und damit auch markiert werden. Problematisch ist die korrekte Platzierung der Landmarken, was aber durch den erlaubten Toleranzbereich ausgeglichen wird.
Mithilfe des in Abschnitt 4 eingeführten Algorithmus zur Minimierung ungleichheitsbeschränkter Optimierungsprobleme durch die Augmented Lagrangefunktion können wir diese Problemstellung im folgenden Beispiel lösen.

6.1. Landmarken 171

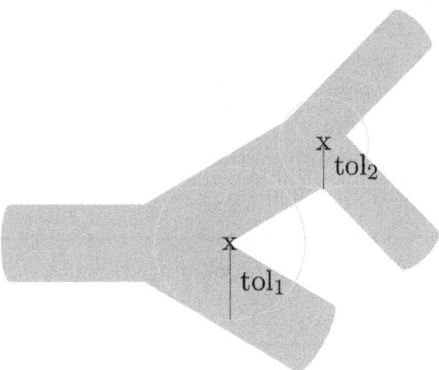

Abbildung 6.11: Schematische Darstellung der isotropen Toleranzbereiche an Gefäßverzweigungen.

Beispiel 46 (Fehlerhafte Landmarken, isotrope Toleranzen)
Die Parameter für das Optimierungsverfahren wählen wir wie bekannt aus den vorherigen Beispielen.

In Abbildung 6.12 sehen wir die Ergebnisse der Registrierung der in Abbildung 6.10 gezeigten Datensätze. Wir führen drei Versuche durch: Erstens die Registrierung des Datensatzes unter Verwendung von isotropen Toleranzbereichen nach einer Vorregistrierung durch TPS, zweitens die Registrierung des Datensatzes ohne Vorregistrierung mithilfe des isotropen Ansatzes und drittens wollen wir den Einfluss der Landmarken an sich überprüfen und registrieren die Datensätze einmal ohne die fehlerhaften Landmarken.

Wie in der Abbildung 6.12 zu sehen, sind die Ergebnisse für den ersten und zweiten Fall rein optisch gleichwertig. Auch die Tabelle 6.7 bestätigt den Eindruck. Die Grauwertdifferenz des Ergebnisses, sowie die Abstände der einzelnen Landmarken sind nahezu identisch. In der Tabelle lassen sich auch die Werte der gewählten Toleranzen in der untersten Zeile ablesen.

Warum haben wir beide Möglichkeiten getestet? Wir wissen, dass es für die von uns verwendeten Algorithmen essenziell ist, einen guten

Tabelle 6.7: Registrierungsergebnisse für das Registrierungsproblem mit fehlerhaften Landmarken. Der Abstand zwischen den Landmarken und die finale Grauwertdifferenz der Ergebnisse (Ansätze: Registrierung mit Toleranzen (Iso-Tol), mit TPS-Vorregistrierung (TPS + Iso-Tol), ohne fehlerhafte Landmarken (ohne)) sind zu sehen. Die erlaubten Toleranzbereiche für die Landmarken sind jeweils in der letzten Zeile zu sehen.

	Landmarkenabstände					
	c_1	c_2	c_3	c_4	c_5	SSD
initial	23.82	27.21	18.81	38.67	49.14	1.46×10^8
Iso-Tol	13.08	1.58	0.33	1.37	15.92	2.78×10^5
TPS + Iso-Tol	13.08	1.57	0.35	1.36	15.92	2.73×10^5
ohne (1 und 5)	-	2.00	0.33	1.20	-	5.14×10^6
Toleranzen	16	2	2	2	16	

Startwert zu haben. Diesen guten Startwert können wir zum Beispiel durch TPS generieren, was hier noch einmal illustriert wurde. Der Vorteil an dieser Stelle resultiert dann in einer schnelleren Laufzeit, welche in diesem Fall für das Ergebnis mit Thin Plate Splines bei ca. 58% der Laufzeit des Verfahrens ohne Vorregistrierung liegt. Wir können in der Tabelle weiterhin ablesen, dass die ungestörten Landmarken ebenfalls nicht exakt aufeinander abgebildet werden. Wenn wir den Wert der Grauwertdifferenz hier mit der Grauwertdifferenz des Ergebnisses aus Beispiel 45 vergleichen (dort war die Differenz im Ergebnis 3.56×10^6), dann stellen wir fest, dass wir eine niedrigere Grauwertdifferenz erzielen konnten. Die Landmarken sind, obgleich sie sehr gewissenhaft und genau gesetzt wurden, nicht identisch. Eine Toleranz von zwei Pixeln reicht aber aus, um diese Fehler zu korrigieren. Die absichtlich fehlerhaft platzierten Landmarken werden korrigiert und ihre Differenzen befinden sich final im oberen Bereich der vorgegebenen Toleranz-Werte.

6.1. Landmarken

Der dritte Test, den wir in diesem Beispiel durchgeführt haben, ist der Test des Einflusses der verschobenen Landmarken. Wären diese nicht wichtig für die Registrierung der beiden Datensätze, dann könnten wir die fehlerhaften Informationen auch vernachlässigen und würden dennoch zu einem guten Ergebnis kommen. Wir sehen jedoch in Abbildung 6.12 im Differenzbild (h), dass das Vorhandensein der Landmarken sehr wohl notwendig ist, um ein zufriedenstellendes Ergebnis zu erzielen. Die finalen Grauwertdifferenzen für diesen Test sind ebenfalls in Tabelle 6.7 zu sehen. Das Ergebnis ganz ohne die Informationen der fehlerhaften Landmarken ist sogar noch schlechter, als würden wir sie falsch Berücksichtigen, siehe zum Vergleich Tabelle 6.6.

Zusammenfassend halten wir fest, dass jede Information, auch wenn sie fehlerhaft ist, zu einem besseren Registrierungsergebnis beitragen kann. Selbst im gerade gewählten Ansatz, der davon ausgeht, dass die Landmarken exakt aufeinander passen, ist das Ergebnis trotz Fehlern in der Platzierung noch besser als ganz ohne diese Informationen. Im nun folgenden Abschnitt erweitern wir die Idee der isotropen Toleranzen auf Toleranzregionen, die weder Kugeln noch Kreise, sondern Ellipsoide oder Ellipsen beschreiben.

6.1.2.2 Landmarken mit anisotropen Toleranzregionen

Während sich isotrope Toleranzregionen typischerweise eignen, um Unsicherheiten in der Platzierung von Landmarken zum Beispiel an Verzweigungen von Gefäßen auszugleichen, sind anisotrope Toleranzbereiche auch dafür geeignet, Unsicherheiten *entlang* von Gefäßabschnitten zu modellieren. Publiziert wurden diese Überlegungen als Vorarbeit für diese Dissertation in [Lange et al., 2010].
In Anlehnung an die Mahalanobisdistanz [Mahalanobis, 1936] $d : \mathbb{R}^d \times \mathbb{R}^d \to \mathbb{R}$

$$d(\mathbf{x}, \mathbf{y}) = \sqrt{(\mathbf{x} - \mathbf{y})^T S^{-1} (\mathbf{x} - \mathbf{y})}$$

Thin Plate Spline-Vorregistrierung und Isotrope Landmarkentoleranzen

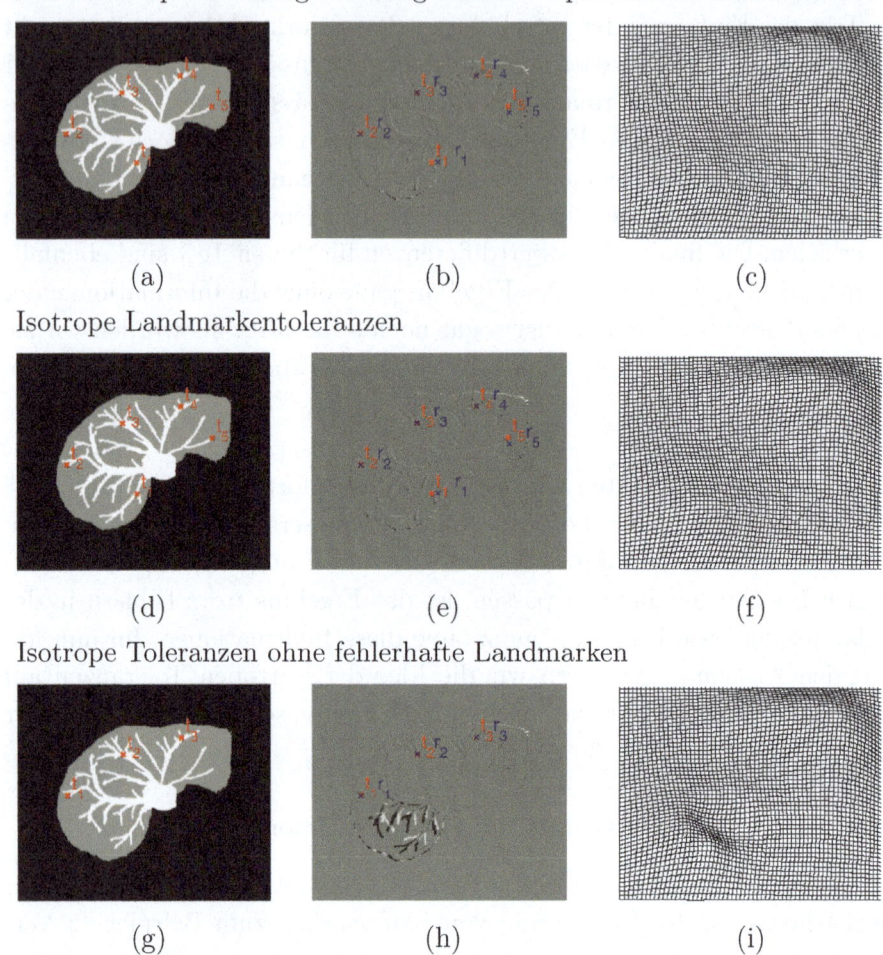

(a) (b) (c)

Isotrope Landmarkentoleranzen

(d) (e) (f)

Isotrope Toleranzen ohne fehlerhafte Landmarken

(g) (h) (i)

Abbildung 6.12: Die Abbildung zeigt in der ersten Spalte das jeweils deformierte Templatebild, in Spalte drei sehen wir das zugehörige Deformationsgitter. Die Abbildungen in der mittleren Spalte zeigen die Differenzbilder zwischen deformiertem Templatebild und Referenzbild jeweils mit den eingezeichneten Landmarken.

6.1. Landmarken

können wir den Abstand zweier Punkte $x, y \in \mathbb{R}^d$ mit einer Matrix $S \in \mathbb{R}^{d \times d}$ zueinander beschreiben. Im einfachsten Fall ist S die Einheitsmatrix, mit der wir die euklidische Distanz zwischen zwei Punkten bestimmen, vgl. Landmarken mit exakten Toleranzen.
Somit können wir den isotropen Fall

$$c_j(y) = \text{tol}_j^2 - \|y(\mathbf{r}_j) - \mathbf{t}_j\|_2^2 \geq 0$$

auch schreiben als

$$\begin{aligned} c_j(y) &= 1 - \|y(\mathbf{r}_j) - \mathbf{t}_j\|_{W_j}^2 \geq 0 \\ &= 1 - (y(\mathbf{r}_j) - \mathbf{t}_j) W_j (y(\mathbf{r}_j) - \mathbf{t}_j) \geq 0 \end{aligned} \quad (6.3)$$

für $j = 1, \ldots, m$.

mit Matrizen $W_j \in \mathbb{R}^{2 \times 2}$

$$W_j = \begin{pmatrix} \frac{1}{tol_j^2} & 0 \\ 0 & \frac{1}{tol_j^2} \end{pmatrix}.$$

Für dreidimensionale Problemstellungen gilt dies analog.
Mit dieser Notation ist es auch möglich, andere als isotrope Toleranzbereiche anzugeben. Wie dies funktioniert, sehen wir in diesem Abschnitt. Abbildung 6.13 zeigt schematisch die anisotropen Toleranzbereiche. Wie auch bei den isotropen Toleranzregionen ist die Idee, dass eine Landmarke, die in diesen Toleranzbereich abgebildet wird, genauso akzeptiert wird, wie eine Landmarke, die direkt auf die Landmarke im Zentrum der Region abgebildet wird. Die Abbildung zeigt neben der schematischen Darstellung der Toleranzregionen auch einige Parameter, die wir zur Definition der Toleranzbereiche verwenden wollen. Eine Ellipse wird durch die folgenden Parameter beschrieben:

- Ausrichtung der Hauptachse
- Längen der Halbachsen (zwei in 2D, drei in 3D).

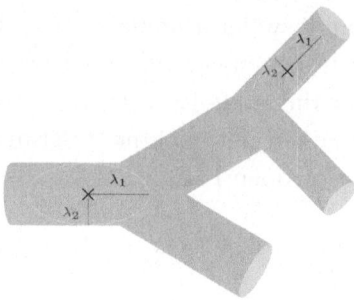

Abbildung 6.13: Schematische Darstellung der anisotropen Toleranzbereiche entlang von Gefäßen.

Jede der von uns betrachteten Ellipsen kann über eine Kovarianzmatrix dargestellt werden. Für den dreidimensionalen Fall des Ellipsoiden sind die angegebenen Matrizen und Vektoren jeweils um eine Dimension zu vergrößern. Es ist $K \in \mathbb{R}^2 \times \mathbb{R}^2$ eine Kovarianzmatrix. Diese Matrix lässt sich zerlegen in ihre Eigenwerte und Eigenvektoren

$$K = V^T D V.$$

Die Matrix

$$D = \begin{pmatrix} \lambda_1 & 0 \\ 0 & \lambda_2 \end{pmatrix}$$

enthält die Eigenwerte der zweidimensionalen Kovarianzmatrix und in

$$V = \begin{pmatrix} v_1^1 & v_1^2 \\ v_2^1 & v_2^2 \end{pmatrix}$$

sind die Eigenvektoren $\mathbf{v}^1$ und $\mathbf{v}^2 \in \mathbb{R}^2$ von K zu finden. Für den schon bekannten Fall der isotropen Toleranzen ist V gleich der Einheitsmatrix. Die Eigenwerte λ_1 und $\lambda_2 \in \mathbb{R}$ bestimmen die erlaubten Varianzen in die einzelnen Raumrichtungen. Weisen wir jeder Raumrichtung denselben Wert zu, erhalten einen Kreis. Wählen wir die Werte unterschiedlich, dann ist das Resultat eine Ellipse. Mithilfe der Eigenvektoren können

6.1. Landmarken

wir dann noch steuern, welche Ausrichtung die Ellipse hat, indem wir ihr Koordinatensystem drehen. In den Nebenbedingungen wird dann jedoch nicht direkt die Kovarianzmatrix verwendet, sondern, wie auch schon im vorherigen Abschnitt angedeutet, die Inverse der Kovarianzmatrix. Also ist

$$W = K^{-1}.$$

Damit können wir mit der Matrix W die Nebenbedingungen genauso schreiben, wie wir es in Gleichung (6.3) bereits gesehen haben

$$c_j(y) = 1 - \|y(\mathbf{r}_j) - \mathbf{t}_j\|_{W_j}^2 \geq 0$$
$$= 1 - (y(\mathbf{r}_j) - \mathbf{t}_j)^T W_j (y(\mathbf{r}_j) - \mathbf{t}_j) \geq 0$$

für $j = 1, \ldots, n_{\text{LM}}$.

Wie für die isotropen Toleranzbereiche wollen wir auch für die anisotropen Fälle ein Beispiel betrachten.

Beispiel 47 (Fehlerhafte Landmarken, anisotrope Toleranz)
In diesem Beispiel betrachten wir erneut den schon bekannten, künstlichen Datensatz. Wir wählen nun allerdings die Landmarken vor allem auf Gefäßabschnitten, anstatt sie wie bisher an Gefäßverzweigungspunkten zu setzen. Die Abbildung 6.14 zeigt das Templatebild und das Referenzbild. Jeweils markiert sind auch die korrespondierenden Landmarkenpositionen. Im Referenzbild sehen wir zusätzlich zur blau markierten Landmarke $\mathbf{r}_5$ auch eine rote Markierung. Diese rote Markierung zeigt den Ort, an dem die Landmarke korrekt gesetzt werden sollte.

Wie auch schon in den vorherigen Beispielen soll überprüft werden, ob die korrekt gesetzten Landmarken für die Verfahren ausreichen, um ein akzeptables Registrierungsergebnis zu erzielen. Dazu betrachten wir die Tabelle 6.8.

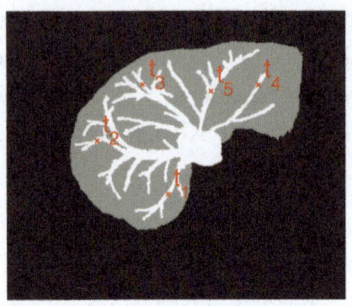 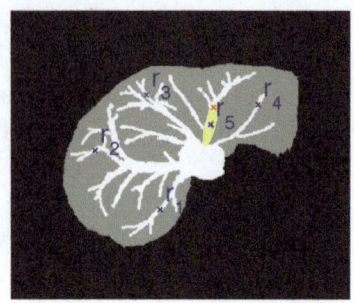

(a) Templatebild (b) Referenzbild

Abbildung 6.14: Beispieldatensatz mit Templatebild (a) und Referenzbild (b) zur Registrierung mit anisotropen Toleranzen. Die Landmarken sind auf Gefäßabschnitten platziert. In Abbildung (b) sehen wir neben den exakten Landmarken auch eine verschobene Landmarke (rot dargestellt). Weiterhin ist in Gelb der anisotrope Toleranzbereich um die Landmarke 5 im Referenzbild zu sehen.

Tabelle 6.8: Registrierungsergebnisse für das Registrierungsproblem mit exakten Landmarken: der Abstand zwischen den Landmarken und die finale Grauwertdifferenz der Ergebnisse.

	Landmarkenabstände					SSD
	c_1	c_2	c_3	c_4	c_5	
initial	35.65	22.56	18.89	36.00	59.66	1.46×10^8
exakt	0.00	0.00	0.00	0.00	0.00	2.17×10^5
exakt (ohne 5)	0.00	0.00	0.00	0.00	-	1.44×10^6

6.1. Landmarken

Wir sehen neben den initialen Abständen zwischen den Landmarken auch die Abstände nach der Registrierung mit dem hybriden Ansatz und Punktlandmarken. Das Registrierungsproblem wurde im ersten Fall mit allen verfügbaren, korrekten Landmarken bestimmt und im zweiten Fall ohne die später fehlerhaft gewählte Landmarke. Während wir mit allen Landmarken ein zufriedenstellendes Ergebnis erzielen, ist dies ohne die Landmarke 5 nicht mehr möglich. Abbildung 6.15 zeigt die Ergebnisse der beiden Versuche. Neben den Differenzbildern sehen wir die deformierten Templatebilder und die beiden sehr glatten Deformationsgitter.

In Abbildung 6.16 sind verschiedene Ergebnisse der Registrierung der Datensätze mit der fehlerhaften Landmarke zu sehen. Spalte eins zeigt das Ergebnis des hybriden Ansatzes mit als exakt angenommenen Landmarken. Dieser Versuch scheitert, da die fehlerhafte Landmarke die Registrierung in die falsche Richtung führt. Wir sehen auch im Deformationsgitter, dass dieses längst nicht so glatt ist, wie in den gutartigen Fällen und der Registrierungsalgorithmus hier großen Aufwand treiben muss, um die Landmarken in Übereinstimmung zu bringen. Die Tabelle 6.9 zeigt, dass die Landmarken alle exakt aufeinander abgebildet werden und die Grauwertdifferenz im Vergleich zur Ausgangsdifferenz dennoch deutlich gesunken ist.

In der zweiten Spalte von Abbildung 6.16 sehen wir das Ergebnis nach Registrierung mit den anisotropen Toleranzen. Wir sehen, dass der Algorithmus trotz fehlerhafter Landmarke in der Lage ist, das Registrierungsproblem zufriedenstellend zu lösen. Zum einen finden wir ein erwartungsgemäß glattes Deformationsgitter vor und zum anderen sehen wir in Tabelle 6.9, dass die Grauwertdifferenz zwischen den Datensätzen deutlich gesunken ist und im Bereich der Differenzen mit exakt passenden Landmarken liegt.

Gerade für Registrierungsprobleme mit Landmarken auf gefäßartigen Strukturen erscheint die Strategie anisotrope Landmarken zu verwen-

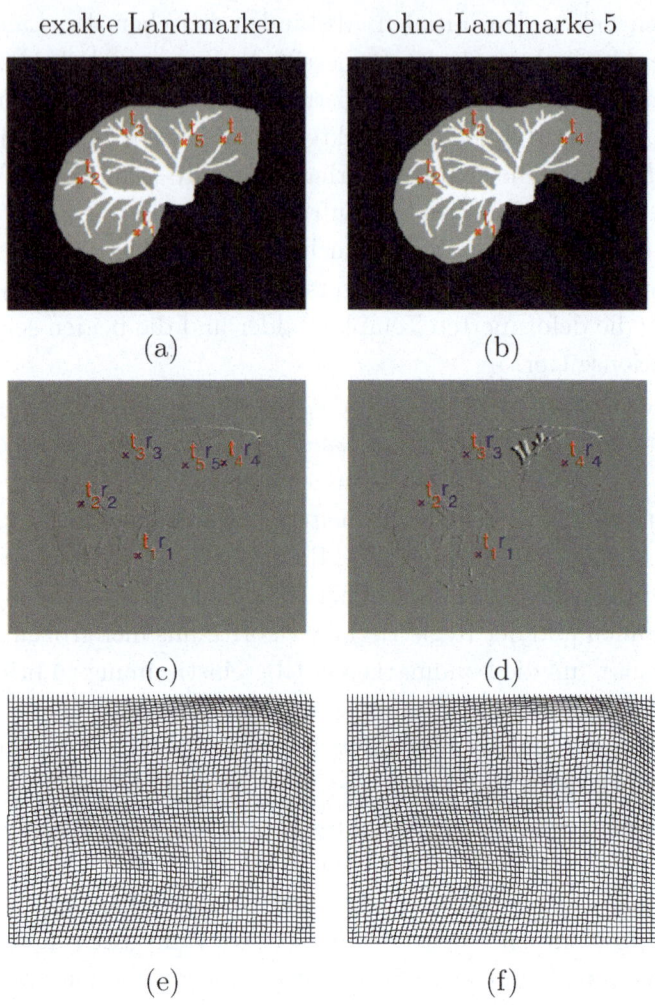

Abbildung 6.15: Ergebnis der Registrierung mit dem hybriden Ansatz, der von exakten Landmarken ausgeht. Von oben nach unten sehen wir in der ersten Spalte in (a) das deformierte Templatebild, in (c) das Differenzbild und in (e) das zugehörige Deformationsgitter. Analog sehen wir in der zweiten Spalte die Ergebnisse, falls die Landmarke 5 nicht zur Bestimmung des Ergebnisses verwendet wird.

6.1. Landmarken

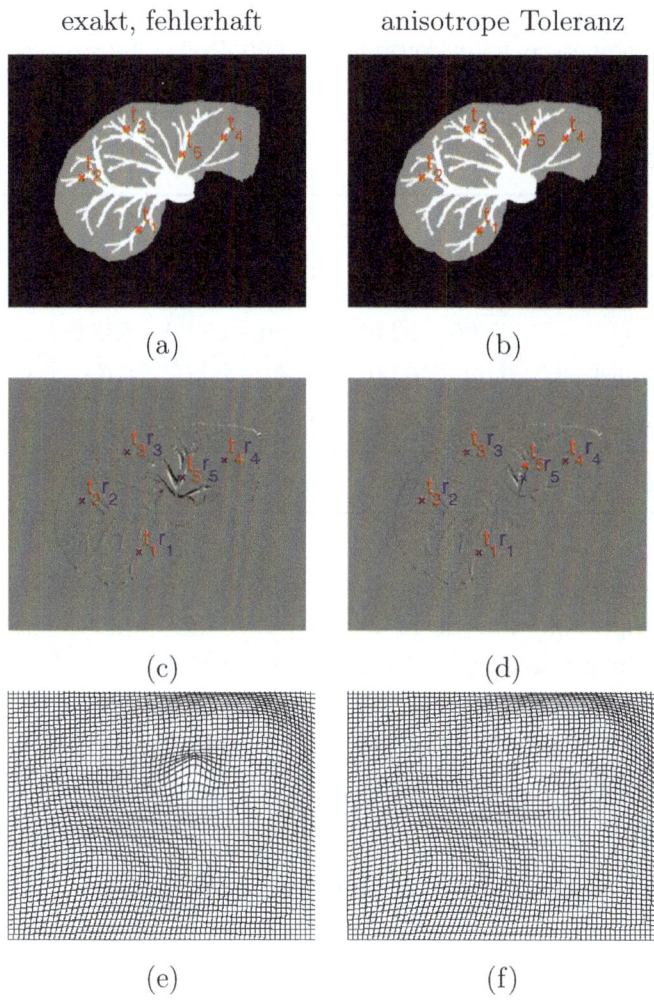

Abbildung 6.16: Resultate der Registrierung mit fehlerhaft gesetzten Landmarken. In der ersten Spalte in den Abbildungen (a), (c), (e) sehen wir neben dem deformierten Templatebild und dem resultierenden Differenzbild zwischen deformiertem Templatebild und Referenzbild das resultierende Deformationsgitter für den hybriden Ansatz in dem alle Landmarken als exakt angenommen werden. Die Abbildungen (b), (d), (f) zeigen analog die Resultate für den Ansatz mit anisotroper Toleranz um die fehlerhaft gesetzte Landmarke.

Tabelle 6.9: Registrierungsergebnisse für das Registrierungsproblem mit fehlerhaften Landmarken unter Verwendung anisotroper Toleranzregionen: Die Landmarke 5 wurde fehlerhaft platziert. Der Abstand zwischen den Landmarken und die finale Grauwertdifferenz der Ergebnisse sind zu sehen. Die letzte Zeile zeigt die erlaubten Toleranzbereiche für die Landmarken.

Verfahren	Landmarkenabstände					SSD
	1	2	3	4	5	
Start	35.65	22.56	18.89	36.00	59.66	1.46×10^8
exakt, fehlerhaft	0.00	0.00	0.00	0.00	0.00	1.16×10^6
anisotrope Tol.	0.17	0.38	0.45	1.16	25.33	3.23×10^5
Toleranzen λ_1, λ_2	2,2	2,2	2,2	2,2	10,40	

den sehr sinnvoll. Zwar können einige dieser Nebenbedingungen auch durch isotrope Fälle abgedeckt werden, aber dies funktioniert nicht für alle Anwendungsfälle. Liegen beispielsweise zwei Gefäße sehr nah nebeneinander, dann kann ein isotroper Toleranzbereich, welcher beide Gefäße beinhaltet, nicht garantieren, dass die richtigen Gefäße aufeinander registriert werden.

6.1.3 Auswirkungen fehlerhafter Landmarken

Abschließend wollen wir in diesem Abschnitt die Auswirkungen von stark fehlerhaft platzierten Landmarken untersuchen. Landmarken können aus unterschiedlichen Gründen fehlerhaft sein. Wir haben bereits gesehen, wie wir Ungenauigkeiten in der Platzierung einer Landmarke ausgleichen können. Die Verfahren, die in dieser Dissertation vorgestellt werden, sollen jedoch dem Einsatz in der navigierten Chirurgie dienen. Hier sind weitere potenzielle Fehlerquellen denkbar, die wir an dieser Stelle kurz beleuchten wollen. Zum einen ist dies die völlige Fehlplatzierung, beispielsweise auf einem komplett anderen Gefäß, zum anderen das ver-

6.1. Landmarken

tauschen zweier Landmarken. Wir betrachten im folgenden Beispiel zunächst den zweiten Fall.

Beispiel 48 (Vertauschen von Landmarken)
In diesem Beispiel wollen wir untersuchen, wie sich das Vertauschen der Reihenfolge zweier Landmarken auf das Registrierungsergebnis auswirkt. Dazu betrachten wir erneut den Datensatz aus Beispiel 44. Hier vertauschen wir die Templatebild-Landmarken zwei und drei. Werden zum Beispiel zunächst alle Landmarken im Templatebild und dann alle Landmarken im Referenzbild gesetzt, dann ist es leicht möglich, die Reihenfolge der gesetzten Landmarken zu vermischen.

Die Abbildung 6.17 zeigt in der ersten Zeile die veränderte Ausgangssituation mit Templatebild, Referenzbild und Differenzbild sowie den vertauschten Landmarken. In Zeile zwei sehen wir das Ergebnis der Registrierung nach Verwendung der TPS. Zu sehen sind das deformierte Templatebild, das Deformationsgitter sowie das Differenzbild. Analog dazu ist in Zeile drei das Ergebnis mithilfe des hybriden Ansatzes zu sehen. Beide Ergebnisse sind erwartungsgemäß schlecht und die Deformationsgitter weisen große Faltungen auf. Im Gegensatz zum rein landmarkenbasierten TPS-Verfahren ist der hybride Ansatz sogar noch in der Lage, die Regionen ohne fehlerhafte Landmarken gut zu registrieren.

Mithilfe des Deformationsgitters aus dem TPS-Ergebnis können wir schnell und sogar automatisiert eine Entscheidung treffen, ob Landmarken vertauscht sind. Durch die auftretenden Faltungen detektieren wir großflächig auftretende negative Werte in der Darstellung der Determinanten der Jakobischen des Deformationsgitters (siehe Abschnitt 5). Für beide errechneten Ergebnisse sind die Volumen-Darstellungen in Abbildung 6.18 zu sehen.

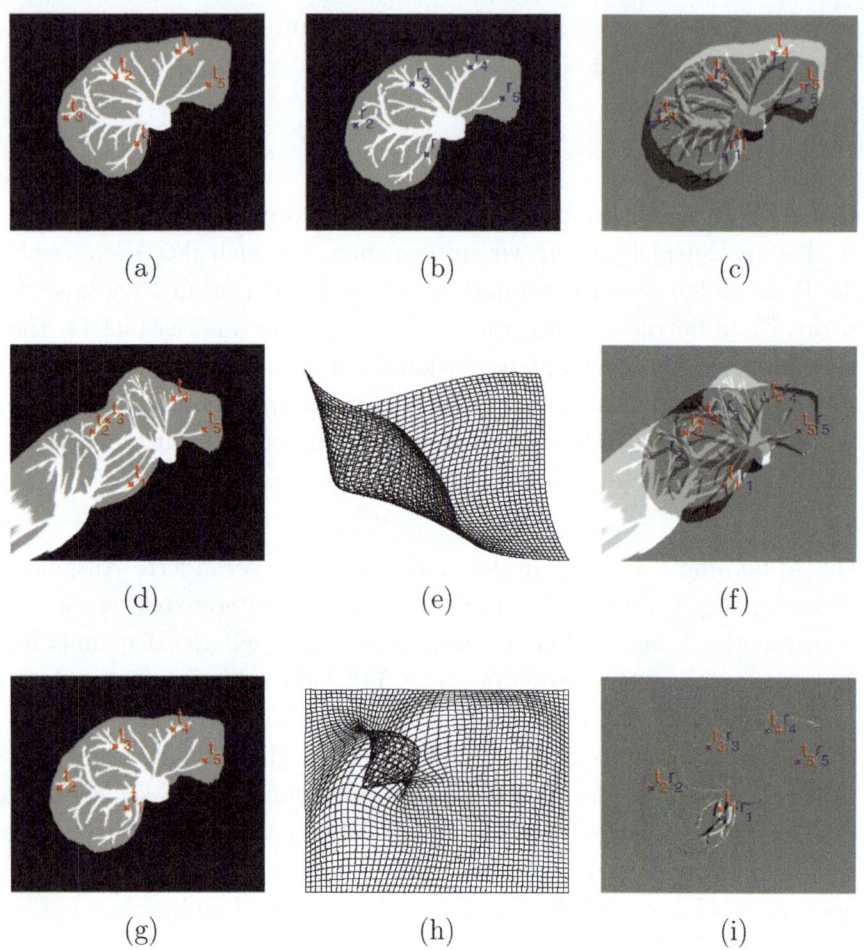

Abbildung 6.17: Vertauschte Landmarken t_3 und t_3. In der ersten Zeile sehen wir die Ausgangssituation mit Templatebild (a), Referenzbild (b) und Differenzbild (c) sowie den vertauschten Landmarken. In Zeile zwei sehen wir das Ergebnis der Registrierung nach Verwendung der TPS sowie in Zeile drei das Ergebnis des hybriden Ansatzes. Zu sehen sind jeweils das deformierte Templatebild, das Deformationsgitter sowie das Differenzbild.

6.1. Landmarken

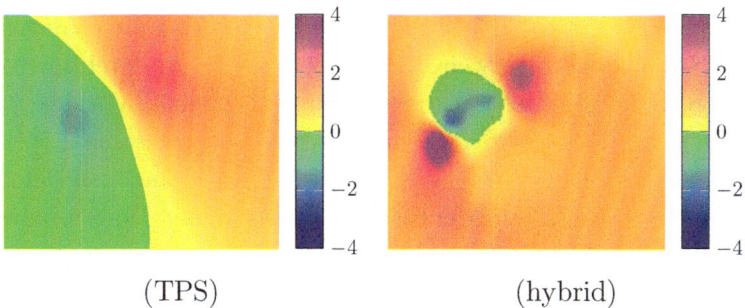

(TPS) (hybrid)

Abbildung 6.18: Darstellung der Determinante der Jakobischen der Gitter. Links das Resultat für TPS und rechts für den hybriden Ansatz.

Als zweites Beispiel wollen wir an dieser Stelle noch betrachten, wie sich eine Fehlplatzierung einer Landmarke zum Beispiel auf einer falschen Gefäßverzweigung auswirkt. Auch dieses Szenario ist im intra-operativen Kontext in der gebotenen Eile durchaus denkbar und wir wollen herausfinden, ob wir ähnlich wie bei den vertauschten Landmarken in der Lage sind ein Maß dafür anzugeben, ob eine Landmarke fehlerhaft platziert wurde oder nicht.

Beispiel 49 (Stark fehlerhaft platzierte Landmarke)
Wir betrachten erneut die bereits bekannten Daten, jedoch mit dem Unterschied, dass die Landmarke t_1 bewusst auf einer falschen Gefäß-Verzweigung platziert wird. Die Abbildung 6.19 zeigt in der ersten Zeile die Ausgangslage mit der fehlerhaft platzierten Landmarke t_1 sowie 4 korrekt platzierten Landmarken, das zugehörige Referenzbild samt Landmarken und das Differenzbild. In Zeile zwei sehen wir das Ergebnis nach TPS-Registrierung, im Differenzbild rechts, stellen wir fest, dass die Registrierung der Datensätze nicht erfolgreich war. Betrachten wir allerdings das Deformationsgitter, so stellen wir keinerlei Probleme im Sinne von Faltungen oder zu großen Volumenänderungen fest. Anders als im vorherigen Fall, in dem zwei Landmarken ver-

tauscht wurden, können wir in diesem Fall nicht das Deformationsgitter des TPS-Ergebnisses verwenden, um den Fehler zu detektieren. Zeile drei zeigt die Ergebnisse nach Registrierung mit dem hybriden Ansatz. Wir sehen im Ergebnis sowie im Differenzbild, dass die Region um Landmarke t_1 fehlerhaft ist. Weiterhin können wir auch im Deformationsgitter erneut Faltungen entdecken. Der Plot der Determinante der Jakobischen ist ebenfalls auffällig.

Im nachfolgenden Beispiel wurde die Landmarke r_1 im Referenzbild fehlerhaft gesetzt. Abbildung 6.21 zeigt die Ergebnisse. Auch hier sehen wir im Ergebnis der TPS keinerlei Auffälligkeiten im Deformationsgitter. Zwar ist das Gitter für den hybriden Ansatz auch nicht sehr glatt, dennoch treten hier keine Faltungen auf, die wir als objektives Kriterium für problematisch gesetzte Landmarken hinzuziehen können.

Zusammenfassend wollen wir die folgende Überlegung festhalten: Je dichter, die fehlerhafte Landmarke in der Nähe einer weiteren Landmarke platziert ist, desto wahrscheinlicher kann eine fehlerhafte Platzierung detektiert werden. Die fehlerhafte Platzierung wird dann wahrscheinlicher in einer großen Deformation des Deformationsfeldes resultieren, möglicherweise sogar Faltungen verursachen, und ist somit detektierbar.

Je mehr Landmarken also zur Verfügung stehen, desto eher kann ein Fehler auffallen.

In diesem Abschnitt haben wir Methoden kennengelernt, die uns helfen Landmarken als Nebenbedingung in unsere Registrierungsprobleme einzubeziehen. Neben einem Überblick über bereits existierende und aus der Literatur gut bekannte Verfahren haben wir zwei Erweiterungen kennengelernt: isotrope und anisotrope Toleranzbereiche. Später werden wir diese vorgestellten Verfahren verwenden, um CT und 3D-Ultraschalldaten einer Leberintervention zu registrieren.

6.1. Beschleunigung und Steigerung der Robustheit 187

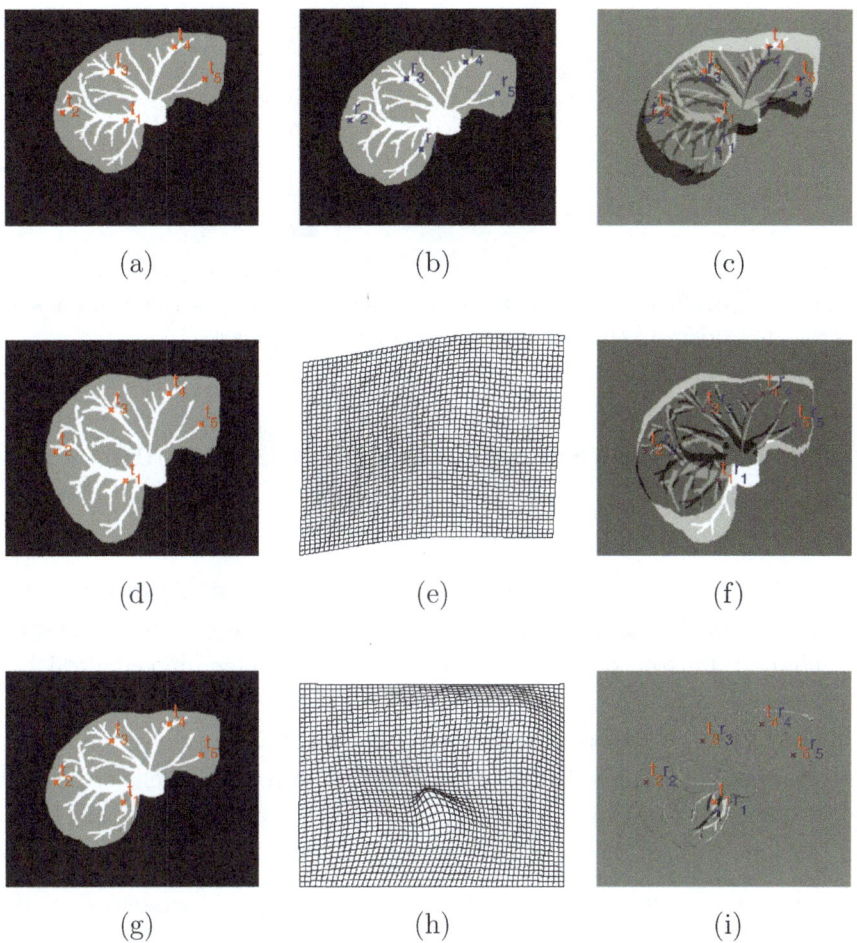

Abbildung 6.19: Ergebnisse für die fehlerhafte Landmarke t_1. In der ersten Zeile sehen wir die Ausgangssituation mit Templatebild (a), Referenzbild (b) und Differenzbild (c) sowie den vertauschten Landmarken. In Zeile zwei sehen wir das Ergebnis der Registrierung nach Verwendung der TPS sowie in Zeile drei das Ergebnis des hybriden Ansatzes. Zu sehen sind jeweils das deformierte Templatebild, das Deformationsgitter sowie das Differenzbild.

188 Kapitel 6. Spezialisierte Registrierungsansätze

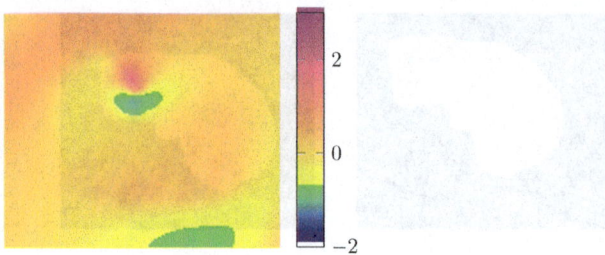

Abbildung 6.20: Darstellung der Jakobi-Determinante des Deformationsgitters, des hybriden Ansatzes, für die verschobene Landmarke t_1.

6.2 Mechanismen zur Beschleunigung und Steigerung der Robustheit

Damit die in den vorherigen Abschnitten vorgestellten Algorithmen und Methoden zur Navigation während einer Leberchirurgie verwendet werden können, müssen diese, neben Robustheit und Genauigkeit natürlich auch gewisse Anforderungen an ihre Geschwindigkeit erfüllen. Zur Beschleunigung von Algorithmen existieren eine Reihe verschiedener softwaretechnischer Möglichkeiten, zum Beispiel durch Parallelisierung von Code und/oder Implementierungen auf Grafikkarten. Diesen Ansatz wollen wir im Rahmen dieser Arbeit nicht verfolgen.

Wir wollen hier an anderer Stelle optimieren. Da wir wissen, dass die Laufzeit der Algorithmen abhängt von der Größe der zu registrierenden Daten, werden wir Methoden zur geschickten Reduktion der Datenmengen einführen. Dazu nutzen wir unser Wissen über die Art und Struktur der Daten aus, die wir registrieren wollen.Wir betrachten zum Beispiel Gefäßbäume oder eine Reihe sequenziell aufgenommener Ultraschallschichten.

Ein weiterer Aspekt, den wir im zweiten Teil dieses Abschnitts anschauen wollen ist der folgende: Der Chirurg ist im intra-operativen Kontext selten an einem komplett deformierten Planungsdatensatz interessiert,

6.2. Beschleunigung und Steigerung der Robustheit

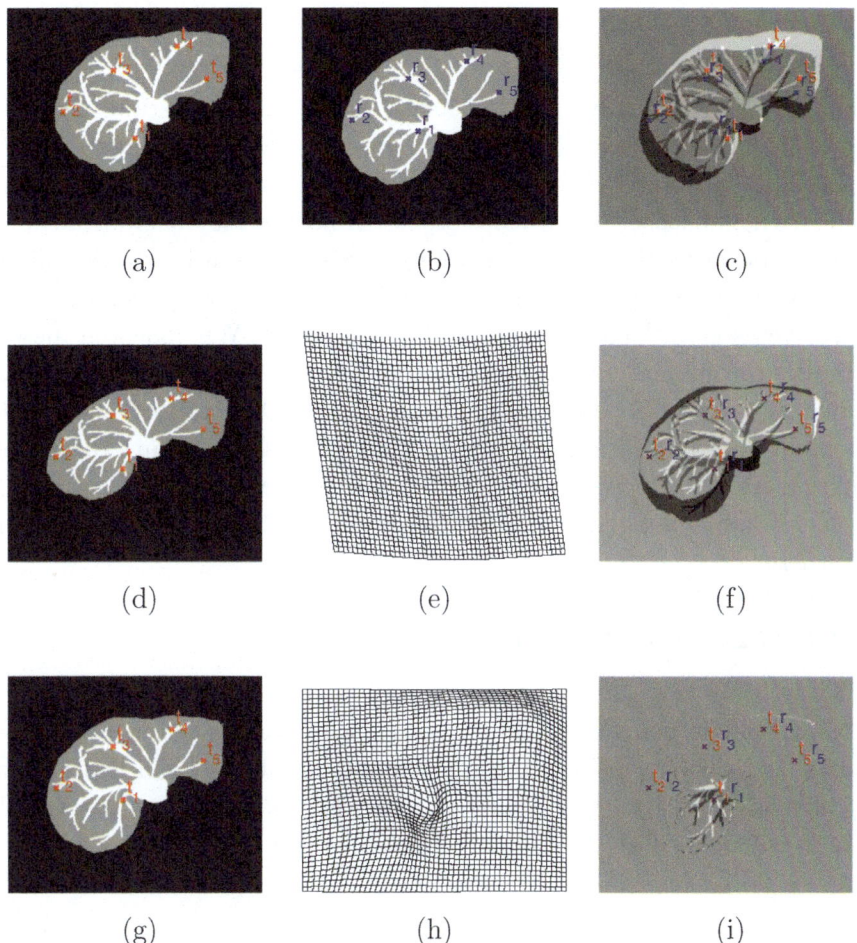

Abbildung 6.21: In der ersten Zeile sehen wir die Ausgangssituation mit Templatebild (a), Referenzbild (b) und Differenzbild (c) sowie der fehlerhaft gesetzten Landmarke. In Zeile zwei sehen wir das Ergebnis der Registrierung nach Verwendung der TPS sowie in Zeile drei das Ergebnis des hybriden Ansatzes. Zu sehen sind jeweils das deformierte Templatebild, das Deformationsgitter sowie das Differenzbild.

sondern hauptsächlich nur an einem kleinen Bereich, einer *Region-of-Interest* (ROI).

Zunächst betrachten wir jedoch einen Ansatz zur Steigerung der Robustheit der Registrierungsverfahren. Hier reduzieren wir nicht die Datenmengen, sondern beschränken den Informationsgehalt der Daten. So bilden wir zunächst wesentliche, große Strukturen aufeinander ab und fügen dann in jedem Schritt immer feinere Strukturen hinzu. Auf diese Weise verhindern wir es, in lokale Minima zu laufen, was bei den betrachteten, verästelten Gefäßbäumen leicht möglich ist. Wir möchten diesen Ansatz in Kombination mit dem bereits vorgestellten Multilevel-Ansatz verwenden, welcher neben einer Reduktion der Datenmenge natürlich ebenfalls eine Reduktion des Informationsgehalts vornimmt. Diese Reduktion erfolgt jedoch sehr unspezifisch durch eine Bildglättung. Im Falle der Gefäßbaumregistrierung können wir die Informationen sinnvoller reduzieren.

6.2.1 Multiskalenansatz

Wichtig für die zu unterstützenden Leberresektionen sind die Gefäßinformationen der Leber. Aus den CT-Planungsdaten liegen die Gefäßbäume als Segmentierungen vor und in den Ultraschall-Daten sind sie ebenfalls sichtbar. Wir wollen an dieser Stelle einen Ansatz betrachten, der ausschließlich die Gefäßinformationen zur Registrierung verwendet.

Die erste Technik, die wir uns in diesem Zusammenhang anschauen, ist ein Multiskalenansatz. Dieser Ansatz wurde am Beispiel von Lebergefäßbäumen von Heldmann und Papenberg in [Heldmann & Papenberg, 2009a] vorgeschlagen.

Versuchen wir das Registrierungsproblem in Abbildung 6.22 im Kopf zu lösen, dann werden wir zunächst markante Punkte und Strukturen heraussuchen und diese in Übereinstimmung bringen. Im nächsten Schritt passen wir dann weitere Strukturen an und so weiter. Diese Idee soll hier algorithmisch in einem Registrierungsverfahren umgesetzt werden.

6.2. Beschleunigung und Steigerung der Robustheit

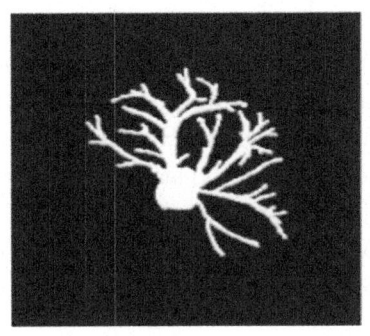 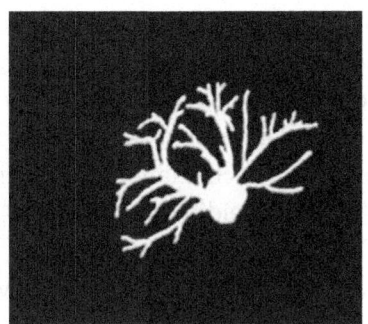

Referenz   Template

Abbildung 6.22: Beispiel zur Gefäßbaum-Registrierung.

Wir betrachten zunächst die generelle Idee, die sich hinter Multiskalenansätzen verbirgt. Im Gegensatz zum bereits beschriebenen Multilevel-Ansatz wird beim Multiskalenansatz keine Veränderung der diskreten Bildauflösung vorgenommen. Wir müssen uns bei einem reinen Multiskalenansatz keine Gedanken um Restriktions- oder Prolongationsvorgänge machen.

Durch die einzelnen Skalenräume wird eine Folge von Bildern erzeugt, bei denen der Informationsgehalt der Daten kontinuierlich reduziert wird. Wie schon vom Multilevelansatz bekannt, verwenden auch Multiskalenansätze zuerst eine Skala, die eine starke Reduktion der Bildinformationen enthält. Die Lösung dieses Teilproblems dient dann als Startwert für den nachfolgenden Registrierungsschritt auf einer feineren Skala. Diese Vorgehensweise wird solange wiederholt, bis die gewünschte Skala erreicht ist. In der Literatur findet man zu Multiskalenansätzen in der Bildregistrierung häufig die wiederholte Anwendung eines Gauss-Filters, der sukzessive Detailinformationen aus den Daten ausblendet [Lindeberg, 1994]. Wir stellen hier einen Ansatz vor, der sich aus der gegebenen Problemstellung ableiten lässt.

Die generelle Idee hinter diesem Verfahren ist, dass zentrale Gefäße einen größeren Radius als kleine, periphere Gefäße haben. Um die Skalen zu erzeugen, verwenden wir morphologische Filter. Eine Übersicht über morphologische Filter findet sich in [Jähne, 2001]. Mithilfe eines *Openings*, also der sequenziellen Anwendung einer Erosion und dann einer Dilatation auf die Daten mit sukzessive größer werdenden Strukturelementen, verschwinden nacheinander die kleineren Gefäße. Das Strukturelement wird für das zweidimensionale Beispiel als Kreis und für dreidimensionale Daten als Kugel gewählt. Die Wahl des Radius r und der Anzahl der Skalen ist abhängig von der jeweiligen Problemstellung und erfolgt heuristisch.

Wir betrachten den Referenzdatensatz aus Abbildung 6.22. In der ersten Zeile von Abbildung 6.23 sehen wir verschiedene Skalenansichten des Gefäßbaumes. Die unterschiedlichen Skalen wurden durch sukzessive Anwendung des morphologischen Filters, mit einer größer werdenden Kreisscheibe als Struktur-Element erzielt. Zusätzlich zur Anwendung des morphologischen Filters wurden nach jedem Schritt sehr kleine, alleinstehende Objekte entfernt.

Wir haben in den vergangenen Abschnitten bereits die Vorzüge von Multilevel-Algorithmen kennengelernt. Hier verknüpfen wir beide Ideen und betrachten die verschiedenen Skalen auf unterschiedlichen Levels. Diese sind in der Abbildung 6.23 zu sehen. Jede Zeile beschreibt ein Level der jeweiligen Skala. Die Strategie zur Registrierung der vorgestellten Skalen und Levels kann unterschiedlich gewählt werden. Wir schlagen für das vorliegende Beispiel in Anlehnung an das zitierte Paper vor, den grau markierten Pfad auf der Diagonalen zu verwenden. Also neben der Skala auch jedes Mal das Level zu erhöhen.

Prinzipiell haben wir zur Reduktion der Informationen auf den unterschiedlichen Skalen verschiedene Möglichkeiten. Für das künstliche zweidimensionale Beispiel haben wir einen morphologischen Ansatz gewählt. So werden wir auch mit den intra-operativ erzeugten Daten verfahren. In den von uns betrachteten Planungsdaten liegen jedoch die segmentierten Gefäßbäume als XML-Datenstruktur vor. In der Datenstruktur sind Durchmesser und Position eines Gefäßteils gespeichert. Anstatt eines morphologischen Filters kann man auch diese Informationen direkt

6.2. Beschleunigung und Steigerung der Robustheit

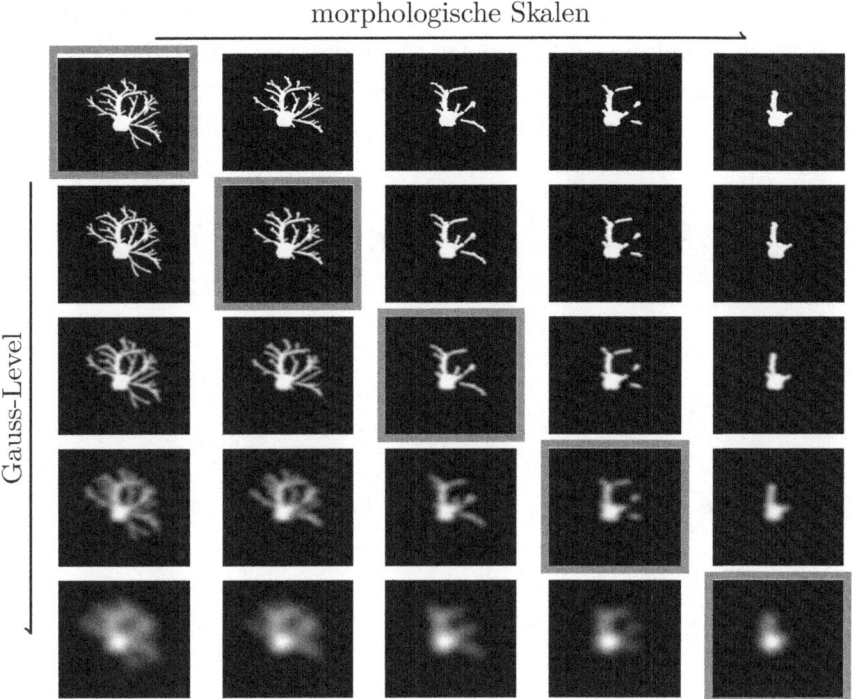

Abbildung 6.23: Multiskalen-Multilevel-Ansicht der segmentierten Gefäßbäume. In grau markiert sind die Konfigurationen aus Level und Skala, die wir zur Bestimmung einer Lösung des Registrierungsproblems vorschlagen.

verwenden, um dünne Gefäße nacheinander auszublenden. Ein Beispiel dazu ist in Abbildung 6.24 gezeigt. Abbildung (a) zeigt das aus einem CT-Datensatz segmentierte, portalvenöse Lebergefäßsystem. In den Abbildungen (b) - (i) sind sukzessive die kleineren Gefäße ausgeblendet.

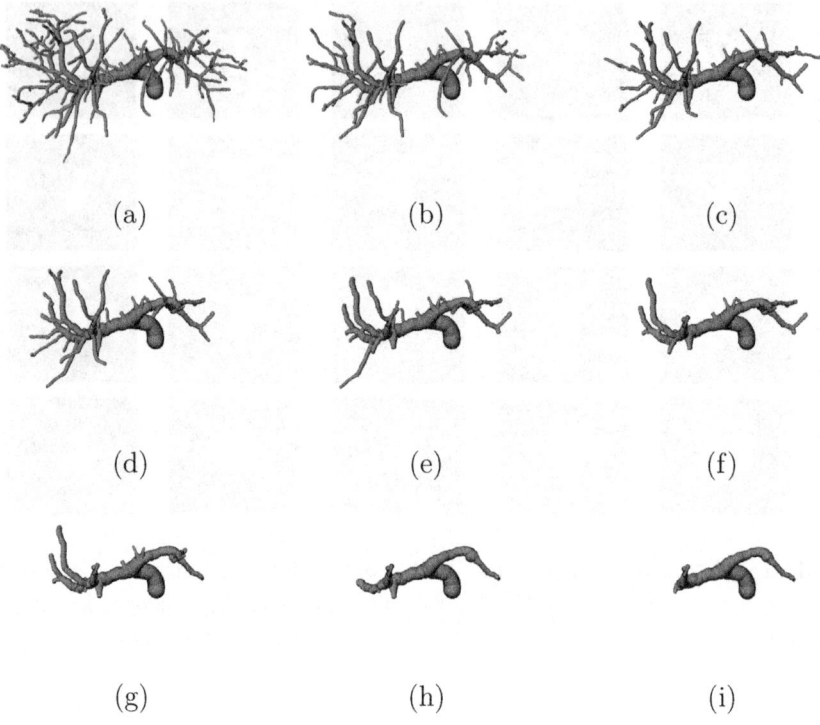

Abbildung 6.24: Verschiedene Skalen der Segmentierung eines portalvenösen Systems.

Heldmann und Papenberg haben in [Heldmann & Papenberg, 2009a] in einem ausführlichen Beispiel die erfolgreiche Anwendbarkeit der Strategie für die Gefäßbaumregistrierung gezeigt, weshalb wir an dieser Stelle darauf verzichten.

Wann immer ein Registrierungsproblem vorliegt, bei dem es darum geht, segmentierte Gefäßsysteme aufeinander zu registrieren ist es sinnvoll, die-

6.2. Beschleunigung und Steigerung der Robustheit 195

se Multilevel-Multiskalen-Strategie anzuwenden. Es werden so zunächst nur die großen Gefäße aufeinander registriert und dann sukzessive die kleineren Gefäße hinzugenommen. So wird die Wahrscheinlichkeit kleiner, dass der Algorithmus durch die vielen Gefäßstrukturen abgelenkt in ein lokales Minimum läuft. Da in unseren Anwendungsfällen stets Gefäßbäume registriert werden, wenden wir die Strategie dort an.

6.2.2 Fokussierung

Ein weiterer Baustein zur Beschleunigung der Registrierungsverfahren auf methodischem Weg soll hier mit einer Fokussierungsstrategie vorgestellt werden.
Die Idee der fokussierten Registrierung wurde im Jahr 2008 von Papenberg et. al. [Papenberg et al., 2008b] beschrieben. Die Abbildung 6.25 gibt einen Überblick über das Verfahren. Die Ausgangssituation wird in der ersten Zeile beschrieben. Links sehen wir das Template und ganz rechts die Differenz aus Template und Referenz. Im Template ist durch ein rotes Rechteck eine Region of Interest (ROI) markiert in welcher wir an einer genauen Registrierungslösung interessiert sind. Abbildung (b) zeigt die Ausgangssituation der Deformationsgitter. Neben dem blauen Gitter ($\mathbf{x}^{\text{voll}}$) auf der kompletten Region wollen wir in einem zweiten *Fokussierungsschritt* das rote, zur ROI passende Gitter ($\mathbf{x}^{\text{ROI}}$) weiter deformieren.
Die zweite Zeile der Abbildung zeigt das Registrierungsergebnis, welches mithilfe des blauen Gitters erzielt wird, wie in Abbildung (e) zu sehen. Abbildung (d) zeigt das Differenzbild zwischen den kompletten Datensätzen, während in Abbildung (f) die Differenz in der ROI gezeigt ist.
Im nun folgenden Fokussierungsschritt bestimmen wir eine Lösung in der ROI mithilfe des roten Gitters. Die Anzahl der Gitterpunkte des roten Gitters entspricht der Anzahl der Gitterpunkte auf dem blauen Gitter. Die nun bestimmte Deformation ist in der ROI also deutlich feiner aufgelöst.
Die letzte Zeile zeigt links die Differenz auf dem kompletten Bild. Die Auflösung außerhalb der ROI wurde ebenfalls angepasst. In Abbildung

(i) sehen wir die Differenz in der ROI. In Abbildung (h) sehen wir in Rot das Startgitter und in Schwarz das Gitter nach der fokussierten Registrierung. An dieser Stelle wäre es nun möglich in der ROI eine weitere, kleinere ROI zu identifizieren, um so ein noch detaillierteres Ergebnis in einer wieder feineren Region zu erhalten. Am Ende des Verfahrens steht dann ein sehr genaues Registrierungsergebnis innerhalb der ROI, während der Rest der Daten näherungsweise registriert wurde.

Man könnte sich fragen, warum man diese Fokussierungsstrategie durchführt, wenn es doch eigentlich genügen würde die interessante Region aus den Datensätzen auszuschneiden und ohne die Strategie zu registrieren. Hier liegt ein großer Vorteil des Verfahrens. Während man zum Ausschneiden der passenden Regionen die Regionen sowohl im Template als auch im Referenzbild kennen muss, genügt es hier die Region in einem der beiden Bilder zu kennen. Durch den ersten Schritt der groben Registrierung auf den kompletten Daten erhält man so die Zuordnung in der ROI.

Angelehnt an die bereits vorgestellten Multilevel-/Multi-Skalenstrategien ist auch hier die Idee zunächst ein näherungsweises Ergebnis zu erzeugen, welches in den folgenden Schritten weiter verfeinert wird. Damit das Ergebnis eines fokussierten Schrittes in das komplette Datenvolumen eingebettet werden kann, werden bei Berechnung des fokussierten Ergebnisses Nullrandbedingungen angenommen. Das führt dazu, dass wir am Rand der Fokusregion keine Deformationen erhalten. So können wir das Ergebnis auf einfache Weise durch einen Interpolationsschritt ins volle Volumen *einsetzen*.

Der Algorithmus 6.26 zeigt schematisch den Ablauf für die fokussierte Registrierung. Die Registrierung erfolgt mit einem beliebigen Registrierungsverfahren, mit Startwert $\mathbf{x}_{start}^{voll}$ gemeint. Hier kann jedes der Verfahren aus Abschnitt 5 verwendet werden.

Die Gitterinterpolation realisiert die Interpolation der Gitterkomponenten von $\mathbf{x}^{voll}$ des Gebiets Ω^{voll} auf dem feineren Gitter $\mathbf{x}^{ROI}$.

6.2. Beschleunigung und Steigerung der Robustheit

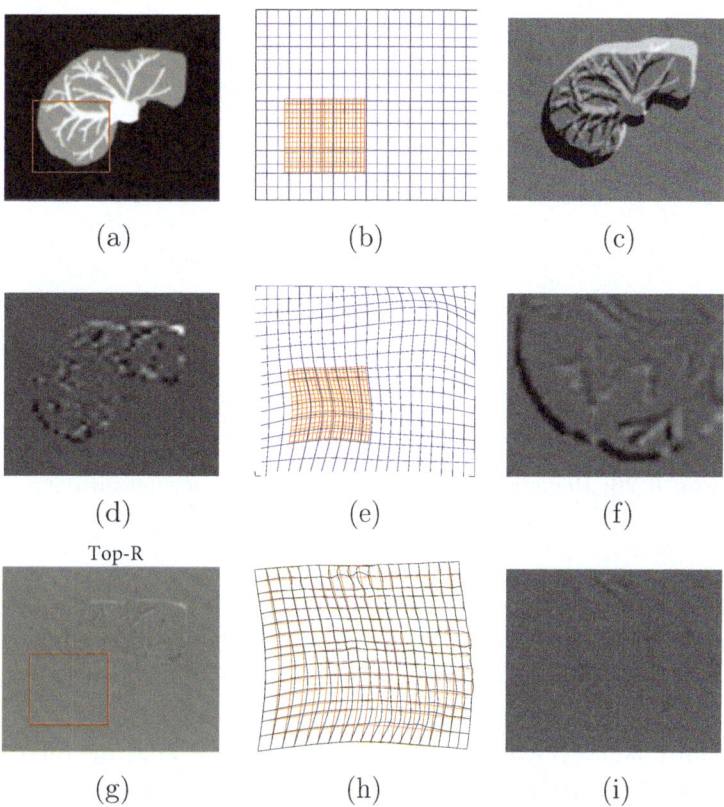

Abbildung 6.25: In Abbildung (a) ist das Referenzbild mit den beiden unterschiedlichen Regionen Ω^{voll} (komplettes Bild) und Ω^{ROI} (rot) zu sehen. Abbildung (b) zeigt die korrespondierenden Gitter $\mathbf{x}^{\text{voll}}$ und $\mathbf{x}^{\text{ROI}}$ (die Gitter sind zur Visualisierung stark ausgedünnt). In Abbildung (c) sehen wir das initiale Differenzbild. Abbildung (d) zeigt die Differenz des deformierten Templates und der Referenz in der Auflösung 40×42. Abbildung (e) zeigt in Blau das deformierte Gitter zum Ergebnis. In Rot dargestellt ist das Gitter im Fokusbereich. Abbildung (f) zeigt die Differenz zwischen Template und Referenz im Fokusbereich. In Abbildung (g) sehen wir das zusammengesetzte Ergebnisbild auf der vollen Bildauflösung. Die Abbildung (h) zeigt sowohl das anfängliche (rot) als auch das finale Deformationsgitter im Fokusbereich und Abbildung (i) zeigt den vergrößerten Bildausschnitt der Distanz des Fokusbereichs.

198　　　　　Kapitel 6.　Spezialisierte Registrierungsansätze

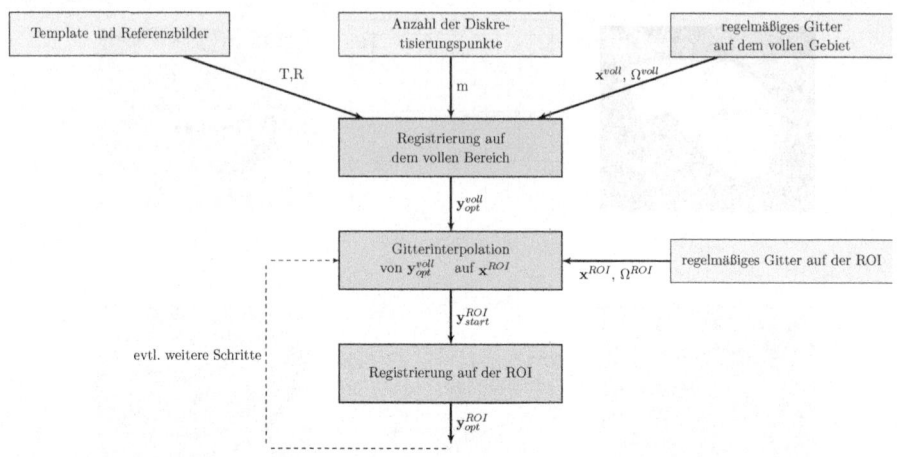

Abbildung 6.26: Registrierungsstrategie zur Registrierung im Fokus.

Wir betrachten erneut das Beispiel aus Abbildung 6.25. Hier sehen wir Ergebnisse der Fokussierungsidee bei Anwendung auf die bekannten Testdaten. Als Regularisierer verwenden wir den Curvature-Regularisierer mit $\alpha_0 = 1 \times 10^7$ auf dem Registrierungsproblem mit Ω^{voll} und $\alpha_1 = 1 \times 10^3$ im Fokusbereich. Die Werte für α_0 und α_1 sind für diesen Testfall heuristisch bestimmt. Die Reduktion der Datenpunkte auf nur noch einen Bruchteil der ursprünglichen Anzahl bringt zusätzlich eine signifikante Beschleunigung des Algorithmus mit sich.

Im Bereich der navigierten Leberchirurgie ist eine mögliche Anwendung sofort durch die folgende Problemstellung gegeben: Während der navigierten Intervention ist der Chirurg meist nicht an der Anpassung der kompletten Leber an die aktuelle Situation interessiert, sondern an den Regionen, die für seinen nächsten geplanten Schnitt wichtig sind. Diese Schnitte sind typischerweise entlang der geplanten Schnittflächen aus dem Planungs-CT zu erwarten. Die geplanten Schnittflächen sind ebenfalls Teil der Planungsdaten. In diesem Fall kann das Registrierungsproblem in seiner Komplexität reduziert werden und anstatt des gesamten Lebervolumens wird dann nur das fokussierte Ergebnis für die interessan-

te Region bestimmt. Wird dieses Ergebnis mit Nullrandbedingungen bestimmt, dann können wir es dank des verwendeten Ansatzes problemlos in den vorherigen Kontext einbetten und dem Chirurgen das fokussierte Ergebnis im Kontext der gesamten Leber präsentieren.
Als Ausblick sei hier eine zum Beispiel farbliche Codierung des Ergebnisses genannt, welche dem Chirurgen intra-operativ ein Feedback darüber gibt, wie exakt die gezeigten Daten registriert wurden. In [Olesch et al., 2011] haben wir dieses Verfahren erstmalig angewendet auf Problemstellungen aus dem Kontext der navigierten Leberchirurgie. Im Kapitel 7 werden wir ebenfalls einige Problemstellungen mit dem fokussierten Ansatz bearbeiten.

6.3 2D-3D-Registrierung

Der Spezialfall, der in diesem Kapitel beschrieben wird, behandelt das Problem der 2D-3D-Registrierung (auch: Volume-to-Slice).

Die Problemstellung ergibt sich aus der Datenlage in der navigierten Chirurgie. Gegeben sind aufbereitete, dreidimensionale Planungsdaten, beispielsweise aus einem CT-Scan. Intra-operativ werden zusätzlich zweidimensionale Ultraschall-Schichten akquiriert. Das 3D-Volumen wurde prä-operativ aufgenommen und spiegelt somit nicht die korrekte Situation in situ wieder. Mithilfe der 2D-Schichten soll das 3D-CT-Volumen an die aktuell vorliegende Situation des Organs angepasst werden. Die Beschreibung des Organs während der Intervention ist jedoch unvollständig, da nur auf den vorliegenden Ultraschall-Schichten Informationen gegeben sind.

Die Abbildung 6.27 zeigt eine Visualisierung der Planungsdaten mit einigen intra-operativ aufgenommenen Ultraschall-Daten. Zusätzlich sind rechts auch die Ultraschalldaten separat zu sehen.

Herkömmliche, aus der Literatur bekannte Ansätze für diese Problemstellung rekonstruieren aus den 2D Schichten ein 3D-Volumen (Compounding) [Barry et al., 1997, Coupé et al., 2005]. Problematisch am Compounding von Ultraschallschichten ist jedoch, dass durch Inter- und

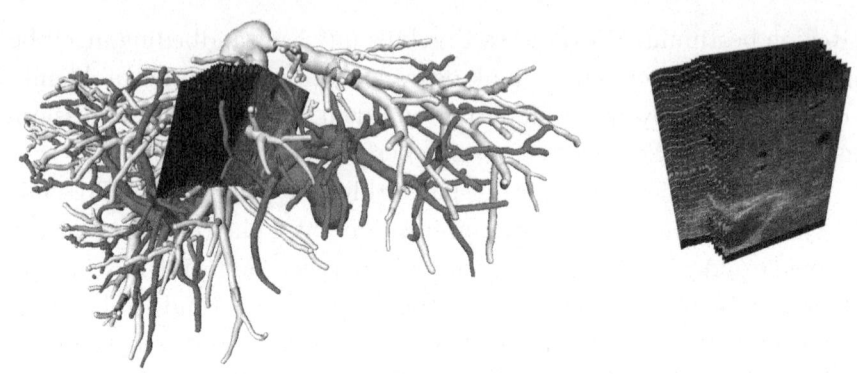

Abbildung 6.27: Neben den dreidimensionalen Planungsdaten sind links einige der intra-operativ aufgenommenen Ultraschallschichten zu sehen. Auf der rechten Seite sehen wir die aufgenommenen Ultraschallschichten separat.

Extrapolation Informationen *erfunden* werden müssen, da die zweidimensionalen Schichten nur einen Teil des Raumes abdecken.

Die Idee hinter der hier vorgestellten Volume-to-Slice Registrierung ist nun, dass nur die Informationen auf den 2D-Schichten verwendet werden, um das Volumen so zu deformieren, dass es die aktuelle Situation beschreibt [Heldmann & Papenberg, 2009b]. Dieses Vorgehen hat zwei Vorteile: Zum einen benötigen wir keinen aufwendigen Compounding-Prozess und zum anderen können wir Strategien entwickeln, die möglicherweise mit deutlich weniger Ultraschall-Schichten auskommen, um ein Registrierungsergebnis zu bestimmen.

In diesem Abschnitt soll nun das 2D-3D-Verfahren vorgestellt werden.

Die Anwendung der Volume-to-Slice Ideen ist vielfältig möglich. Zum einen können sie klassischerweise Anwendung finden bei Registrierungsproblemen im Rahmen von Ultraschall-Navigationssystemen. Wobei angemerkt werden soll, dass es unerheblich ist, ob es sich um 2D oder 3D Ultraschallsysteme handelt, da auch Schichten aus 3D Volumen separiert werden könnten, wenn sich leicht *gute* Schichten identifizieren lassen. Zum anderen gilt dies natürlich auch für klassische 3D-3D-

6.3. 2D-3D-Registrierung

Registrierungsprobleme in denen große Strukturen vorhanden sind, welche durch kleinere bekannte Abschnitte und hinreichende Glattheitsannahmen deformiert werden können. Der Vorteil an einem solchen Vorgehen ist wieder einmal der Geschwindigkeitsgewinn, der aus der Datenreduktion resultiert.

Im Kapitel 7 werden wir die von [Heldmann & Papenberg, 2009b] entwickelten Methoden an realen Datensätzen in Verbindung mit Fokussierungsideen anwenden. Diese Strategie wurde als Vorarbeit für diese Dissertation erstmals in [Olesch et al., 2011] mit Anwendung an klinischen Problemstellungen veröffentlicht. Zunächst betrachten wir die Methode zur 2D-3D-Registrierung.

6.3.1 Volume-to-Slice Registrierung

Anders als in den bisherigen Formulierungen von Registrierungsproblemen ist unsere Referenz nun kein 3D-Volumendatensatz, sondern eine Menge zweidimensionaler Schichten im Raum. Wir beschreiben sowohl Referenz als auch Template zunächst als Funktionen $\mathcal{T}$ und $\mathcal{R}$, wobei $\mathcal{T}, \mathcal{R} : \Omega \subset \mathbb{R}^3 \to \mathbb{R}$. Wie auch im herkömmlichen Registrierungsproblem suchen wir eine Transformation $y : \mathbb{R}^3 \to \mathbb{R}^3$, welche ein Zielfunktional

$$\mathcal{J}(y) = \mathcal{D}^{\text{slice}}(\mathcal{T}, \mathcal{R}; y) + \alpha \mathcal{S}(y)$$

minimiert. Es ist $\mathcal{D}^{\text{slice}}$ ein Distanzmaß, welches eine Differenz zwischen Template- und Referenzdaten misst, $\mathcal{S}$ der Regularisierer, der für ein hinreichend glattes Registrierungsergebnis sorgen soll und $\alpha \in \mathbb{R}^+$ der Regularisierungsparameter, der das Maß der Glattheit bestimmt. Wir betrachten nachfolgend den Volume-to-Slice Ansatz für das SSD-Distanzmaß. Für den Spezialfall der Volume-to-Slice Registrierung ist $\mathcal{D}^{\text{slice},\text{SSD}}$ gegeben als

$$\mathcal{D}^{\text{slice},\text{SSD}}(\mathcal{R}, \mathcal{T}; y) = \sum_{j=1}^{k} \int_{M_j} (\mathcal{T}(y(x)) - \mathcal{R}(x))^2 \, \mathrm{d}s(x)$$

mit dem zweidimensionalen Oberflächenintegral $\mathrm{d}s(x)$. Das Distanzmaß wird ausgewertet zwischen jeder der k 2D-Schichten M_j und der jeweils korrespondierenden Schicht aus dem 3D-Volumen.
Um die nötige Glattheit der Deformation zwischen den Ultraschall-Schichten zu erhalten ist ein Regularisierer von mindestens zweiter Ordnung erforderlich, wie von Heldmann und Papenberg in [Heldmann & Papenberg, 2009b] gezeigt. Der Regularisierer zweiter Ordnung, den wir im Rahmen dieser Arbeit kennengelernt haben ist der Curvature-Regularisierer [Fischer & Modersitzki, 2003b]

$$\mathcal{S}^{\mathrm{curv}}(y) = \sum_{\ell=1}^{3} \int_{\Omega} |\nabla y_\ell|^2 \mathrm{d}x.$$

Im Gegensatz zum Distanzmaß wird der Curvature-Regularisierer auf dem kompletten dreidimensionalen Deformationsfeld ausgewertet um die Deformation zwischen den Schichten zu kontrollieren.

In der Folge wollen wir nun betrachten, wie der Ansatz numerisch umgesetzt werden kann. Wie bereits aus den herkömmlichen Registrierungsproblemen bekannt, ist eine Deformation im Definitionsbereich $\Omega \subset \mathbb{R}^3$ gesucht. Die Ultraschallschichten sind jeweils auf Bereichen $\Omega^{US} \subset \mathbb{R}^2$ gegeben. Für jede der Ultraschallschichten existiert eine Transformationsmatrix $Q \in \mathbb{R}^{3 \times 2}$, welche die 2D-Schicht in den dreidimensionalen Raum abbildet. Diese Matrizen lassen sich direkt aus dem verwendeten Trackingsystem ablesen.

Im Abschnitt 3.3 haben wir diese Transformationen, bestehend aus Rotations- und Translations-Informationen bereits kennengelernt. Hier jedoch mit dem Unterschied, dass durch Q eine Abbildung vom 2D in den 3D-Raum beschrieben wird.

Die Deformation y wird über Ω auf einem nodalen Gitter diskretisiert. Die Anzahl der Gitterpunkte $\mathbf{m}$ kann hierbei beliebig gewählt werden. Das Template wird durch y deformiert und auf den entsprechenden Schichten, auf einem Cell-Centered Gitter im Distanzmaß ausgewertet. Das Cell-Centered-Gitter erlaubt den direkten Vergleich mit den auf

6.3. 2D-3D-Registrierung

demselben Gitter gegebenen Referenzdaten. Die Auswertung des Integrals des Distanzmaßes erfolgt dann über die Mittelpunktregel.

Das folgende Beispiel zeigt den Algorithmus an einem Beispieldatensatz.

Beispiel 50 (Volume-to-Slice Registrierung)
Die Daten, die wir in diesem Beispiel betrachten, sind extrahiert aus der Segmentierung eines CT-Scans der Lebervenen. Um die Darstellung zu vereinfachen, beschränken wir uns auf einen kleinen Teil des Gefäßsystems. In Abbildung 6.28 sehen wir links den Gefäßbaum, welcher als Referenz dienen soll. Weiterhin eingezeichnet sind sieben Schichten. Nur auf diesen Schichten ist der Datensatz dem Algorithmus bekannt.

Der Datensatz wurde künstlich nichtlinear deformiert um einen Templatedatensatz zu erzeugen. Wie auch in den bereits bekannten Beispielen mit künstlich deformierten Daten wurde darauf geachtet eine plausible und glatte Deformation zu erzeugen, welche möglichst kleine Volumenunterschiede erzeugt. Beide Gefäßbäume in der Ausgangsposition sind in Abbildung Abbildung 6.29 zu sehen.

Die Größe der Datensätze ist $178 \times 100 \times 87$ Voxel. Auf jeder der sieben Schichten gibt es 54×38 Pixel. Das Ergebnis für die vorliegenden Daten wurde zweistufig bestimmt. Zunächst durch eine rigide und nachfolgend durch eine nicht-lineare Registrierung mit dem Curvature-Regularisierer. Die Auflösung des Deformationsgitters ist $16 \times 16 \times 16$. Die Wahl von $\alpha = 1000$ erfolgte heuristisch. Die Schichten mit den Gefäßsegmentierungen werden mithilfe einer Distanztransformation vorverarbeitet. Dieser Vorverarbeitungsschritt wird durchgeführt, um breite Kanten in den Ultraschallbildern zu erzeugen. Führen wir diesen Schritt nicht durch, dann sind die Kanten nur sehr lokal um die Gefäßsegmentierungen herum zu finden. Das würde zu Schwierigkeiten bei der Registrierung führen, vgl. Abschnitt 5, Abbildung 5.8. Dank der Distanztransformation hat der Registrierungsalgorithmus nun auch

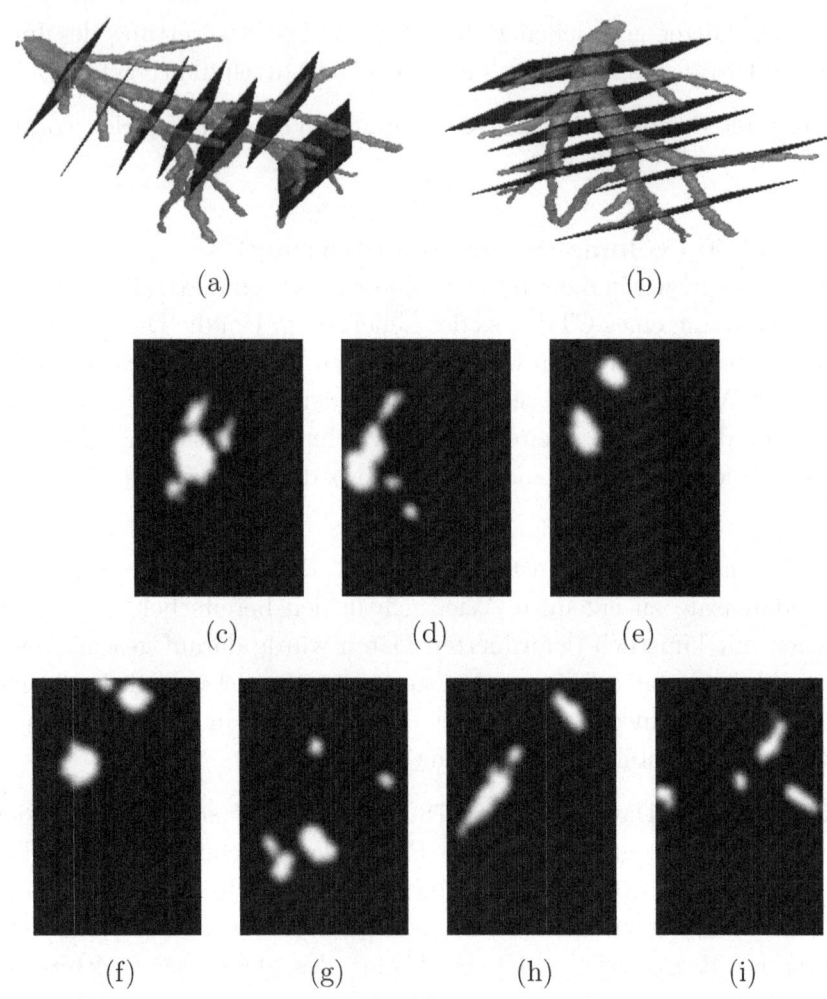

Abbildung 6.28: Abbildungen (a) und (b) zeigen zwei Ansichten des vollständigen Referenzdatensatzes zusammen mit den Schichten, an welchen die Daten dem Algorithmus bekannt sind. Die Abbildungen (c)-(i) zeigen die Informationen, die sich jeweils auf den Schichten befinden.

6.3. 2D-3D-Registrierung

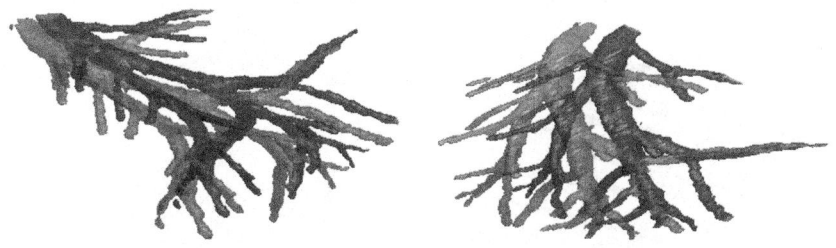

Abbildung 6.29: Ausgangssituation für die nicht-lineare Volume-to-Slice Registrierung. Gezeigt sind zwei Ansichten des Template- (dunkel) und Referenzdatensatzes (hell).

eine Chance eine *gute* Lösung zu finden, wenn die Gefäßbäume zu Beginn noch nicht überlappen.

Abbildung 6.30 zeigt die vorverarbeiteten Schichten.

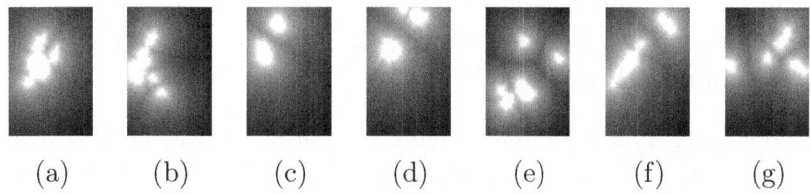

(a) (b) (c) (d) (e) (f) (g)

Abbildung 6.30: Die zur Registrierung verwendeten Schichten. Vorverarbeitet mit einer Distanztransformation.

Das Ergebniss für die Registrierung mit sieben Schichten ist in Abbildung 6.31 zu sehen. Die Grauwertdifferenz zwischen den Gefäßbäumen insgesamt wurde auf einen Wert von 20% des Startwertes reduziert. Wir sind also in der Lage ein zufriedenstellendes Registrierungsergebnis zu bestimmen, selbst wenn wir von einem der Datensätze nur sehr wenige Informationen auf einzelnen Schichten vorliegen haben.

206 Kapitel 6. Spezialisierte Registrierungsansätze

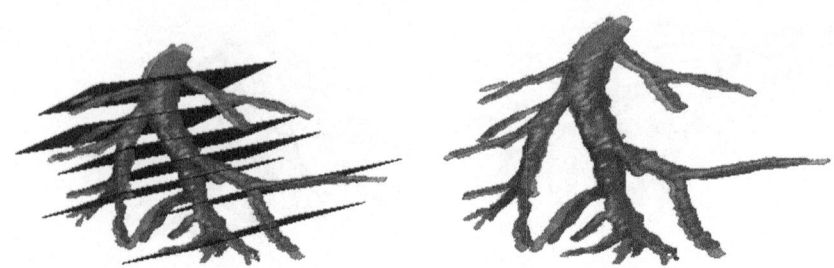

Abbildung 6.31: Ergebnisse der Volume-to-Slice Registrierung mit sieben Schichten.

Die Geschwindigkeit und die Qualität, mit der das 2D-3D-Registrierungsergebnis erlangt werden kann, hängt wesentlich von 2 Faktoren ab. Zum einen korreliert die Laufzeit des Verfahrens direkt mit der Anzahl der Schichten und zum anderen ist es wichtig, dass die Schichten möglichst homogen über das Gebiet verteilt sind. Für beide Ziele ist es wichtig eine geeignete Untermenge der gegebenen US-Sequenz zu bestimmen. Eine Untermenge ist dann geeignet, wenn sie gleichmäßig verteilte Schichten mit hohem Informationsgehalt enthält. Wein schlägt in [Wein et al., 2008] dazu das Maß der Entropie vor.

Die Abbildung 6.32 zeigt beispielhaft zwei unterschiedliche Ultraschallschichten mit den zugehörigen Entropien. Während die linke kaum Gefäße enthält und somit algorithmisch wenig interessant ist, enthält die rechte Schicht einige Gefäße und wäre demnach sehr interessant für den Algorithmus.

Da die Ultraschalldaten naturgemäß sehr viel Rauschen enthalten welches uns an dieser Stelle nicht interessiert, verarbeiten wir die Ultraschalldaten vor. Ein aus der Literatur bekannter und verbreitet genutzter Filter um das charakteristische Speckle-Rauschen zu entfernen ist der Sticks-Filter [Czerwinski et al., 1999]. Wir können in der Abbildung 6.32 beobachten, dass die Daten deutlich geglättet sind und dass das charakteristische Rauschen der Ultraschalldaten nicht mehr vorhanden ist.

6.3. 2D-3D-Registrierung

Wir bestimmen als Entropie-Werte auf den mit einem Sticks-Filter geglätteten Schichten oben 6.0104 und unten 7.0126. Je höher der Wert der Entropie desto größer der Informationsgehalt. In unserem Fall also: Desto mehr Gefäße sind in den Daten vorhanden.

Ein zweiter wichtiger Punkt ist, dass sich die Informationen nicht widersprechen dürfen. Dies kann in der Anwendung zum Beispiel passieren, wenn ein US-Schwenk in unterschiedlichen Richtungen mit unterschiedlichem Druck auf demselben Gebiet durchgeführt wird. Um diese Situation für den Algorithmus auszuschließen, werden Vor- und Zurückbewegungen, durch Analyse der Trackinginformationen zur Registrierung getrennt und unabhängig voneinander registriert.

Die so vorbearbeiteten und durch Entropie ausgewählten Ultraschallschichten werden in einem nächsten Schritt mit Hilfe von Threshold- und Regiongrowing-Verfahren segmentiert. So sind wir in der Lage die segmentierten Ultraschallschichten und die ebenfalls segmentierten CT-Daten mithilfe des SSD-Distanzmaßes zu vergleichen.

Im nun folgenden Beispiel wollen wir abschließend noch untersuchen, wieviele Ultraschallschichten mindestens nötig sind um ein zufriedenstellendes Ergebnis zu erzeugen.

Beispiel 51 (Einfluss der Anzahl der verwendeten Schichten)
Der Testfall, welchen wir betrachten wollen, ist identisch zum Fall in Beispiel 50. Wir testen hier eine Reihe unterschiedlicher Mengen von Schichten. Der Einfachheit halber verteilen wir diese möglichst homogen über den kompletten Datensatz. Die Abbildung 6.33 zeigt den Datensatz mit den maximal 60 möglichen Schichten und weiterhin mit 50, 40, 30, 20 oder 10 Schichten. In der Abbildung 6.34 sehen wir nun aufgetragen die entsprechenden Laufzeiten zur jeweils gewählten Anzahl an Schichten und weiterhin, als Gütekriterium für die Registrierung, die Reduktion des Distanzmaßes.

Wir beobachten, dass mit der Anzahl der verwendeten Schichten auch die Laufzeit ansteigt. Das beste Resultat erhalten wir mit 22.9463 %

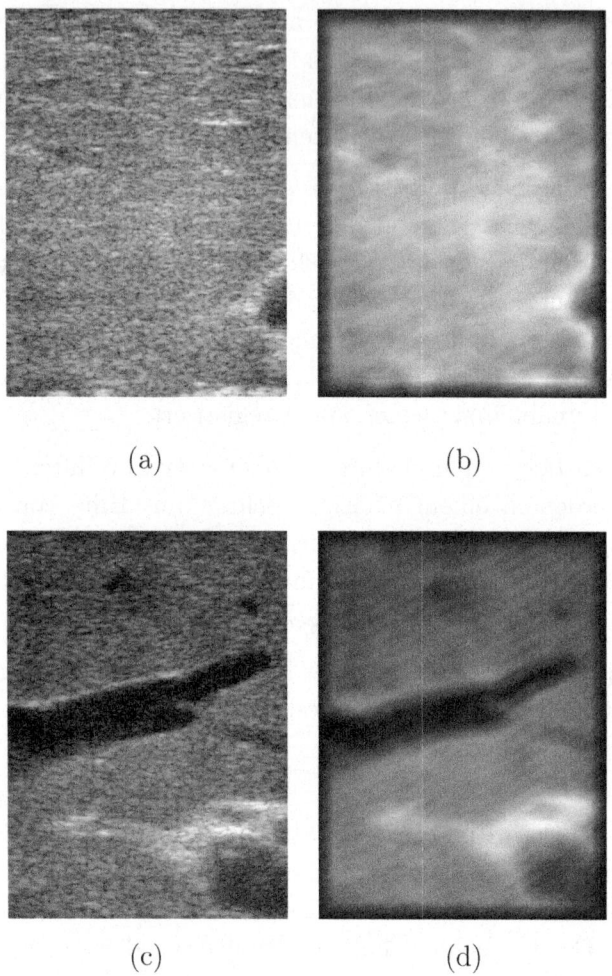

Abbildung 6.32: Die Abbildungen (a) und (c) zeigen jeweils eine Ultraschallschicht. In (b) und (d) sind die mit einem Sticks-Filter gefilterten Schichten gezeigt. Die jeweiligen Werte der Entropie sind 6.0104 für das Beispiel in der ersten Zeile und 7.0126 für das Beispiel in der zweiten Zeile.

6.3. 2D-3D-Registrierung

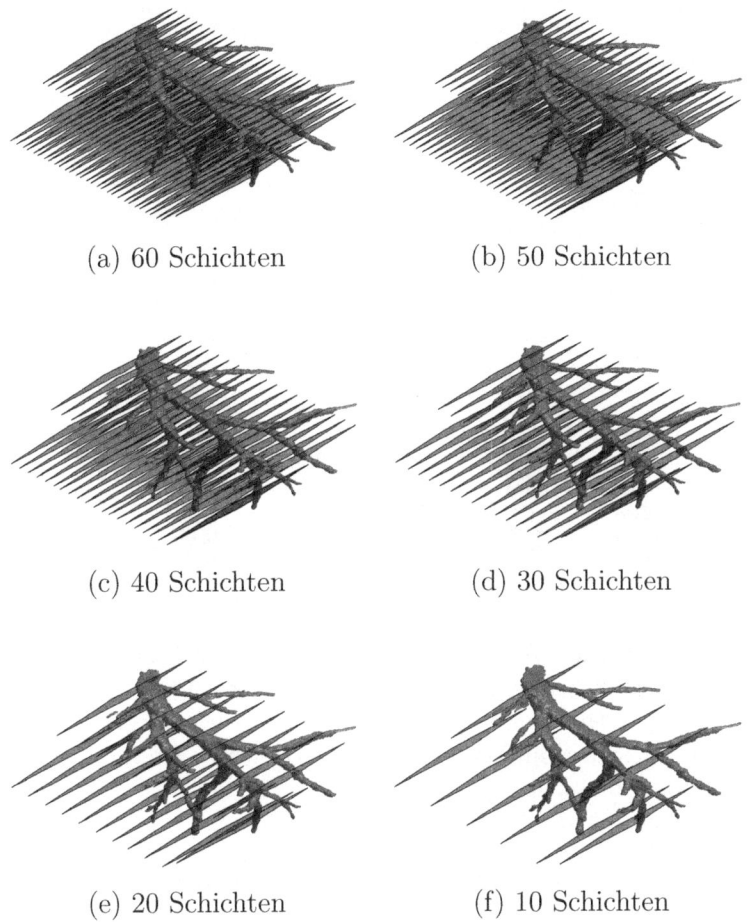

(a) 60 Schichten   (b) 50 Schichten

(c) 40 Schichten   (d) 30 Schichten

(e) 20 Schichten   (f) 10 Schichten

Abbildung 6.33: Zu sehen sind jeweils der Template-Datensatz mit den ausgewählten Schichten. In der ersten Zeile mit 60, 50, 40 und in der zweiten Zeile mit 30, 20 und 10 Schichten.

Kapitel 6. Spezialisierte Registrierungsansätze

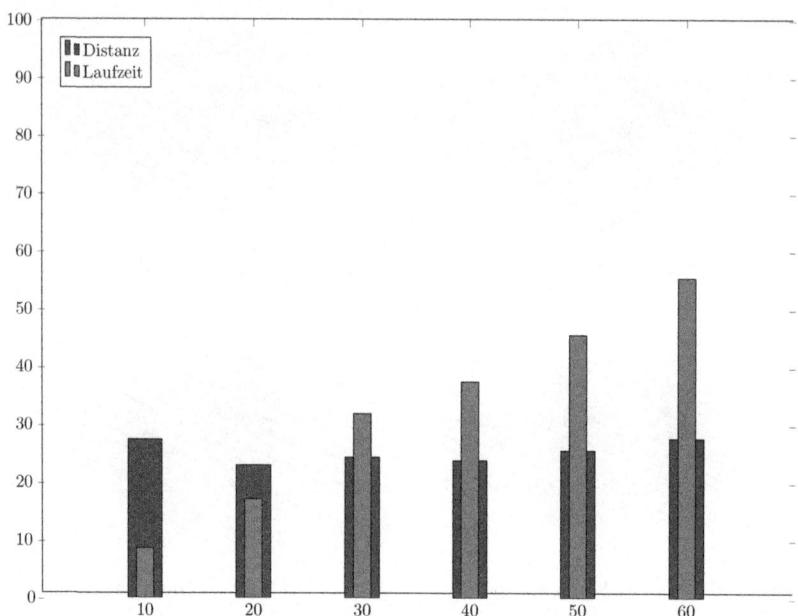

Abbildung 6.34: Die x-Achse zeigt die verschiedenen Anzahlen der Schichten, mit denen gerechnet wurde. Auf der y-Achse sind sowohl die Geschwindigkeit des Algorithmus (rigider und nicht-linearer Schritt), als auch der prozentuale Wert des Distanzmaßes im Vergleich zum Start, ausgewertet auf beiden kompletten Volumen zu sehen.

für 20 Schichten. Alle weiteren Ergebnisse befinden sich in einem vergleichbaren Bereich zwischen 25 und 30% Reduktion.

Wir halten zusammenfassend fest, dass das Registrierungsergebnis wesentlicher davon abhängt, dass wir *bedeutungsvolle* Schichten wählen, als dass wir sehr viele Schichten zur Verfügung haben. Im Kapitel 7.2 werden wir dieses auch im dort betrachteten Anwendungsfall berücksichtigen.

KAPITEL 7

Anwendungen in der navigierten Leberchirurgie

Inhalt

7.1 3D CT - 3D Ultraschall Registrierung	212
7.1.1 Datenlage	212
7.1.2 Landmarkenbasierte Registrierung für die navigierte Leberchirurgie	215
7.2 3D CT - 2D Ultraschall Registrierung	233
7.2.1 Datenlage	233
7.2.2 Fokussierte Volume-To-Slice-Registrierung . .	235
7.2.3 Bewertung der erzielten Ergebnisse	238

In diesem Abschnitt sollen schließlich die in den vergangenen Kapiteln eingeführten Methoden und Algorithmen angewendet werden. Nicht länger auf künstlichen Beispieldaten, sondern auf Patientendaten, welche im Rahmen navigierter Interventionen an der Leber akquiriert wurden.

Ziel ist es, in den nachfolgend betrachteten Anwendungsfällen, Planungsdaten an intra-operativ aufgenommene Datensätze anzupassen.

Bisher haben wir in den meisten betrachteten Beispielen nur zweidimensionale Problemstellungen betrachtet. In der Realität haben wir in der medizinischen Bildverarbeitung zumeist mit drei- oder sogar vierdimensionalen Problemstellungen zu tun. Die Darstellung der Daten wird aus diesem Grund schwieriger. Wir werden versuchen, mit einem Mix von zweidimensionalen Schnittbildern und dreidimensionalen Volumen-Rekonstruktionen, trotzdem eine visuelle Einschätzung der Registrierungsergebnisse zu ermöglichen.

In den beiden folgenden Abschnitten wollen wir zum einen die vorgestellten Methoden zur landmarkenbasierten Registrierung und zum anderen die Methoden zur Volume-to-Slice Registrierung an realen Datensätzen anwenden. Wir werden jeweils die vorliegenden Daten vorstellen und dann die algorithmische Herangehensweise aufzeigen. Wir starten mit 3D-3D-Registrierungsproblemen aus der navigierten Leberchirurgie, die wir mithilfe der landmarkenbasierten Registrierung lösen werden.

7.1 3D CT - 3D Ultraschall Registrierung

Zunächst stellen wir die verwendeten Daten vor, bevor wir beschreiben, wie wir mit Hilfe der landmarkenbasierten Verfahren eine Lösung der Problemstellung erhalten.

7.1.1 Datenlage

Wir unterteilen diesen Abschnitt in drei Unterabschnitte, um zunächst die CT-, dann die Ultraschall-Daten und schließlich die gegebenen Landmarken zu betrachten. Sowohl die CT als auch die Ultraschalldaten wurden freundlicherweise zur Verfügung gestellt von Thomas Lange und Prof. Peter M. Schlag, Charité Comprehensive Cancer Center, Charité - Universitätsmedizin Berlin.

CT-Daten

Vor Beginn der Intervention wurden CT-Daten der Patienten, mit den im Abschnitt 3.1 beschriebenen Verfahren akquiriert. Aus dem mit Kontrastmittel angereicherten portalvenösen sowie einem spät-venösen CT-Datensatz werden die Gefäße segmentiert und in einem gemeinsamen Datensatz zusammengefasst. Die Abbildung 7.1 zeigt links eine Schicht des portalvenösen CT-Datensatzes. Rot überlagert sind die Segmentie-

7.1. 3D CT - 3D Ultraschall Registrierung

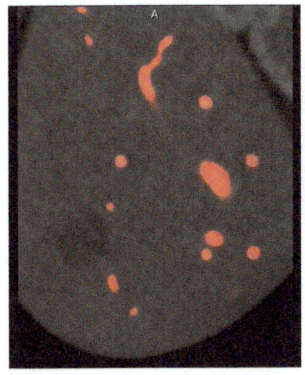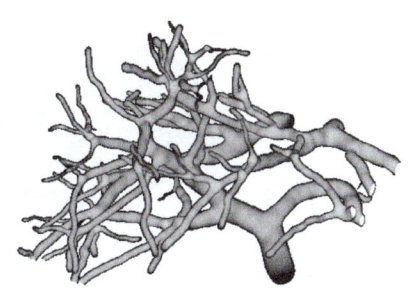

Abbildung 7.1: Links ist ein Anschnitt durch einen der CT-Datensätze mit eingefärbten Segmentierungen der Gefäße und rechts eine Volumen-Darstellung der Gefäße zu sehen.

rungen der Gefäße. Rechts sehen wir zusätzlich eine dreidimensionale Volumen-Darstellung der Gefäße aus dem CT-Datensatz.

Wir werden im weiteren Verlauf die segmentierten Gefäße zur Registrierung verwenden, jedoch ist der Vorverarbeitungsschritt der Segmentierung der CT-Daten nicht Teil dieser Arbeit, sondern wird als gegeben vorausgesetzt (siehe auch Kapitel 2).

Ultraschall-Daten

Die vorliegenden Ultraschall-Daten wurden mit einem 3D-Ultraschall Gerät aufgenommen. Abbildung 7.2 (a) zeigt beispielhaft eine komplette 3D-Aufnahme. Aufnahmen dieser Art verwenden wir, um die CT-Planungsdaten an die intra-operative Situation anzupassen.

In Abbildung 7.2 (b) sehen wir eine Schicht aus dem dreidimensionalen Datensatz. Zusätzlich zu den B-Mode-Daten werden auch Power-Doppler-Daten akquiriert. Wir sehen sie als rote Überlagerungen in den Ultraschalldaten.

Die Power-Doppler-Daten visualisieren Flussinformationen, zum Beispiel des Blutes. Diese Informationen können wir mithilfe eines Thresholds

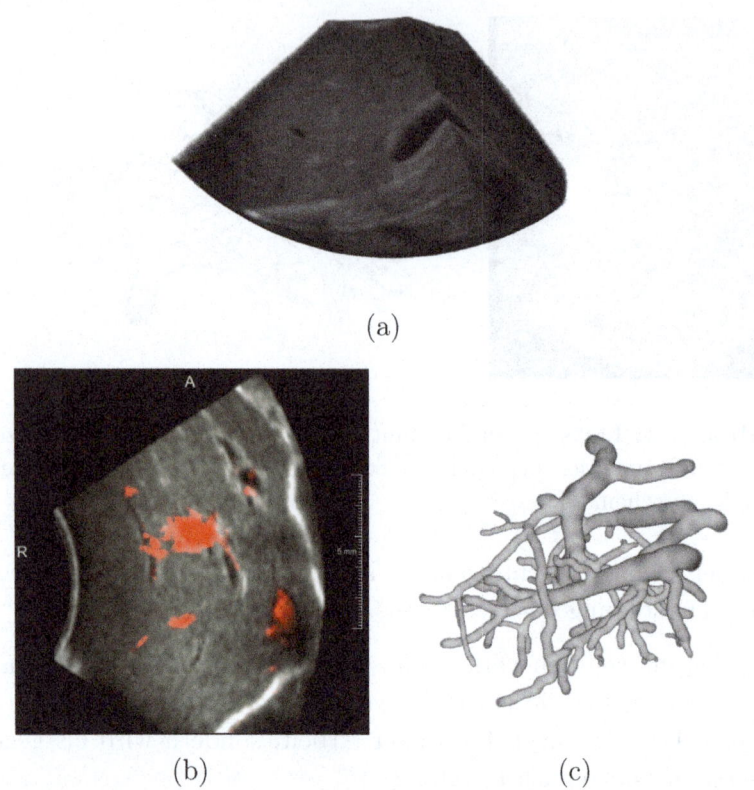

Abbildung 7.2: In (a) sehen wir die Darstellung der 3D-B-Mode-Ultraschallaufnahme. Die sichtbaren, dunklen Strukturen im Datensatz zeigen vor Allem Gefäße. Abbildung (b) zeigt eine Ultraschallschicht mit rot überlagerten Power-Doppler-Informationen. In (c) ist der geglättete, aus den Ultraschalldaten segmentierte Gefäßbaum zu sehen.

segmentieren und verwenden sie um die Planungsdaten an die intra-operative Situation anzupassen.

Zusätzlich zu den Power-Doppler-Daten liegen uns auch manuell segmentierte Daten vor. Diese werden wir nicht zur Registrierung verwenden, da diese im angestrebten intra-operativen Setting auch nicht vorhanden

7.1. 3D CT - 3D Ultraschall Registrierung

wären. Wir verwenden sie zur visuellen Beurteilung der Registrierungsergebnisse. Alle segmentierten Gefäße des Datensatzes sehen wir in der Abbildung 7.2 (c) in einer dreidimensionalen Volumen-Darstellung. Bevor wir die Power-Doppler-Daten zur Bildregistrierung verwenden können, sind noch Vorverarbeitungsschritte nötig. Betrachten wir eine Volumendarstellung der Power-Doppler-Daten, wie in Abbildung 7.3 (a), dann sehen wir im unteren Bereich des Datensatzes eine große Region, die keinem Gefäß zugeordnet werden kann. Diese Region ist ein Aufnahme-Artefakt, welches wir vor Beginn der Registrierung entfernen müssen, da der Algorithmus ansonsten in ein lokales Minimum konvergieren könnte. Wir entfernen das Artefakt automatisiert, wie nachfolgend beschrieben: Im Randbereich des 3D-Schallkegels werden zusammenhängende Strukturen identifiziert. Strukturen, die eine Mindestgröße überschreiten, werden als Artefakt klassifiziert und aus dem Datensatz entfernt. Die Abbildung (b) zeigt in schwarz eingefärbt die große detektierte Region. In (c) sehen wir zusätzlich kleine, rauscharme Strukturen, die wir als Artefakte klassifizieren und auch entfernen. In Abbildung (d) sehen wir schließlich den Datensatz ohne die Artefakte.

Landmarken

In diesem Abschnitt widmen wir uns den Landmarkeninformationen. In dem Fall, den wir hier beispielhaft betrachten, liegen zusätzlich zu den Ultraschall- und CT-Daten, 10 Landmarkenpaare vor. In der Abbildung 7.4 werden links die CT-Daten mit den eingezeichneten Landmarken und rechts die Ultraschalldaten ebenfalls mit eingezeichneten Landmarkenpositionen visualisiert. Zur besseren Sichtbarkeit werden die Landmarken als Kugeln eingezeichnet. Der markierte Punkt der Landmarke liegt jeweils im Mittelpunkt der sichtbaren Kugeln.

7.1.2 Landmarkenbasierte Registrierung für die navigierte Leberchirurgie

Nachfolgend werden wir beispielhaft zeigen, wie wir mit den in den vorherigen Abschnitten eingeführten Methoden die vorliegende Problemstel-

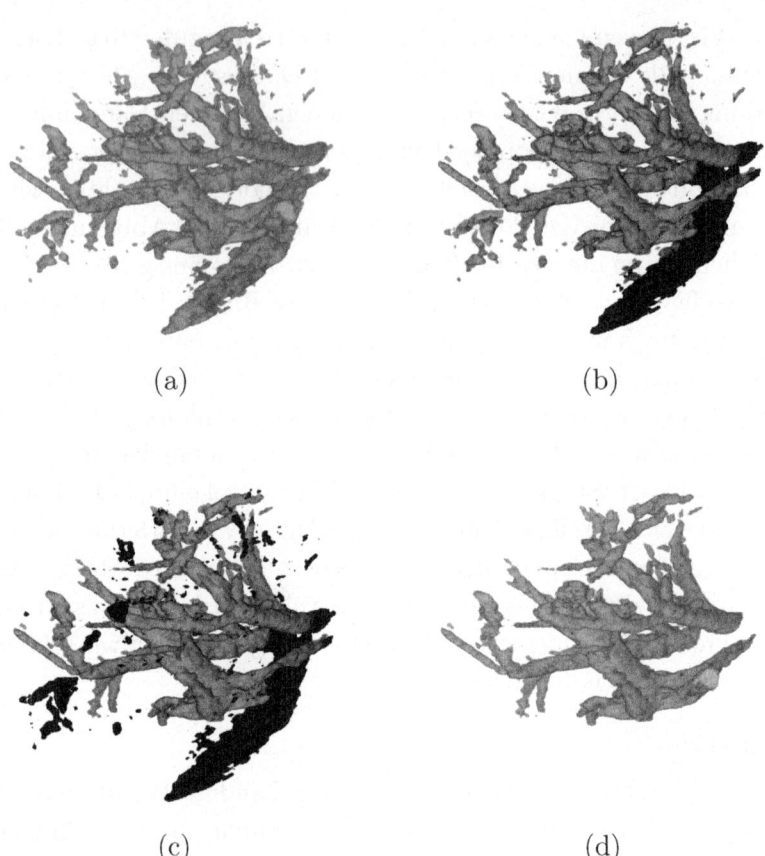

(a) (b)

(c) (d)

Abbildung 7.3: Abbildung (a) zeigt eine Volumendarstellung der Power-Doppler-Daten. Zu sehen sind die Regionen in denen Flussinformationen vorhanden sind, also die Gefäße. In der Abbildung (b) sehen wir schwarz eingefärbt ein großes Schall-Artefakt. In (c) sind neben dem großen Artefakt auch kleine Artefakte von geringer Signal-Intensität und Größe eingefärbt. Der Datensatz ohne die Schall-Artefakte ist in (d) zu sehen.

7.1. 3D CT - 3D Ultraschall Registrierung 217

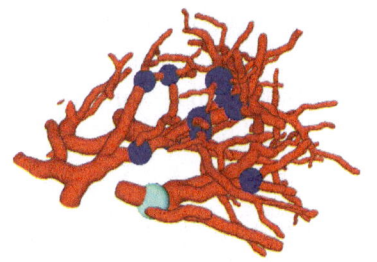 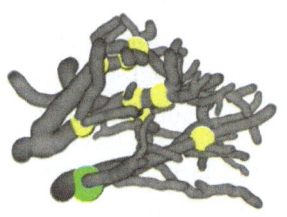

Aus CT-Daten segmentierte Aus Ultraschall-Daten segmentierte
Gefäßbäume mit Landmarken   Gefäßbäume mit Landmarken

Abbildung 7.4: Links ist der segmentierte CT-Datensatz und rechts der segmentierte Ultraschall-Datensatz jeweils zusammen mit den 10 korrespondierenden Landmarken zu sehen. Zur leichteren Orientierung wurde ein Landmarkenpaar andersfarbig dargestellt.

lung lösen. Die Registrierung erfolgt unter Verwendung der intra-operativ verfügbaren Power-Doppler-Ultraschall-Daten. In Abbildung 7.5 ist die initiale Überlagerung der gegebenen Daten gezeigt. Diese wird hier basierend auf einer rigiden Registrierung mithilfe der Landmarken bestimmt. In der ersten Zeile sehen wir Segmentierungen der CT-Daten (rot). In der Abbildung links zusammen mit den Power-Doppler-Ultraschalldaten und rechts mit den manuell segmentierten Ultraschalldaten (jeweils grau). In der zweiten Zeile sind wieder in Grau die Power-Doppler-Ultraschalldaten zu sehen. Grün markiert sind die Regionen in denen CT und Ultraschalldaten sich überlappen. Zeile drei zeigt die manuell segmentierten Ultraschalldaten zusammen mit den CT-Daten. Die Daten sind jeweils in zwei unterschiedlichen Perspektiven dargestellt. In der Folge wollen wir diese Art der Darstellung *Überlapp-Plot* nennen. Die beiden unterschiedlichen Perspektiven, die wir hier zeigen, sind ein

Kompromiss, um eine seriöse Einschätzung der Ergebnisse zu ermöglichen. In einer beweglichen dreidimensionalen Visualisierung, wie zum Beispiel in MeVisLab ist eine Beurteilung der Ergebnisse aufgrund der vielen unterschiedlichen Perspektiven besser möglich.

Wir beobachten, dass einige der großen Gefäße bereits vor der Registrierung übereinstimmen. Viele Gefäße der Ultraschalldarstellung sind jedoch noch komplett grau. Dieses soll sich mithilfe der von uns angewendeten Registrierungsverfahren ändern. Ziel ist es, alle Gefäßen in den Ultraschall-Daten mit den entsprechenden Gefäßen im CT-Datensatz zu überlappen. Im Überlapp-Plot soll also ein möglichst grünes Gefäßsystem sichtbar sein.

Die Auflösung beider Datensätze beträgt $178 \times 221 \times 244$ Voxel. Jedes der Voxel hat eine Größe von $0.053 \times 0.051 \times 0.053$ cm. Im Rahmen der Vorverarbeitung des CT-Datensatzes wurden die Auflösungen der Bilddatensätze vom Projektpartner aneinander angepasst. Dies wäre, wie wir aus den vorherigen Abschnitten wissen, nicht notwendig, jedoch stehen uns die originalen Auflösungen nicht Verfügung.

Wir erhalten die Daten vom Projektpartner, der auch die Vorverarbeitung durchführt, bereits rigide aufeinander registriert, weshalb wir den Schritt an dieser Stelle nicht mehr durchführen. Unser erster Schritt ist, wie auch in den Beispielen der vorherigen Kapitel, eine Thin Plate Spline (TPS)-Registrierung basierend auf den Landmarken. Das Ergebnis der durch die Thin Plate Splines bestimmten Starttransformation betrachten wir in Abbildung 7.6. Wir sehen links die deformierten CT-Daten mit den Ultraschalldaten und rechts zum Vergleich die originalen CT-Daten ebenfalls mit den Ultraschalldaten.

7.1. 3D CT - 3D Ultraschall Registrierung

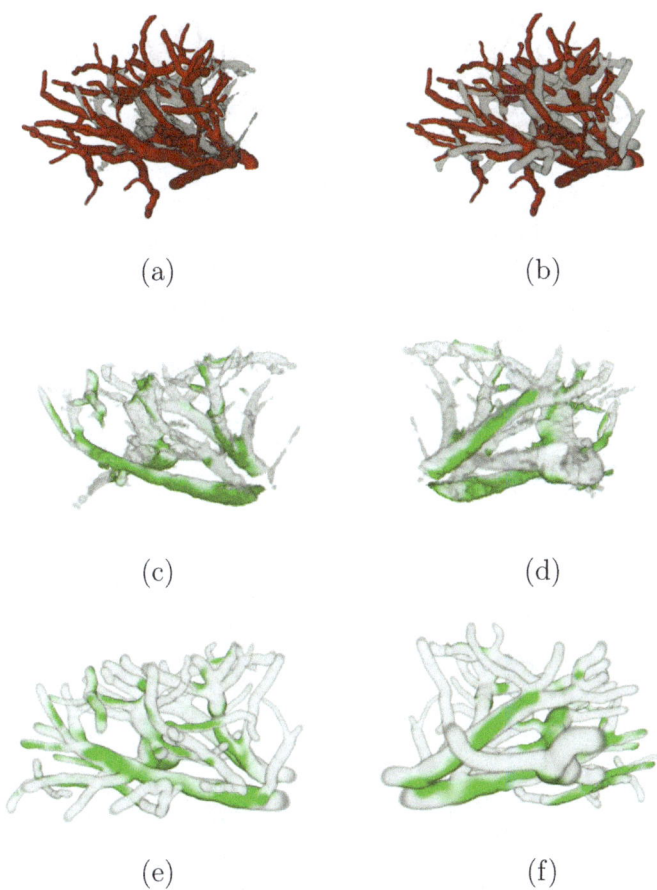

Abbildung 7.5: Die initiale Überlagerung der beiden segmentierten Gefäßbäume. In der Abbildung (a) Power-Doppler-Ultraschalldaten (grau) und CT-Daten (rot), in (b) die segmentierten Ultraschall- mit den CT-Daten. In der mittleren und unteren Zeile sind komplett segmentierten Gefäßbäume der Ultraschall-Datensätze (in der Mitte die des Power-Doppler-Ultraschalls, unten die manuell segmentierten Daten) und grün markiert die Regionen in denen CT und Ultraschall übereinstimmen.

(TPS) (Original)

Abbildung 7.6: Links sind die durch die TPS deformierten CT-Daten (rot) gemeinsam mit den segmentierten Ultraschalldaten (grau) zu sehen. Zum Vergleich sind rechts die Daten vor der Registrierung gezeigt.

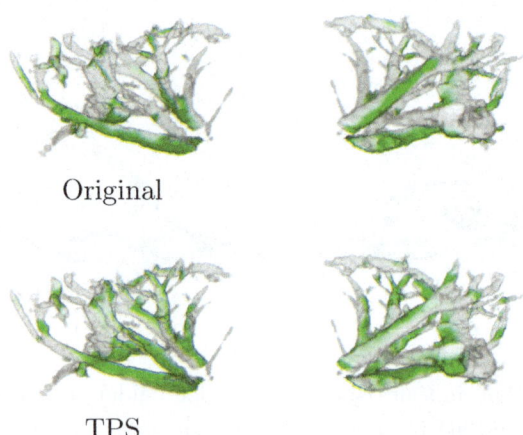

Original

TPS

Abbildung 7.7: In der zweiten Zeile ist das Ergebnis der TPS-Registrierung und in der Ersten die Ausgangssituation zu sehen. Jeweils in zwei unterschiedlichen Blickwinkeln auf die Ultraschalldaten. Grün eingefärbt sind die Bereiche in denen Ultraschall- und CT-Daten übereinstimmen.

7.1. 3D CT - 3D Ultraschall Registrierung

Zusätzlich wollen wir in Abbildung 7.7 den aus Abbildung 7.5 bekannten Überlapp-Plot betrachten. In der ersten Zeile sehen wir zum Vergleich die Ausgangssituation. Die zweite Zeile zeigt das Ergebnis nach der TPS-Registrierung. Im Vergleich zur initialen Überlagerung haben wir bereits eine Verbesserung erzielen können.

Für die nichtlineare Registrierung erzeugen wir im nächsten Schritt Multi-Level-/Multiskalen-Pyramiden der gegebenen Daten. Die Abbildung 7.8 gibt einen Eindruck von den daraus verwendeten Daten. Wir werden das Ergebnis sukzessive auf 3 Leveln bestimmen, in denen wir jeweils sowohl die Skala als auch das Level in der Gauss-Pyramide erhöhen.

Jeweils zeilenweise werden die Daten wie in Abbildung 7.8 dargestellt von links nach rechts in einem Multilevel-Framework registriert.

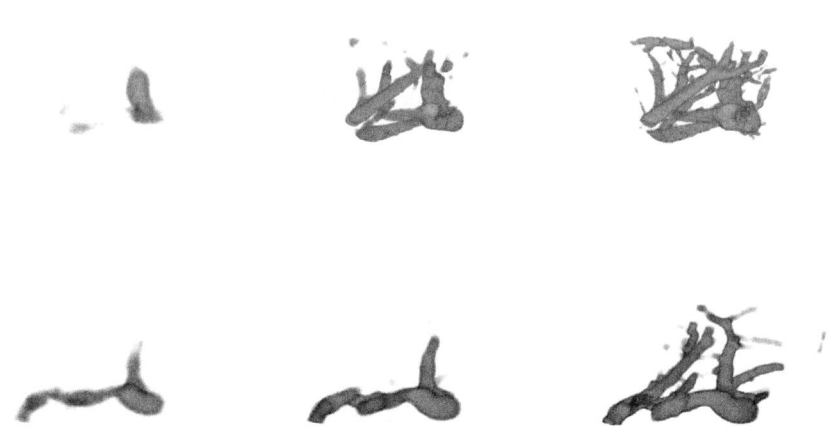

Abbildung 7.8: Gezeigt sind in der oberen Zeile die Levels der Multilevel-/Multiskalen-Daten der Ultraschall-Daten und in der unteren Zeile analog die Levels der CT-Daten.

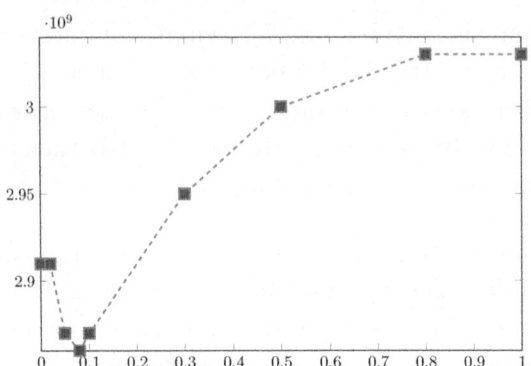

Abbildung 7.9: Plot der finalen Grauwertdifferenzen der landmarkenbasierten Registrierung für unterschiedliche Toleranzen (vgl. Tabelle 7.1).

Die Parameter zur Registrierung sind gewählt wie in nachfolgender Tabelle zusammengefasst:

Parameter	Wert
α	1×10^5
tol_C	1×10^{-3}
Multilevel	3
Anzahl Kontrollpunkte	je Level
Level 3	$8 \times 8 \times 8$
Level 2	$8 \times 8 \times 8$
Level 1	$16 \times 16 \times 16$
Anzahl Voxel	je Level
Level 3	$28 \times 23 \times 31$
Level 2	$56 \times 45 \times 61$
Level 1	$111 \times 89 \times 122$

Wie im Kapitel 6.1 beschrieben, können wir nicht davon ausgehen, dass die Landmarken in den vorliegenden Datensätzen exakt gesetzt wurden.

7.1. 3D CT - 3D Ultraschall Registrierung

Wir müssen damit rechnen, dass sie aufgrund der Bildauflösung und der unterschiedlichen Modalitäten ungenau gesetzt werden. Auch Zeitdruck im Verlauf einer Intervention kann ein Grund sein. Ein weiterer wichtiger Faktor ist die Variabilität der Platzierung der Landmarken zwischen unterschiedlichen Chirurgen. Die von uns betrachteten Datensätze wurden allerdings post-operativ mit Landmarken versehen. Demnach erwarten wir eine hohe Genauigkeit in der Platzierung der Landmarken. Um herauszufinden, welche Toleranz hier am besten geeignet ist, führen wir stichprobenartig eine Reihe von Registrierungen mit unterschiedlichen Toleranzen durch. Die Auflösung des von uns betrachteten Datensatzes berücksichtigen wir bei der Wahl der geeigneten Toleranzbereiche. Die Tabelle 7.1 zeigt die Ergebnisse für verschiedene Toleranzbereiche. Als Glättungsparameter für den Curvature-Regularisierer wurde in allen Testläufen $\alpha = 1 \times 10^5$ gewählt. Die Tabelle zeigt in der Spalte links die Werte der Toleranzbereiche. Daneben in zehn Spalten die jeweiligen finalen Abstände der Landmarken. Die Spalte mit der Überschrift SSD beinhaltet die finale Grauwertdifferenz. Die ersten Zeilen enthalten jeweils die Ergebnisse der landmarkenbasierten Registrierung. Die letzte Zeile enthält das Ergebnis ohne algorithmische Berücksichtigung der Landmarken. Das Ergebnis wurde mit denselben Parametern bestimmt, die wir auch für die landmarkenbasierten Ergebnisse verwendet haben. Wir sehen, dass die finalen Landmarkenabstände die geforderte Genauigkeit von $\text{tol}_C = 1 \times 10^{-3}$ einhalten. Der kleinste SSD-Wert wird für eine Toleranz von 0.08 angenommen, wie wir auch aus Abbildung 7.9 ablesen können. Für diese Toleranz betrachten wir nun das Registrierungsergebnis.

In Abbildung 7.12 sehen wir für jedes gerechnete Level mit der Landmarkentoleranz tol = 0.08 das entsprechende Zwischenergebnis. Gezeigt sind jeweils die Überlapp-Plots der deformierten Template-Datensätze. Die Ergebnisse auf den jeweiligen Levels wurden hochprolongiert auf die volle Auflösung, um diese Visualisierung zu ermöglichen.

Wir sehen deutlich an der Zunahme von grün gefärbten Regionen in beiden Perspektiven, wie wir von Level zu Level eine immer höhere Über-

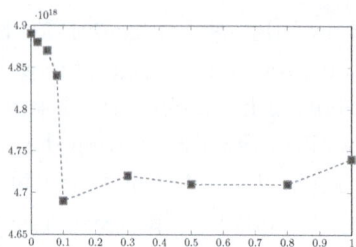

Abbildung 7.10: Plot der finalen Grauwertdifferenzen der landmarkenbasierten Registrierung für unterschiedliche Toleranzen (vgl. Tabelle 7.2).

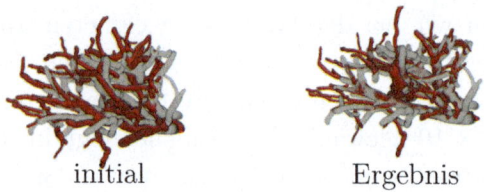

initial Ergebnis

Abbildung 7.11: Die Abbildung zeigt links den initialen Zustand und rechts das Ergebnis der nichtlinearen Registrierung. Zu sehen sind in Grau das segmentierte Gefäßsystem aus den Ultraschalldaten und in Rot das Gefäßsystem aus den CT-Daten.

einstimmung in den Daten erzielen. Das Ergebnis enthält kaum noch ungefärbte Gefäße. In Abbildung 7.11 sehen wir zudem eine Visualisierung der segmentierten Gefäßbäume. Rechts das Ergebnis nach landmarkenbasierter Registrierung und links zum Vergleich die initiale Situation.

In Abbildung 7.13 betrachten wir das Ergebnis mit den Landmarken unter Verwendung der Toleranz tol = 0.08 in der ersten Zeile. In der zweiten Zeile sehen wir auch die Ergebnisse für exakte Landmarken sowie in der dritten Zeile das Ergebnis ohne Landmarken. Das Ergebnis, welches mit als exakt angenommenen Landmarken erzeugt wurde, lässt sich leicht als das schlechteste der Drei ausmachen. Auch wenn die Landmarken post-operativ gesetzt wurden, ist die Annahme exakter Landmarkenpositionen dennoch nicht gültig. Das Ergebnis ohne Landmarken ist sogar

7.1. 3D CT - 3D Ultraschall Registrierung

noch besser als für die exakten Landmarken. Vergleichen wir Details der Gefäßbäume in dieser Abbildung stellen wir fest, dass der visuelle Eindruck des Ergebnisses der landmarkenbasierten Registrierung neben der geringeren Grauwertdifferenz (zu sehen in Tabelle 7.1), das Beste ist. Als Nächstes wollen wir einen weiteren Datensatz betrachten, um zu schauen, ob unsere Beobachtungen, die wir für den ersten Datensatz gemacht haben, auch hier zutreffen. Die Vorverarbeitungsschritte werden analog zum bereits gezeigten Datensatz durchgeführt. Es sind erneut 10 Landmarken sowohl im CT- als auch im Ultraschall-Datensatz gegeben. Abbildung 7.14 zeigt den Referenz- und den Template-Datensatz jeweils mit korrespondierenden Landmarken.

Die verwendeten Parameter lassen sich in der folgenden Tabelle ablesen.

Parameter	Wert
α	1×10^5
tol_C	1×10^{-3}
Multilevel	3
Anzahl Kontrollpunkte	je Level
Level 3	$8 \times 8 \times 8$
Level 2	$8 \times 8 \times 8$
Level 1	$16 \times 16 \times 16$
Anzahl Voxel	je Level
Level 3	$27 \times 20 \times 24$
Level 2	$54 \times 39 \times 48$
Level 1	$107 \times 78 \times 96$

In Abbildung 7.15 ist die Ausgangssituation visualisiert. In der oberen Zeile sehen wir die segmentierten Gefäßbäume (rot CT und grau Ultraschall). In der unteren Zeile sehen wir den Überlapp-Plot zwischen Ultraschall- und CT-Daten.

Tabelle 7.1: Registrierungsergebnisse für das erste Registrierungsproblem mit Landmarken: Der Abstand zwischen den Landmarken und die finale Grauwertdifferenz der Ergebnisse (Punktlandmarken, ohne Landmarken) sind zu sehen.

Tol	1	2	3	4	5	6	7	8	9	10	SSD
0	0.002	0.004	0.004	0.002	0.001	0.004	0.004	0.004	0.003	0.004	2.91×10^9
0.02	0.022	0.023	0.021	0.020	0.019	0.020	0.020	0.024	0.020	0.019	2.91×10^9
0.05	0.044	0.045	0.042	0.048	0.045	0.014	0.044	0.043	0.044	0.046	2.87×10^9
0.08	0.075	0.079	0.076	0.065	0.080	0.085	0.077	0.076	0.078	0.075	2.86×10^9
0.1	0.099	0.100	0.099	0.065	0.100	0.075	0.100	0.100	0.100	0.099	2.87×10^9
0.3	0.297	0.099	0.158	0.063	0.116	0.299	0.198	0.299	0.166	0.295	2.95×10^9
0.5	0.295	0.095	0.160	0.059	0.129	0.440	0.191	0.382	0.152	0.500	3.00×10^9
0.8	0.291	0.094	0.160	0.058	0.126	0.448	0.188	0.379	0.147	0.797	3.03×10^9
1	0.293	0.095	0.162	0.059	0.134	0.521	0.184	0.380	0.142	0.979	3.03×10^9
ohne	0.293	0.096	0.164	0.062	0.134	0.518	0.182	0.382	0.121	1.249	3.05×10^9

7.1. 3D CT - 3D Ultraschall Registrierung 227

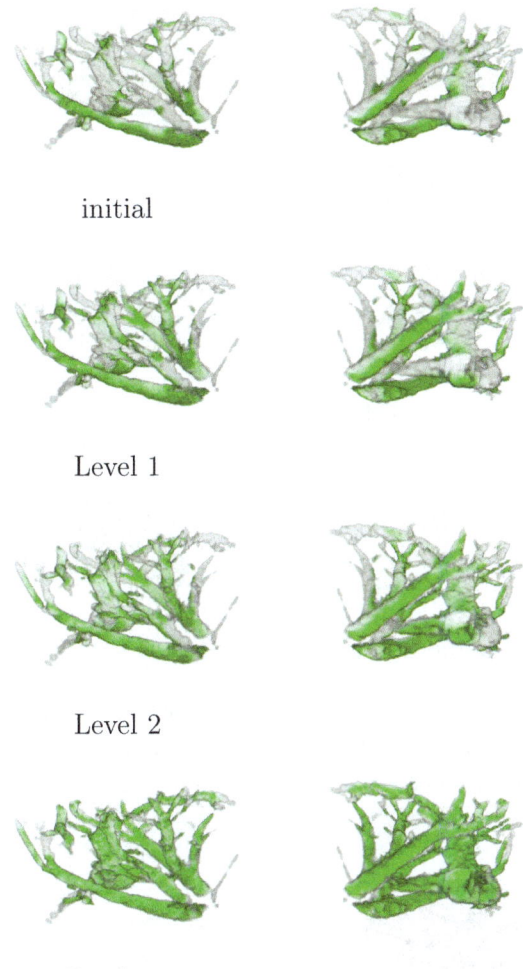

initial

Level 1

Level 2

Ergebnis

Abbildung 7.12: Die Abbildung zeigt neben den hochprolongierten Ergebnissen der Zwischenschritte auf den drei gerechneten Levels zum Vergleich auch die initiale Situation. Wir sehen die bekannte Darstellung der Ultraschalldaten in Grau mit grün markierten Regionen, in denen Ultraschall und CT-Daten übereinstimmen.

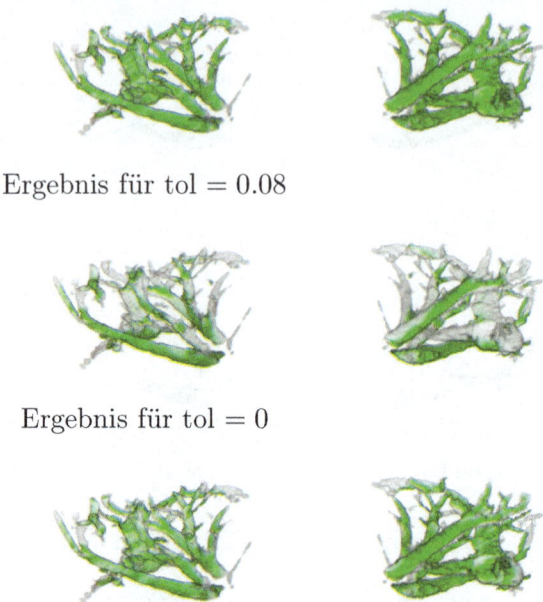

Ergebnis für tol = 0.08

Ergebnis für tol = 0

Ergebnis ohne Landmarken

Abbildung 7.13: In der oberen Zeile ist das bereits bekannte Ergebnis der landmarkenbasierten Registrierung mit tol = 0.08, in der Mitte mit exakten und unten ganz ohne Landmarken zu sehen.

Abbildung 7.14: Links sehen wir den aus den Ultraschalldaten segmentierten Gefäßbaum, rechts den den segmentierten Gefäßbaum aus dem CT-Datensatz Jjeweils mit markierten Landmarkenpositionen. In beiden Datensätzen wurde die selbe, korrespondierende Landmarke andersfarbig dargestellt.

7.1. 3D CT - 3D Ultraschall Registrierung

Wie auch für den ersten Fall bestimmen wir eine geeignete Landmarkentoleranz. Aus Tabelle 7.2 und der Abbildung 7.10 lesen wir ab, dass eine Toleranz von 0.1 für diesen Anwendungsfall die besten Ergebnisse liefert.

Die Ergebnisse nach der Registrierung mit Landmarken für den Fall tol = 0.1 sehen wir in Abbildung 7.16. Zusätzlich ist als weiteres Ergebnis das Resultat der TPS-Registrierung gezeigt. Auch für diesen Fall sind wir in der Lage mithilfe der von uns beschriebenen Algorithmen das Registrierungsproblem zu lösen.

In diesem Abschnitt haben wir eine Reihe der in den vorherigen Abschnitten eingeführten Techniken zur Bildregistrierung verwendet. Wir haben am Beispiel der Ultraschalldaten gesehen, dass reale klinische Daten noch weitere Vorverarbeitungsschritte benötigen, bevor wir sie zur

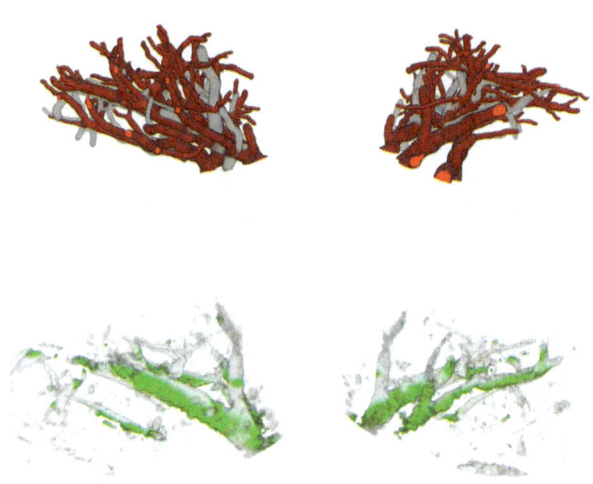

Abbildung 7.15: Visualisierung der Problemstellung von Datensatz zwei aus jeweils zwei Perspektiven. Oben sehen wir eine Volumendarstellung der segmentierten Gefäßsysteme, wie bekannt den Ultraschall in Grau und die CT-Daten in Rot. Unten sehen wir Grau die Ultraschalldaten und in Grün die Regionen in denen Ultraschall und CT überlappen.

Abbildung 7.16: Visualisierung der Ergebnisse aus drei verschiedenen Perspektiven. In der Spalte links ist das Ergebnis nach TPS Registrierung zu sehen. In der rechten Spalte das Ergebnis nach landmarkenbasierter nichtlinearer Registrierung.

7.1. 3D CT - 3D Ultraschall Registrierung

Registrierung verwenden können. Wir haben Schallartefakte aus den Daten entfernt, um lokale Minima zu vermeiden. Sehr deutlich wurde der Nutzen der Landmarkentoleranzen. Die Annahme, dass Landmarken exakt gesetzt werden können, trifft in den seltensten Fällen zu. Unterschiedlich aufgelöste, multimodale Daten verhindern das exakte Markieren korrespondierender Punkte in zwei Datensätzen. Auch ist die Variabilität unter den verschiedenen Chirurgen ein nicht zu vernachlässigbarer Faktor. Ein weiteres Problem, welches wir in diesem Kapitel bisher noch nicht angesprochen haben, ist die Qualität der verwendeten Landmarken. Die von uns betrachteten Datensätze enthielten *gutartige* Landmarken. Gutartig in dem Sinne, dass sie sinnvoll im Datensatz verteilt wurden. Nicht sinnvoll sind Landmarken zum Beispiel dann verteilt, wenn sie im Extremfall alle auf derselben Gefäßverzweigung gesetzt sind, alle im selben Gefäß, in nur einem kleinen Teil des Datensatzes oder gar grob falsch. Für den Fall, dass Landmarken grob falsch gesetzt sind, haben wir im Kapitel 6 Verfahren kennengelernt, wie wir dieses aus der TPS-Lösung erkennen können. Der zweite Fall, dass Landmarken nicht sinnvoll und über den ganzen Datensatz verteilt werden, kann durch Schulung der Chirurgen behoben werden. Als Hilfestellung ist es auch denkbar, dass geeignete Landmarkenpositionen bereits im Rahmen der Vorverarbeitung, während der Aufbereitung des CT-Datensatzes im CT-Datensatz markiert werden. In dem Fall müsste der Chirurg während der Intervention nur noch im Ultraschall-Datensatz korrespondierende Landmarken-Positionen markieren.

Tabelle 7.2: Registrierungsergebnisse für das Registrierungsproblem mit Landmarken für den zweiten Fall: Der gerundete Abstand zwischen den Landmarken und die finale Grauwertdifferenz der Ergebnisse (Punktlandmarken, ohne Landmarken) sind zu sehen.

Tol	1	2	3	4	5	6	7	8	9	10	SSD
0	0.000	0.000	0.000	0.000	0.000	0.000	0.001	0.000	0.000	0.001	4.89×10^9
0.02	0.020	0.019	0.003	0.012	0.018	0.010	0.015	0.010	0.002	0.002	4.88×10^9
0.05	0.051	0.050	0.048	0.049	0.051	0.051	0.050	0.050	0.050	0.050	4.87×10^9
0.08	0.080	0.080	0.080	0.080	0.080	0.080	0.080	0.080	0.080	0.080	4.84×10^9
0.1	0.100	0.100	0.098	0.100	0.100	0.100	0.100	0.100	0.099	0.100	4.69×10^9
0.3	0.300	0.300	0.301	0.271	0.297	0.298	0.300	0.264	0.293	0.295	4.72×10^9
0.5	0.455	0.321	0.279	0.423	0.500	0.495	0.406	0.225	0.500	0.501	4.71×10^9
0.8	0.463	0.311	0.193	0.627	0.744	0.761	0.465	0.201	0.789	0.800	4.71×10^9
1	0.415	0.306	0.271	0.607	0.716	0.725	0.455	0.204	0.918	0.799	4.74×10^9
ohne	0.415	0.306	0.271	0.607	0.716	0.725	0.455	0.204	0.918	0.799	4.74×10^9

7.2 3D CT - 2D Ultraschall Registrierung

In diesem Abschnitt werden wir Problemstellungen der folgenden Art betrachten: Wir haben CT-Daten gegeben, die prä-operativ akquiriert und vorverarbeitet wurden. Intra-operativ soll die Anpassung des Datensatzes durch 2D-Ultraschallschichten realisiert werden. Neben den Techniken zur Volume-to-Slice Registrierung werden wir hier auch die vorgestellten Verfahren zur Datenreduktion verwenden.

7.2.1 Datenlage

Nachfolgend betrachten wir zunächst die vorhandenen Daten eingehender, bevor wir einen Algorithmus zur Lösung der Problemstellung anschauen und einige Ergebnisse zeigen. Die verwendeten Daten der offenen Interventionen kommen zum einen aus der Universitätsklinik für Viszerale- und Transplantationschirurgie des Inselspitals Bern und zum anderen von Prof. Dr. Oldhafer aus den Asklepios-Kliniken in Hamburg Barmbek. Die intra-operativen Daten wurden in Bern mit dem Navigationssystem CAS-ONE, der Firma CAScination, beziehungsweise in Hamburg von dem durch Fraunhofer MEVIS in Bremen erweiterten System, erzeugt. Vorverarbeitet und aufbereitet wurden die CT-Daten durch die Firma MeVis Medical Solutions in Bremen.

CT-Daten

Die vorliegenden Daten sind Daten, die aus mit Kontrastmittel angereicherten portal- und spät-venösen Phasen des CT-Scans kombiniert wurden. Neben den Segmentierungen der Gefäße sind weiterhin Resektionsvorschläge in Form von Schnittebenen vorhanden. In Abbildung 7.17 sehen wir in Rot beispielhaft eine vorgeschlagene Schnittebene in einem Planungsdatensatz. Die orangen Regionen sind Segmentierungen der in der Leber vorhandenen Metastasen. Die für die Datensätze vorhandenen Schnittebenen wollen wir verwenden, um die für den Chirurgen interessanten Bereiche zu identifizieren. In diesen Bereichen soll das detaillierteste und genaueste Registrierungsergebnis bestimmt werden.

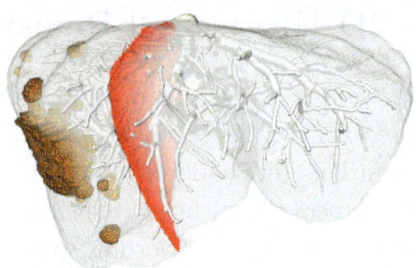

Abbildung 7.17: Die Abbildung zeigt einen segmentierten klinischen Leberdatensatz. Neben der Leberoberfläche und den Gefäßen (weiß) sind rot die vorgeschlagene Schnittebene zur Resektion und in Orange die segmentierten Lebertumore zu sehen.

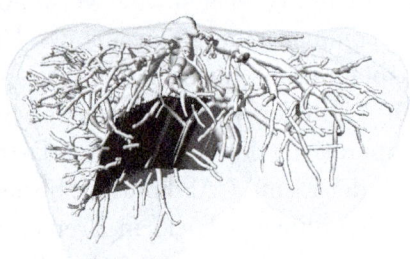

Abbildung 7.18: Die Abbildung zeigt die Segmentierung eines CT-Datensatzes zusammen mit intra-operativ akquirierten und getrackten Ultraschallschichten.

Getrackte 2D-Ultraschall-Daten

Zur Darstellung der intra-operativen Situation stehen Ultraschall-Schichten, akquiriert mit einem linearen Ultraschall-Array, zur Verfügung. Neben den zweidimensionalen Bildinformationen ist für jede Schicht auch eine Trackingmatrix verfügbar. Die Abbildung 7.18 zeigt den bereits vorgestellten CT-Datensatz zusammen mit getrackten Ultraschallschichten, welche im Rahmen einer Intervention akquiriert wurden.

7.2. 3D CT - 2D Ultraschall Registrierung

7.2.2 Fokussierte Volume-To-Slice-Registrierung

Zur Lösung der vorliegenden Problemstellung wollen wir zwei aus den vorherigen Abschnitten bekannte, spezialisierte Verfahren kombinieren. Zum einen erfordert die gegebene Problemstellung die Anwendung der Volume-To-Slice Registrierung und zum anderen verwenden wir zur Beschleunigung die Idee der fokussierten Registrierung, um die Problemstellung zeitlich auch im intra-operativen Kontext angehen zu können. Eine weitere Beschleunigung erzielen wir durch die geschickte Auswahl weniger Ultraschallschichten zur Registrierung basierend auf dem Maß der Entropie.

Das Flussdiagramm in Abbildung 7.19 zeigt schematisch den Ablauf des von uns verwendeten Algorithmus. Nur die wesentlichen Teile des Algorithmus sind hier kurz zusammengefasst. Da die einzelnen Teilschritte in den vorherigen Kapiteln bereits ausführlich beschrieben wurden, verweisen wir an dieser Stelle dorthin.

Um widersprüchliche Informationen der Ultraschallschichten auszuschließen, wählen wir zunächst eine Untermenge der Schichten, die einen Schwenk beschreiben - also eine uni-direktionale Bewegung des Ultraschallkopfes über die Leberoberfläche. Würde auch eine Rückbewegung stattfinden, dann ist es zum Beispiel aufgrund eines veränderten Drucks des Schallkopfes auf die Leber leicht möglich, dass widersprüchliche Informationen über die intra-operativen Gefäßsysteme generiert werden.

Aus diesem uni-direktionalen Schwenk werden mithilfe der Entropie 15 Schichten ausgewählt, um eine rigide Registrierung durchzuführen. Diese 15 Schichten werden segmentiert und mit einer Distanztransformation, wie in Abschnitt 6.3 beschrieben, vorverarbeitet. In [Olesch & Fischer, 2011] haben wir bereits gezeigt, dass es an dieser Stelle ausreicht 15 anstatt 30 oder gar 50 Schichten zu wählen. Auf diese Weise erhalten wir Laufzeiten für das rigide Zwischenergebnis von unter 10 Sekunden.

Im nächsten Schritt erfolgt die Definition der ROI. Fünf klinische Datensätze sollen in diesem Abschnitt exemplarisch betrachtet werden. In vier Fällen wählen wir die ROI basierend auf dem Resektionsvorschlag

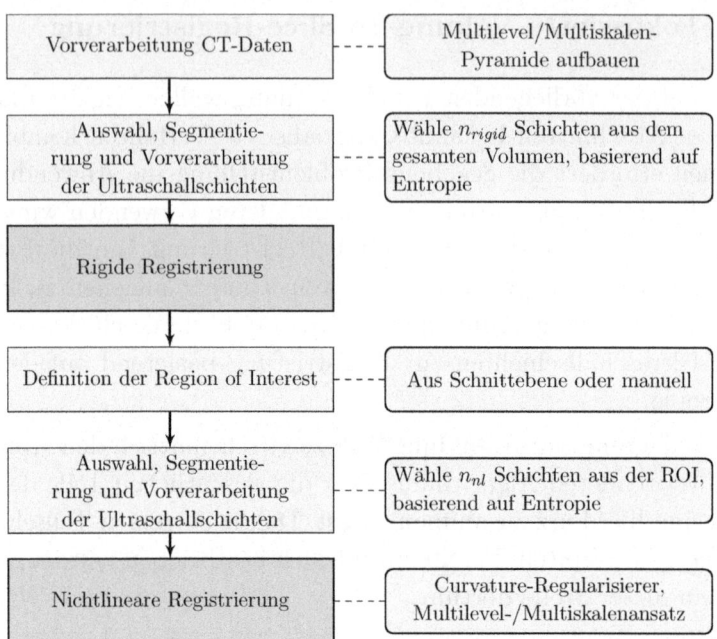

Abbildung 7.19: Ablauf des Algorithmus zur Volume-to-Slice-Registrierung.

aus der Operationsplanung sowie einmal unabhängig davon in der Leber. Letztes simuliert die Definition einer ROI durch den Chirurgen.

Wie auch im rigiden Schritt erfolgt die Wahl von Ultraschallschichten zur nichtlinearen Registrierung. In unserer bereits zitierten Veröffentlichung haben wir gezeigt, dass auch an dieser Stelle die Qualität der gewählten Schichten wichtiger, als die Quantität ist. Wir möchten hier zum Vergleich nochmals Ergebnisse für 5 beziehungsweise 15 Schichten visualisieren. Die unterschiedlichen Ultraschallschichten werden, wie in Abschnitt 6.3 beschrieben, anhand ihrer Entropie gewählt und segmentiert.

Die Abbildung 7.20 zeigt zeilenweise die hier betrachteten Datensätze mit jeweils fünf und 15 gewählten Ultraschallschichten.

Die Wahl der Registrierungsparameter zur Lösung der Problemstellung

7.2. 3D CT - 2D Ultraschall Registrierung 237

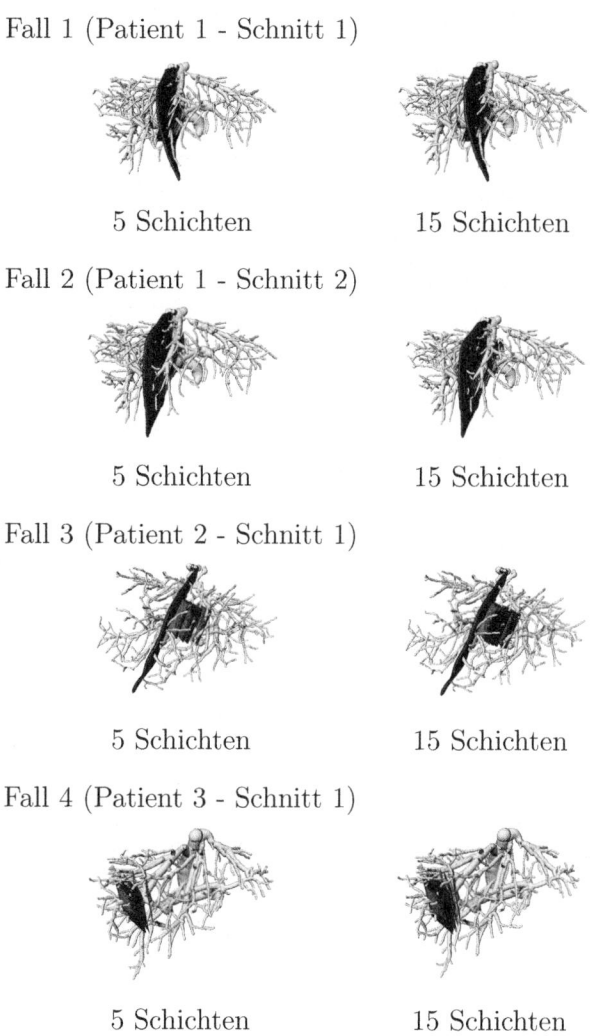

Abbildung 7.20: Visualisierung der betrachten Fälle zur Volume-to-Slice Registrierung. Je Zeile ist ein geplanter Schnitt zur Resektion und in den Spalten sind jeweils die beiden unterschiedlichen Mengen der gewählten Schichten zur nichtlinearen Registrierung zu sehen.

Tabelle 7.3: Übersicht der Laufzeiten für den nicht-linearen Schritt mit 5 beziehungsweise 15 Ultraschall-Schichten.

	Fall 1	Fall 2	Fall 3	Fall 4
15 Schichten rigide	3.10 s	3.97 s	3.97 s	4.39 s
5 Schichten nicht-linear	9.39 s	14.42 s	8.91 s	12.33 s
15 Schichten nicht-linear	15.47 s	19.96 s	13.89 s	21.27 s

ist wie folgt: Die Ergebnisse der nicht-linearen Registrierung werden mit SSD als Distanzmaß auf den vorverarbeiteten Ultraschallschichten und den segmentierten Gefäßsystemen aus den CT-Daten, unter Verwendung des Curvature-Regularisierers bestimmt. Der Regularisierungsparameter wird mit $\alpha = 500$ gewählt. Wir rechnen jeweils 2 Level rigide und 2 Level nicht-linear. Ansonsten sind die Parameter so gewählt wie auch schon für die zuvor betrachteten Problemstellungen.

Die Laufzeiten für die unterschiedlichen Fälle sind in Tabelle 7.3 gezeigt.

7.2.3 Bewertung der erzielten Ergebnisse

Wir betrachten in den nun folgenden Abbildungen exemplarisch einige Resultate für die gegebenen Problemstellungen. Die Visualisierung der Daten sowie der Registrierungsergebnisse ist für diese Anwendungsfälle in statischer, gedruckter Form sehr schwierig. Es stehen uns hier zur visuellen Evaluierung der Ergebnisse keine segmentierten Gefäßsysteme der Ultraschalldaten zur Verfügung. Neben dreidimensionalen Visualisierungen betrachten wir an dieser Stelle zusätzlich auch mit den korrespondierenden Schichten im CT-Datensatz kombinierte Ultraschallschichten. Die Abbildung 7.22 zeigt das Ergebnis für den Fall 1. In der ersten Zeile sehen wir die Ausgangssituation vor der Registrierung. Das Ergebnis nach der rigiden Registrierung ist in der zweiten Zeile zu sehen. Unten findet sich das Ergebnis nach dem nicht-linearen Schritt. Die linke Spalte

7.2. 3D CT - 2D Ultraschall Registrierung 239

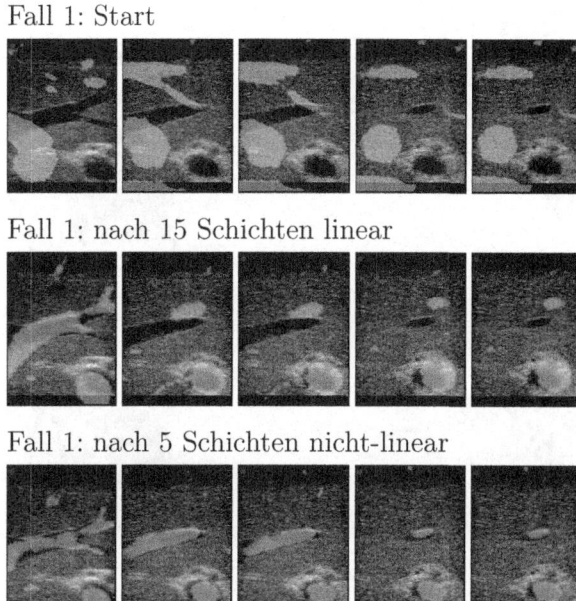

Abbildung 7.21: Darstellung der Ergebnisse auf fünf Ultraschallschichten. Die erste Zeile zeigt die Ausgangssituation. Zeile 2 zeigt das lineare und Zeile 3 das Ergebnis nach nichtlinearer Registrierung. Zu sehen sind jeweils die Ultraschallschichten und in Grau überlagert die Segmentierungen der Gefäßbäume aus den CT-Daten auf der jeweiligen Schicht.

zeigt den kompletten Gefäßbaum, während in der rechten Spalte kleinere Gefäße in den Randregionen entfernt wurden, um einen genaueren Blick auf das Registrierungsergebnis zu ermöglichen.

In Abbildung 7.21 betrachten wir die fünf Ultraschallschichten aus Abbildung 7.22 zusammen mit den Informationen aus dem CT-Datensatz. Dazu wird der CT-Datensatz auf der jeweiligen Ultraschallschicht interpoliert. In der ersten Zeile sehen wir die Ausgangssituation. Die Gefäßbäume des CT-Datensatzes überlagern nicht die Gefäße der Ultraschalldaten. Nach der rigiden Registrierung, welche hier auf 15 Schichten des kompletten Volumens durchgeführt wird, erhalten wir die Situation, die

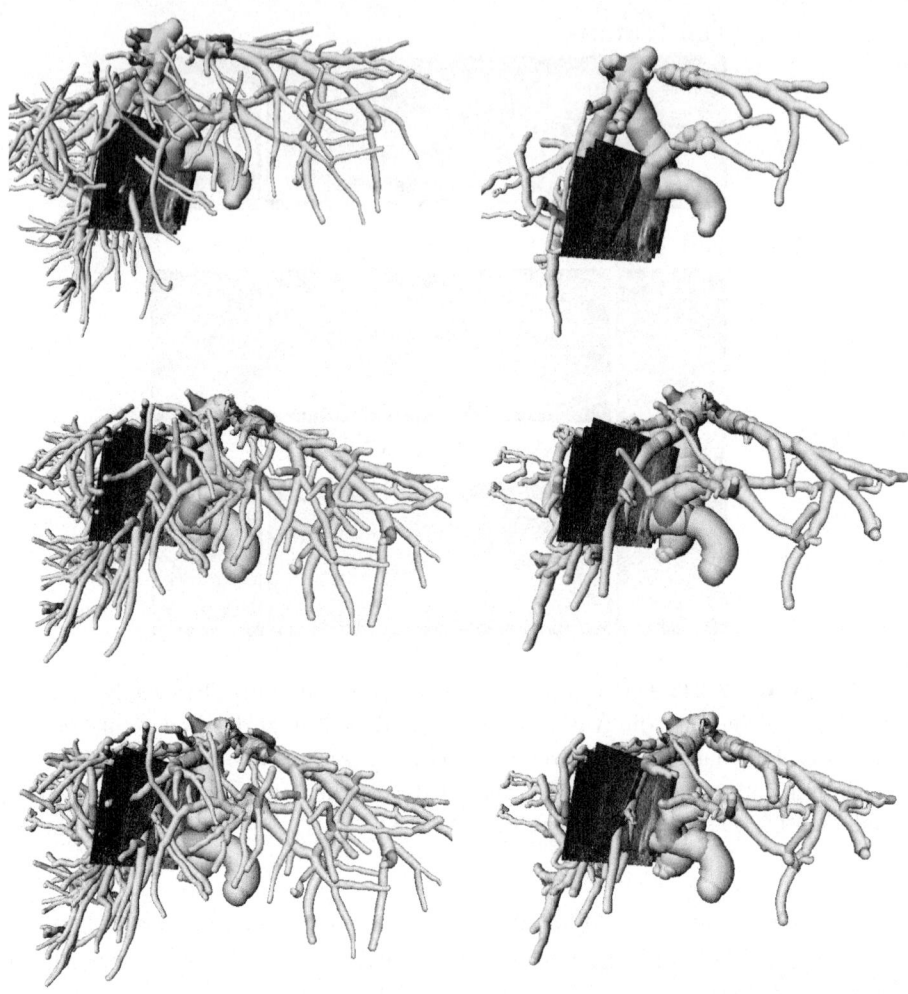

Abbildung 7.22: In der linken Spalte sehen wir oben die Ausgangssituation, in der Mitte das Zwischenergebnis nach linearer Registrierung und unten ist das nicht-lineare Ergebnis mit dem kompletten Gefäßbaum visualisiert. Die rechte Spalte zwei zeigt analog die Ergebnisse in einem ausgedünnten Gefäßbaum.

7.2. 3D CT - 2D Ultraschall Registrierung

in Zeile zwei zu sehen ist. Die größeren Gefäße überlappen sich zum Teil. In der letzten Zeile sehen wir das Ergebnis nach der nicht-linearen Registrierung. Wir sehen, dass die im Ultraschall sichtbaren Gefäße überlappt werden von den grau dargestellten Gefäßen des CT-Datensatzes. Wir sehen weiterhin auch kleinere Gefäße aus dem CT-Datensatz, welche keine Entsprechung in den Ultraschalldaten haben. Das liegt daran, dass in den Ultraschall-Daten abhängig vom Schallwinkel und der Auflösung nicht immer alle Gefäße auch sichtbar sind.

Das Ergebnis für 15 Schichten ist analog in Abbildung 7.24 zu sehen. Auch hier können wir beobachten, wie nach dem nicht-linearen Schritt die Gefäßbäume von CT und Ultraschalldaten auf den Schichten übereinstimmen.

Da unser Registrierungsverfahren nur die fünf, beziehungsweise 15 Ultraschallschichten *kennt*, die wir in den beiden vorigen Abbildungen betrachtet haben und wir erwarten, dass der Algorithmus hier in der Lage sein sollte die Gefäße in Überlappung zu bringen, möchten wir zur Validierung der Ergebnisse gerade die Ultraschallschichten betrachten, die wir nicht zur Registrierung verwendet haben. Dazu wählen wir weitere Schichten aus der ROI aus, auf welchen wir ausrechnen, wie sich die Überlappung der Gefäßbäume vor und nach der Registrierung verändert. Für die von uns betrachteten Fälle im Rahmen dieses Abschnitts visualisieren wir je Datensatz zehn Validierungs-Schichten.

In den Abbildungen 7.25, 7.26, 7.27 und 7.28 sehen wir die Ergebnisse des Registrierungsverfahrens für die Fälle 1 bis 4 auf jeweils zehn Validierungs-Schichten. Wie auch schon in Abbildung 7.21 sehen wir jeweils in der ersten Zeile die Ausgangssituation, darunter das Ergebnis nach dem rigiden Schritt und in den Zeilen darunter die Ergebnisse nach dem nicht-linearen Schritt mit fünf und mit 15 Schichten.

Wir können beobachten, dass die Ergebnisse für fünf beziehungsweise 15 gerechnete Schichten in allen Fällen vergleichbar sind. Lediglich in Fall zwei ist das Ergebnis für 15 Schichten dem Ergebnis mit fünf Schichten deutlich überlegen.

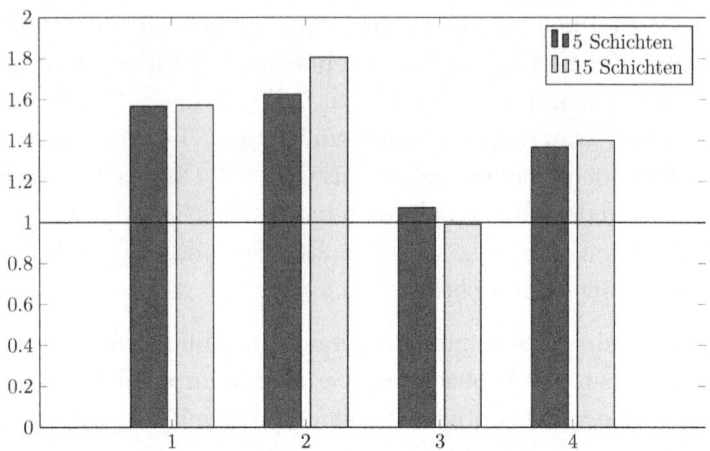

Abbildung 7.23: Vergleich der Verhältnisse der Ergebnisse mit 5 und 15 Schichten nicht-linearer Registrierung zur rigiden Lösung.

In Abbildung 7.23 sehen wir einen Plot, welcher beschreibt, um welchen Faktor sich die nichtlinearen Registrierungsergebnisse von der rigiden Lösung unterscheiden. Ein Faktor von eins bedeutet, dass sich das Ergebnis qualitativ nicht verändert hat, ein Faktor größer als eins beschreibt eine Verbesserung. Wir sehen, dass alle vier Fälle auch in dieser Auswertung qualitativ ähnlich sind. In Fall 3 erreichen wir mit fünf Schichten sogar ein besseres Ergebnis als mit 15 Schichten.

Zusammenfassend empfehlen wir basierend auf unseren Versuchen eine möglichst geringe Anzahl an Ultraschallschichten für die nicht-lineare Registrierung zu verwenden, um ein optimales Verhältnis zwischen Qualität des Registrierungsergebnisses und der aufgewendeten Laufzeit zu erhalten.

7.2. 3D CT - 2D Ultraschall Registrierung

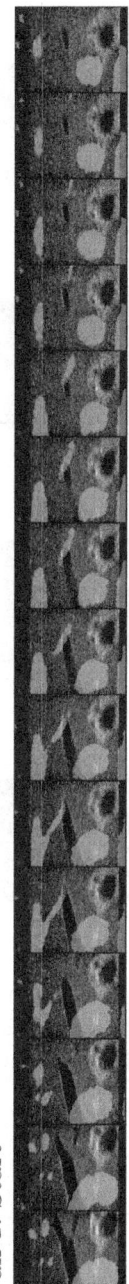
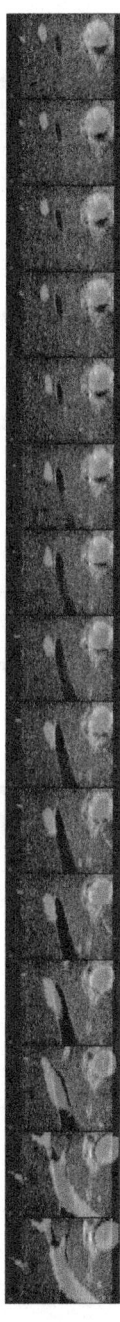

Fall 1: Start

Fall 1: nach 15 Schichten linear

Fall 1: nach 15 Schichten nicht-linear

Abbildung 7.24: Darstellung der Ergebnisse auf 15 Ultraschallschichten. Die erste Zeile zeigt die Ausgangssituation. Zeile 2 zeigt das lineare Ergebnis. Zeile 3 zeigt das Ergebnis nach nichtlinearer Registrierung. Zu sehen sind jeweils die Ultraschallschichten und in Grau überlagert die Segmentierungen der Gefäßbäume aus den CT-Daten auf der jeweiligen Schicht.

Fall 1: Start

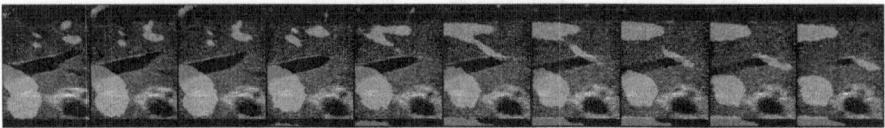

Fall 1: nach rigide

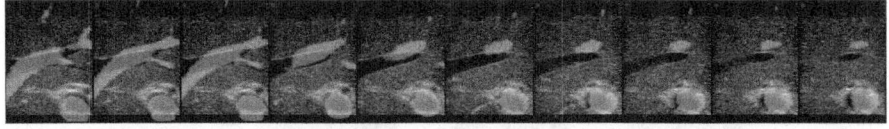

Fall 1: nach 5 Schichten nicht-linear

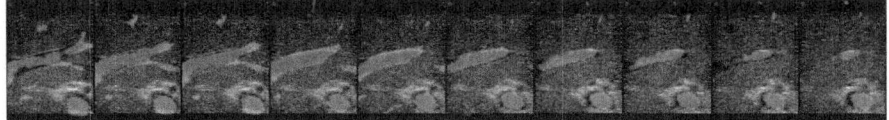

Fall 1: nach 15 Schichten nicht-linear

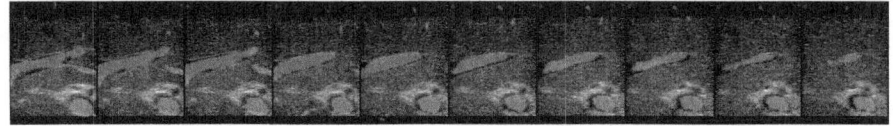

Abbildung 7.25: Zehn Schichten aus Fall 1. Die Schichten befinden sich alle in der ROI und wurden weder für das rigide, noch für die nicht-linearen Registrierungsverfahren verwendet. Wir sehen die Ultraschallschichten und als graue Überlagerungen die Gefäße aus dem CT-Datensatz.

7.2. 3D CT - 2D Ultraschall Registrierung

Fall 2: Start

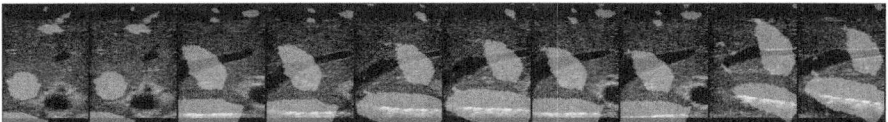

Fall 2: nach rigide

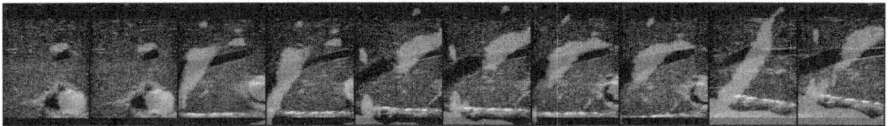

Fall 2: nach 5 Schichten nicht-linear

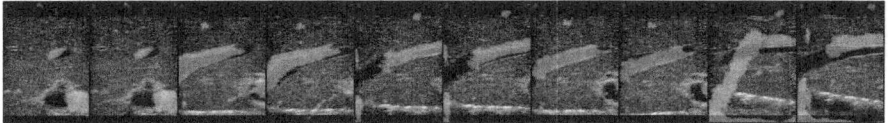

Fall 2: nach 15 Schichten nicht-linear

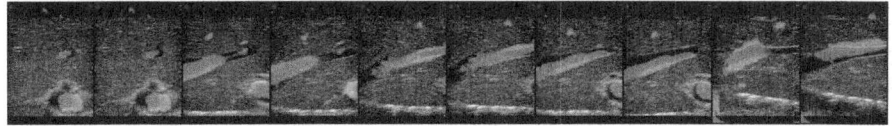

Abbildung 7.26: Zehn Schichten aus Fall 2. Die Schichten befinden sich alle in der ROI und wurden weder für das rigide, noch für die nicht-linearen Registrierungsverfahren verwendet. Wir sehen die Ultraschallschichten und als graue Überlagerungen die Gefäße aus dem CT-Datensatz.

Fall 3: Start

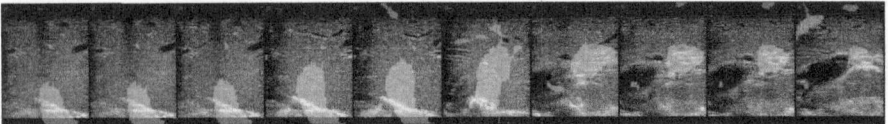

Fall 3: nach rigide

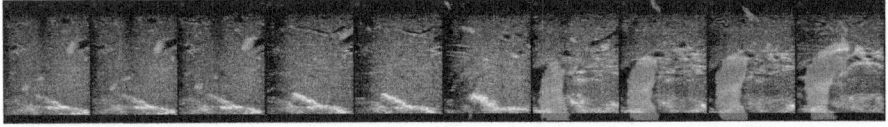

Fall 3: nach 5 Schichten nicht-linear

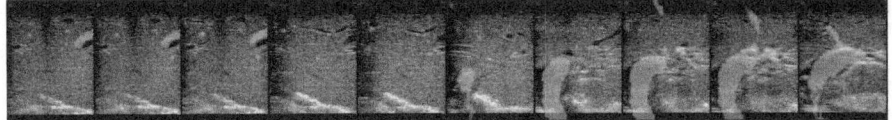

Fall 3: nach 15 Schichten nicht-linear

Abbildung 7.27: Zehn Schichten aus Fall 3. Die Schichten befinden sich alle in der ROI und wurden weder für das rigide, noch für die nicht-linearen Registrierungsverfahren verwendet. Wir sehen die Ultraschallschichten und als graue Überlagerungen die Gefäße aus dem CT-Datensatz.

7.2. 3D CT - 2D Ultraschall Registrierung

Fall 4: Start

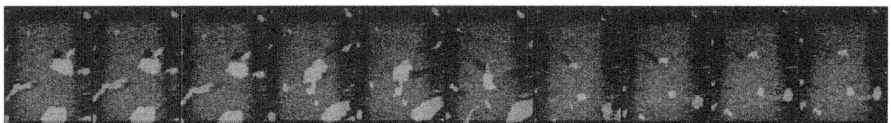

Fall 4: nach rigide

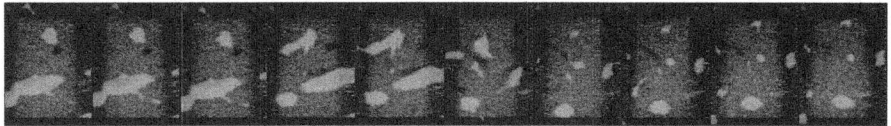

Fall 4: nach 5 Schichten nicht-linear

Fall 4: nach 15 Schichten nicht-linear

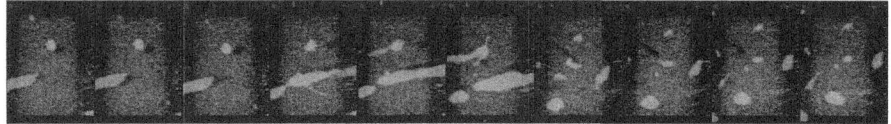

Abbildung 7.28: Zehn Schichten aus Fall 4. Die Schichten befinden sich alle in der ROI und wurden weder für das rigide, noch für die nicht-linearen Registrierungsverfahren verwendet. Wir sehen die Ultraschallschichten und als graue Überlagerungen die Gefäße aus dem CT-Datensatz.

KAPITEL 8
Fazit

Im Rahmen dieser Arbeit wurden neben den Grundlagen zur navigierten Chirurgie und zur Bildregistrierung spezialisierte Ansätze und Verfahren zur Ermöglichung einer intra-operativen Navigation betrachtet. Zur Einordnung der Problemstellung haben wir einen Überblick über die navigierte Leberchirurgie sowie alternative Verfahren zur Behandlung von Lebertumoren gegeben. Wir beschreiben auf technischer Seite die bildgebenden Verfahren sowie Trackingverfahren als Grundlage von intra-operativer Navigation, die im Bereich der navigierten Leberchirurgie zum Einsatz kommen. Wir haben die erforderlichen Grundlagen aus der numerischen Optimierung sowohl für unrestringierte als auch restringierte Problemstellungen eingeführt, bevor wir die verwendeten Grundlagen der Bildregistrierung eingeführt haben. Wir haben gezeigt, wie Zusatzwissen über eine Problemstellung modelliert werden und beispielsweise durch exakte oder inexakte Landmarken in ein Registrierungsproblem einfließen kann. Weiterhin haben wir betrachtet, wie wir die gegebene Problemstellung der Registrierung von Gefäßbäumen ausnutzen können, um die Datenmengen zu reduzieren oder auch die Registrierung robuster zu machen.

Es wurden Lösungen entwickelt und vorgestellt zur intra-operativen Navigation unter Verwendung von 3D-CT und 3D-Ultraschall sowie von getrackten 2D-Ultraschallsequenzen. Am Beispiel von 3D-Ultraschall-Daten haben wir neben effizienten Reduktionsstrategien der zugrundeliegenden Gefäßbaumsysteme das Konzept von Landmarken zur Steigerung der Genauigkeit und Robustheit der Verfahren beschrieben. Weiterhin haben wir ein Verfahren zur Registrierung von 2D-Ultraschall-Sequenzen und 3D-CT Daten kennengelernt. Die Verwendung von sehr vielen Schichten, die am Ende vielleicht sogar das komplette 3D-Volumen abdecken, ist wegen der direkt von der Anzahl der Schichten abhängigen Laufzeit schwierig. Es wurden ebenfalls Methoden zur geschickten Reduktion der Gefäßsysteme in den CT-Daten und zudem eine Reduktion der 2D-Ultraschallschichten auf die *bedeutsamen* Schichten beschrieben. Diese Reduktion resultiert in einer starken Beschleunigung der Registrierungsverfahren ohne die Genauigkeit zu verringern.

Zur weiteren Beschleunigung findet eine Fokussierungsstrategie Anwendung. Die Fokussierung findet statt auf einem Bereich, der durch die geplanten Schnittebenen definiert wird.

Die vorgestellten Verfahren, beziehungsweise eine Kombination dieser Verfahren, sind in der Lage eine nichtlineare Nachführung der Planungsdaten an den intra-operativen Situs zu ermöglichen. Neben dem Ziel von möglichst genauen und exakten Registrierungs-Ergebnissen in den für den Chirurgen interessanten Bereichen, wurde das Augenmerk im Wesentlichen auf die Robustheit und auch auf eine schnelle Durchführbarkeit gelegt, um intra-operative Wartezeiten zu minimieren.

Im Rahmen dieser Arbeit ist es gelungen auf klinischen Daten retrospektiv mit den vorgestellten Techniken die Nachführung von prä-operativen Daten an die intra-operative Situation zu ermöglichen. Wir haben erstmalig die Technik der inexakten Landmarken zur Registrierung von Daten aus Leberresektionen eingesetzt und sehr gute Ergebnisse erhalten. Ein Vergleich der Ergebnisse erfolgte hier gegen Standard-Verfahren, welche ausschließlich auf Landmarken oder auf exakten Landmarken basieren. Weiterhin wurde im Rahmen dieser Arbeit erstmalig eine Fokussierungsstrategie zur Registrierung besonders interessanter Regionen, jedoch ohne Verlust des Kontexts durchgeführt. Das Konzept der 2D-3D-Registrierung wurde ebenfalls erstmals erfolgreich retrospektiv auf Daten aus navigierten Eingriffen angewendet.

Ausblick

Den Ausblick wollen wir auf unterschiedlichen Ebenen ansetzen: aus einer inhaltlichen, technischen und klinischen Sichtweise.

Kapitel 8. Fazit

Wir beginnen mit einem inhaltlichen Ausblick. Kennengelernt haben wir zum einen Verfahren für den Spezialfall der Volume-To-Slice Registrierung. Zum anderen haben wir Verfahren zur landmarkenbasierten Registrierung im herkömmlichen Registrierungskontext, also 2D-2D oder 3D-3D-Registrierung, betrachtet. Hier sind vielfältige Weiterentwicklungen denkbar. Kann das Konzept der landmarkenbasierten Registrierung auch verwendet werden im Kontext der 2D-3D-Registrierung? Auf diese Weise könnte die sonst im Bereich der navigierten Chirurgie erforderliche Prozedur der Initialisierung eines Trackingsystems verkürzt, wenn nicht sogar obsolet werden.

Wir haben gesehen, dass wir in der Lage sind, mit Hilfe des Volume-To-Slice Ansatzes sehr gute Registrierungsergebnisse in deutlich geringerer Laufzeit zu erzielen, als würden wir direkt zwei Volumina registrieren. Kann die Technik auch effizient auf herkömmliche 3D-Registrierungsverfahren angewendet werden, um hier für eine drastische Verringerung der Laufzeit zu sorgen? Und erneut die Frage, ist es möglich vorhandene Landmarken weiterhin zu verwenden?

Die Übertragbarkeit auf weitere Problemstellungen im Bereich der navigierten Chirurgie ist ohne Weiteres möglich. Für Organe, in denen Gefäßsysteme eine weniger wichtige Rolle als in der navigierten Leberchirurgie spielen, ist es sicherlich sinnvoll, die verwendeten Distanzmaße und spezialisierten Vorverarbeitungsschritte zu hinterfragen und auf die Problemstellung zugeschnittene Maße zu verwenden. Wie wir jedoch wissen, können die Distanzmaße aufgrund des modularen Aufbaus der Verfahren problemlos ausgetauscht werden.

Alle im Rahmen dieser Arbeit vorgestellten Verfahren waren nicht laufzeitoptimiert und sind bisher lediglich in MATLAB verfügbar. Die Umsetzung der Verfahren auf hardwarenahe Programmiersprachen unter Berücksichtigung von Konzepten wie Parallelisierung oder auch matrixfreien Implementierungen, wird zudem eine deutliche Verbesserung der Laufzeiten aus technischer Sicht einbringen.

Die Durchführung von klinischen Studien, in denen die vorgestellten Techniken und Verfahren post-operativ zum Einsatz kommen, um dann gemeinsam mit Experten unter Verwendung geeigneter Maße evaluiert zu werden, beschreibt den klinischen Ausblick. Welche Maße zur Evaluation an dieser Stelle geeignet wären, ist ein weiteres interessantes Thema, welches genauer untersucht werden sollte. Erste Ansätze zur Evaluation von Gefäßbaumregistrierungen finden sich in der Dissertation von Thomas Lange [Lange, 2011].

Bis zum Einsatz nicht-linearer Verfahren in der Klinik im Bereich der navigierten Leberchirurgie ist es noch ein weiter Weg. Eine Teilstrecke ist jedoch im Rahmen dieser Arbeit bereits zurückgelegt, sodass in nicht zu ferner Zukunft der Wunsch nach einer vollständigen visuellen, intraoperativen Unterstützung erfüllt werden kann.

Literaturverzeichnis

[Dud, 2007] (2007). *Duden - Deutsches Universalwörterbuch. Das umfassende Bedeutungswörterbuch der deutschen Gegenwartssprache.* Mannheim, Leipzig, Wien, Zürich: Dudenverlag. 6., überarbeitete Auflage.

[Alkadhi et al., 2011] Alkadhi, H., Leschka, S., Stolzmann, P., & Scheffel, H. (2011). *Wie Funktioniert CT?* Springer Berlin.

[Barry et al., 1997] Barry, C., Allott, C., John, N., Mellor, P., Arundel, P., Thomson, D., & Waterton, J. (1997). Three-dimensional freehand ultrasound: Image reconstruction and volume analysis. *Ultrasound in Medicine and Biology*, 23(8), 1209 – 1224.

[Bechstein, 2007] Bechstein, W. O. (2007). Which liver metastases are resectable? *European Journal of Cancer Supplements*, 5(5), 301 – 306.

[Beller et al., 2007] Beller, S., Hünerbein, M., Lange, T., Eulenstein, S., Gebauer, B., & Schlag, P. M. (2007). Image-guided surgery of liver metastases by three-dimensional ultrasound-based optoelectronic navigation. *Br J Surg*, 94(7), 866–75.

[Beller et al., 2011] Beller, S., Hünerbein, M., Lange, T., Eulenstein, S., & Schlag, P. M. (2011). *Computerassistierte Chirurgie*, chapter Navigation in der offenen Leberchirurgie, (pp. 525–532). Elsevier.

[Beširević et al., 2007] Beširević, A., Schlichting, S., Martens, V., Kleemann, M., Hildebrand, P., Roblick, U., Bürk, C., Schweikard, A., & Bruch, H.-P. (2007). Design and Development of sterilisable adapters for navigated visceral (liver) surgery and first practical experiences. *International Journal of Computer Assisted Radiology and Surgery*, 2, 273–282.

[Bettag et al., 2010] Bettag, M., Blatt-Bodewig, M., Bokemeyer, C., Honecker, F., Preiß, J., Glaßen, J., Distler, L., Dornoff, W., Hagmann, F., & Schmieder, A. (2010). *Taschenbuch Onkologie: Interdisziplinäre Empfehlungen zur Therapie 2010/2011*. Zuckschwerdt Verlag.

[Bismuth, 1982] Bismuth, H. (1982). Surgery of the liver. *Soins Chir*, (22), 2.

[Blumgart & Belghiti, 2000] Blumgart, L. & Belghiti, J. (2000). *Surgical and radiological anatomy of the liver und biliniary tract*, chapter Liver Resection for benign diseaese and for liver and biliary tumors, (pp. 1341–1416). WB Saunders: New York, 4 edition.

[Bookstein, 1989] Bookstein, F. L. (1989). Principal warps: thin-plate splines and the decomposition of deformations. *IEEE Transactions on Pattern Analysis and Machine Intelligence*, 11(6), 567–585.

[Broit, 1981] Broit, C. (1981). *Optimal registration of deformed images*. PhD thesis, Philadelphia, PA, USA. AAI8207933.

[Buzug, 2004] Buzug, T. M. (2004). *Einführung in die Computertomographie, Mathematisch-physikalische Grundlagen der Bildrekonstruktion*. Berlin/Heidelberg: Springer-Verlag.

[Buzug, 2008] Buzug, T. M. (2008). *Computed Tomography: From Photon Statistics to Modern Cone-Beam CT*. Springer-Verlag, Berlin/Heidelberg.

[Castaing et al., 2007] Castaing, D., Azoulay, D., & Adam, R. (2007). *Leberchirurgie und Chirurgie der portalen Hypertonie*. Urban & Fischer bei Elsevier.

[Cleary & Peters, 2010] Cleary, K. & Peters, T. M. (2010). Image-guided interventions: technology review and clinical applications. *Annual Review of Biomedical Engineering*, 12, 119–42.

[Collignon et al., 1995] Collignon, A., Maes, F., Delaere, D., Vandermeulen, D., Suetens, P., & Marchal, G. (1995). Automated multi-modality image registration based on information theory. In *Information Processing in Medical Imaging*.

[Couinaud, 1957] Couinaud, C. (1957). *Le foie : études anatomiques et chirurgicales*. Paris: Masson.

[Coupé et al., 2005] Coupé, P., Hellier, P., Azzabou, N., & Barillot, C. (2005). 3D Freehand Ultrasound Reconstruction based on Probe Trajectory. In J. Duncan & G. Gerig (Eds.), *8th International Conference on Medical Image Computing and Computer-Assisted Intervention*, volume 3749 of *LNCS* (pp. 597–604). Palm Springs, USA: Springer.

[Czerwinski et al., 1999] Czerwinski, R. N., Jones, D. L., & O'Brien Jr., W. D. (1999). Detection of lines and boundaries in speckle images - application to medical ultrasound. *IEEE Trans. Med. Imaging*, 18(2), 126–136.

[Duchon, 1977] Duchon, J. (1977). Splines minimizing rotation-invariant semi-norms in Sobolev spaces. In W. Schempp & K. Zeller (Eds.), *Constructive Theory of Functions of Several Variables*, volume 571 of *Lecture Notes in Mathematics* (pp. 85–100). Springer Berlin / Heidelberg.

[Fasel et al., 2010] Fasel, J., Majno, P., & Peitgen, H.-O. (2010). Liver segments: an anatomical rationale for explaining inconsistencies with Couinaud's eight-segment concept. *Surgical and Radiologic Anatomy*, 32, 761–765.

[Fasel, 2008] Fasel, J. H. (2008). Portal Venous Territories Within the Human Liver: An Anatomical Reappraisal. *The Anatomical Record: Advances in Integrative Anatomy and Evolutionary Biology*, 291(6), 636–642.

[Fischer & Modersitzki, 2002] Fischer, B. & Modersitzki, J. (2002). Fast Diffusion Registration. *AMS Contemporary Mathematics, Inverse Problems, Image Analysis, and Medical Imaging*, 313, 117–129.

[Fischer & Modersitzki, 2003a] Fischer, B. & Modersitzki, J. (2003a). Combining Landmark and Intensity Driven Registration. *GAMM*, (pp. 32–35).

[Fischer & Modersitzki, 2003b] Fischer, B. & Modersitzki, J. (2003b). Curvature based image registration. *Journal of Mathematical Imaging and Vision*, (pp. 81–85).

[Fong et al., 1999] Fong, Y., Fortner, J., Sun, R. L., Brennan, M. F., & Blumgart, L. H. (1999). Clinical score for predicting recurrence after hepatic resection for metastatic colorectal cancer: analysis of 1001 consecutive cases. *Ann Surg*, 230(3), 309–18; discussion 318–21.

[Forster, 2005] Forster, O. (2005). *Analysis 2. Differentialrechnung im IRn, gewöhnliche Differentialgleichungen*. Analysis / Otto Forster. Vieweg.

[Forster, 2008] Forster, O. (2008). *Analysis 1. Differential- und Integralrechnung einer Veränderlichen*. Vieweg, 8 edition.

[Gassmann & Lang, 2012] Gassmann, P. & Lang, H. (2012). Aktuelles chirurgisches vorgehen bei kolorektalen lebermetastasen. *TumorDiagn u Ther*, 33(02), 95–102.

[Geiger & Kanzow, 2002] Geiger, C. & Kanzow, C. (2002). *Theorie und Numerik restringierter Optimierungsaufgaben*. Springer, 1 edition.

[Gill et al., 1982] Gill, P. E., Murray, W., & Wright, M. H. (1982). *Practical Optimization*. Emerald Group Publishing Limited.

[Golling et al., 2006] Golling, M., Lehnert, T., & Bechstein, W. O. (2006). Chirurgische Resektion von Lebermetastasen. In H.-J.

Schmoll, K. Höffken, & K. Possinger (Eds.), *Kompendium Internistische Onkologie* (pp. 907–936). Springer Berlin Heidelberg.

[Gonzalez & Woods, 2001] Gonzalez, R. C. & Woods, R. E. (2001). *Digital Image Processing*. Boston, MA, USA: Addison-Wesley Longman Publishing Co., Inc., 2 edition.

[Grünberger et al., 2008] Grünberger, T., Grünberger, B., Hünerbein, M., & Schlag, P. M. (2008). Kolorektale lebermetastasen. In M. Gnant & P. M. Schlag (Eds.), *Chirurgische Onkologie* (pp. 201–213). Springer Vienna.

[Haber et al., 2009] Haber, E., Heldmann, S., & Modersitzki, J. (2009). A Framework for Image-Based Constrained Registration with an Application to Local Rigidity. *Linear Algebra and its Applications*, 431, 459–470.

[Haber & Modersitzki, 2004] Haber, E. & Modersitzki, J. (2004). Numerical Methods for Volume Preserving Image Registration. *Inverse Problems*, Volume 20, 1621–1638.

[Haber & Modersitzki, 2007] Haber, E. & Modersitzki, J. (2007). Intensity Gradient Based Registration and Fusion of Multi-modal Images. *Methods of Information in Medicine*, 46(3), 292–299.

[Hadamard, 1902] Hadamard, J. (1902). Sur les problèmes aux dérivés partielles et leur signification physique. *Princeton University Bulletin*, 13, 49–52.

[Hamady et al., 2004] Hamady, Z. Z. R., Kotru, A., Nishio, H., & Lodge, J. P. A. (2004). Current techniques and results of liver resection for colorectal liver metastases. *Br Med Bull*, 70, 87–104.

[Heldmann & Papenberg, 2009a] Heldmann, S. & Papenberg, N. (2009a). A Scale-Space Approach for Image Registration of Vessel Structures. In H.-P. Meinzer, T. M. Deserno, H. Handels, & T.

Tolxdorff (Eds.), *Bildverarbeitung für die Medizin 2009*, Informatik aktuell (pp. 137–141). Springer.

[Heldmann & Papenberg, 2009b] Heldmann, S. & Papenberg, N. (2009b). A Variational Approach for Volume-to-Slice Registration. In *SSVM '09: Proceedings of the Second International Conference on Scale Space and Variational Methods in Computer Vision*, volume 5567 of *LNCS* (pp. 624–635).: Springer Berlin/ Heidelberg.

[Heldmann & Zidowitz, 2009] Heldmann, S. & Zidowitz, S. (2009). Elastic Registration of Multiphase CT Images of Liver. In *SPIE Medical Imaging 2009: Image Processing*, volume 7259: SPIE.

[Hestenes, 1969] Hestenes, M. (1969). Multiplier and gradient methods. *Journal of optimization theory and applications.*

[Horn & Schunck, 1981] Horn, B. K. & Schunck, B. G. (1981). Determining optical flow. *Artificial Intelligence*, 17(1-3), 185 – 203.

[Jähne, 2001] Jähne, B. (2001). *Digitale Bildverarbeitung.* Springer, 5., überarb. u. erw. aufl. edition.

[Jaques et al., 1980] Jaques, S., Shelden, C., & McCann, G. (1980). A computerized microstereotactic method to approach, 3-dimensionally reconstruct, remove and adjuvantly treat small CNS lesions. *App Neurophysiol*, 43(3-5), 176–182.

[Kalender, 2006] Kalender, W. A. (2006). *Computertomographie: Grundlagen, Gerätetechnologie, Bildqualität, Anwendungen*, volume 2. überarb. u. erw. Auflage. Publicis Publishing.

[Kaps et al., 2005] Kaps, M., von Reutern, G.-M., Stolz, E., & von Büdingen, H. J. (2005). *Ultraschall in der Neurologie.* Georg Thieme Verlag.

[Kleemann, 2009] Kleemann, M. (2009). *Entwicklung eines laparoskopischen Assistenzsystems für die Intraoperative ultraschallbasierte Navi-*

gation in der Viszeral- und Leberchirurgie. Habilitationsschrift, Klinik für Chirurgie der Universität zu Lübeck.

[Kleemann et al., 2005] Kleemann, M., Hildebrand, P., Mirow, L., Roblick, U., Bürk, C., & Bruch, H.-P. (2005). Navigation in der Viszeralchirurgie. *Chir Gastroenterol*, 21(2), 14–20.

[Klempnauer & Lehner, 2008] Klempnauer, J. & Lehner, F. (2008). Nonkolorektale Lebermetastasen. In M. Gnant & P. M. Schlag (Eds.), *Chirurgische Onkologie* (pp. 215–219). Springer Vienna.

[Lang & Schenk, 2011] Lang, H. & Schenk, A. (2011). *Computerassistierte Chirurgie*, chapter Planung von Leberresektionen, (pp. 515–524). Elsevier.

[Lange, 2011] Lange, T. (2011). *Modeling Prior Knowledge for Image Registration in Liver Surgery*. PhD thesis, Universität zu Lübeck.

[Lange et al., 2010] Lange, T., Papenberg, N., Olesch, J., Fischer, B., & Schlag, P. M. (2010). Landmark Constrained Non-rigid Image Registration with Anisotropic Tolerances. In O. Dössel & W. C. Schlegel (Eds.), *World Congress on Medical Physics and Biomedical Engineering* (pp. 2238–2241). Berlin, Heidelberg: Springer Berlin Heidelberg.

[Lehmann & Weihusen, 2011] Lehmann, K. & Weihusen, A. (2011). *Computerassistierte Chirurgie*, chapter Planung von In-situ-Ablationsverfahren bei Lebermetastasen, (pp. 508–514). Elsevier.

[Lindeberg, 1994] Lindeberg, T. (1994). *Scale-Space Theory in Computer Vision*. Norwell, MA, USA: Kluwer Academic Publishers.

[Lucas & Kanade, 1981] Lucas, B. & Kanade, T. (1981). An Iterative Image Registration Technique with an Application to Stereo Vision (DARPA). In *Proceedings of the 1981 DARPA Image Understanding Workshop* (pp. 121–130).

[Mahalanobis, 1936] Mahalanobis, P. C. (1936). On the generalised distance in statistics. In *Proceedings National Institute of Science, India*, volume 2 (pp. 49–55).

[Martens et al., 2010] Martens, V., Beširević, A., Shahin, O., & Kleemann, M. (2010). LapAssistent – computer assisted laparoscopic liver surgery. In *BMT*. Special session, no peer-review.

[Modersitzki, 2004] Modersitzki, J. (2004). *Numerical Methods for Image Registration*. New York: Oxford University Press.

[Modersitzki, 2009] Modersitzki, J. (2009). *FAIR: Flexible Algorithms for Image Registration*. Philadelphia: SIAM.

[Morneburg, 1995] Morneburg, H., Ed. (1995). *Bildgebende Systeme für die medizinische Diagnostik - Röntgendiagnostik und Angiographie, Computertomographie, Nuklearmedizin, Magnetresonanztomographie, Sonographie, Integrierte Informationssysteme*. Wiley-VCH Verlag GmbH.

[Nocedal & Wright, 2006] Nocedal, J. & Wright, S. (2006). *Numerical Optimization (Springer Series in Operations Research and Financial Engineering)*. Springer, 2 edition.

[Olesch et al., 2011] Olesch, J., Beuthien, B., Heldmann, S., Papenberg, N., & Fischer, B. (2011). Fast intra-operative nonlinear registration of 3D-CT to tracked, selected 2D-ultrasound slices. In *SPIE Medical Imaging 2011: Visualization, Image-Guided Procedures, and Modeling* Lake Buena Vista, Florida, USA.

[Olesch & Fischer, 2011] Olesch, J. & Fischer, B. (2011). Focussed registration of tracked 2D US to 3D CT data of the liver. In *Bildverarbeitung für die Medizin*, Informatik aktuell.

[Opfer, 2002] Opfer, G. (2002). *Numerische Mathematik für Anfänger*. Vieweg+Teubner Verlag.

[Papenberg, 2008] Papenberg, N. (2008). *Ein genereller Registrierungsansatz mit Anwendung in der navigierten Leberchirurgie*. PhD thesis, Universität zu Lübeck.

[Papenberg et al., 2008a] Papenberg, N., Lange, T., Modersitzki, J., Schlag, P. M., & Fischer, B. (2008a). Image Registration for CT and Intra-operative Ultrasound Data of the Liver. In M. Miga & K. Cleary (Eds.), *Medical Imaging 2008: Image Processing*, volume 6918 (pp. 1–5).: SPIE.

[Papenberg et al., 2008b] Papenberg, N., Modersitzki, J., & Fischer, B. (2008b). Registrierung im Fokus. In T. Tolxdoff, J. Braun, T. Deserno, H. Handels, A. Horsch, & H.-P. Meinzer (Eds.), *Bildverarbeitung für die Medizin 2008*, volume 7 of *Informatik aktuell* (pp. 138–142). Springer Berlin / Heidelberg.

[Peterhans et al., 2011] Peterhans, M., vom Berg, A., Dagon, B., Inderbitzin, D., Baur, C., Candinas, D., & Weber, S. (2011). A Navigation System for Open Liver Surgery: Design, Workflow and First Clinical Applications. *Int J Med Robot*, 7(1), 7–16.

[Pohlmann, 1939] Pohlmann, R. (1939). Über die Absoption des Ultraschalls im menschlichen Gewebe und ihre Abhängigkeit von der Frequenz. *Physik Z.*, 40, 159–161.

[Powell, 1969] Powell, M. (1969). *A method for non-linear constraints in minimization problems*. London, New York: Academic Press.

[Powell, 1978] Powell, M. (1978). Algorithms for nonlinear constraints that use Lagrangian functions. *Mathematical Programming*.

[Preim & Bartz, 2007] Preim, B. & Bartz, D., Eds. (2007). *Visualization in Medicine*. Morgan-Kaufmann-Verlag.

[Preim & Rode, 2011] Preim, B. & Rode, G. (2011). *Computerassistierte Chirurgie*, chapter Bildgebung für computergestützte Operationen und Interventionen, (pp. 508–514). Elsevier.

[Radon, 1917] Radon, J. (1917). Über die Bestimmung von Funktionen längs gewisser Mannigfaltigkeiten. *Ber. Verh. Sächs. Akad. Wiss. Leipzig, Math. Nat. kl.*, (pp. 262–277).

[Riccabona, 2005] Riccabona, M. (2005). *Ultraschalldiagnostik in Pädiatrie Und Kinderchirurgie*, volume 3, chapter 3D Sonographie, (pp. 683–689). Thieme, Stuttgart.

[Rockafellar, 1973] Rockafellar, R. T. (1973). The multiplier method of Hestenes and Powell applied to convex programming. *Journal of optimization theory and applications*, 12(6), 555–562.

[Rohlfing et al., 2003] Rohlfing, T., Maurer Jr., C. R., Bluemke, D. A., & Jacobs, M. A. (2003). Volume-Preserving Nonrigid Registration of MR Breast Images Using Free-Form Deformation with an Incompressibility Constraint. *IEEE Transactions on Medical Imaging*, 22, 730–741.

[Rosenbrock, 1960] Rosenbrock, H. (1960). An automatic method for finding the greatest or least value of a function. *The Computer Journal*, 3, 175–184.

[Schenk et al., 2011] Schenk, A., Haemmerich, D., & Preusser, T. (2011). Planning of Image-Guided Interventions in the Liver. *IEEE Pulse*, (pp. 48–55).

[Schlichting, 2008] Schlichting, S. (2008). *LapAssistent – Konzeption und Entwicklung eines klinisch einsetzbaren Navigationssystems für die laparoskopische Leberchirurgie*. PhD thesis, Universität zu Lübeck.

[Sokolov, 1929] Sokolov, S. Y. (1929). On the problem of the propagation of ultrasonic oscillations in various bodies. *Elek Nachr Tech*, 6, 454–460.

[Strauss, 2008] Strauss, A. (2008). 3D-Ultraschall: Technik und Anwendungsmöglichkeiten. In *Ultraschallpraxis* (pp. 15–18). Springer Berlin Heidelberg.

Literaturverzeichnis

[Vauthey et al., 2000] Vauthey, J., Chaoui, A., Do, K., Bilimoria, M., Fenstermacher, M., Charnsangavej, C., Hicks, M., Alsfasser, G., Lauwers, G., Hawkins, I., & Caridi, J. (2000). Standardized measurement of the future liver remnant prior to extended liver resection: methodology and clinical associations. *Surgery*, 127(5), 512–519.

[Vetter et al., 2001] Vetter, M., Hassenpflug, P., Cárdenas, C. E., Thorn, M., Glombitza, G., & Meinzer, H.-P. (2001). Navigation in der Leberchirurgie: Ergebnisse einer Anforderungsanalyse. In *Bildverarbeitung für die Medizin* (pp. 49–53).

[Viola, 1995] Viola, P. A. (1995). *Alignment by maximization of mutual information*. PhD thesis, Massachusetts Institute of Technology.

[Wein et al., 2008] Wein, W., Brunke, S., Khamene, A., Callstrom, M. R., & Navab, N. (2008). Automatic CT-ultrasound registration for diagnostic imaging and image-guided intervention. *Medical Image Analysis*, 12(5), 577–585.

[Wilson, 1963] Wilson, R. (1963). *A simplicial algorithm for concave programming*. PhD thesis, Graduate School of Business Administration, George F. Baker Foundation, Harvard University.

[Wörz & Rohr, 2007] Wörz, S. & Rohr, K. (2007). Hybrid Spline-Based Elastic Image Registration Using Analytic Solutions of the Navier Equation. In W. Brauer, A. Horsch, T. M. Deserno, H. Handels, H.-P. Meinzer, & T. Tolxdorff (Eds.), *Bildverarbeitung für die Medizin 2007*, Informatik aktuell (pp. 151–155). Springer Berlin Heidelberg.

Danke

Nun bin ich tatsächlich an dem Punkt angelangt an dem ich die Gelegenheit nutzen kann DANKE zu sagen. Nach fast zwei Jahren ohne freie Wochenenden und neben einer sehr ausfüllenden Arbeit unter der Woche kann ich es kaum glauben, dass ich die Ziellinie erreicht habe. Viele der Menschen, bei denen ich mich bedanken möchte, wussten vermutlich die ganze Zeit, dass ich tatsächlich hier ankomme, aber es ist sicher Teil der großen Aufgabe, dass es mir nicht immer so klar war wie Euch allen..
Die lange Reise der Entstehung dieser Arbeit haben viele Menschen in vielfältiger Weise begleitet und beeinflusst. Ich möchte an dieser Stelle die Gelegenheit nutzen diesen Menschen meinen tiefen Dank auszusprechen.
Den wohl wesentlichsten Anteil an der Entstehung dieser Arbeit hatte Bernd Fischer. Ich bin tieftraurig, dass Du bereits von uns gehen musstest. Die Lücke, die Du hinterlässt ist unbeschreiblich. Du fehlst so sehr! Bernd, ich danke Dir dafür, dass Du mir Dein Vertrauen und die Chance gegeben hast diese Arbeit anzufertigen. Ich danke Dir für viele inhaltliche Gespräche, Deinen Rat und die vielen, vielen motivierenden Schubser in der leider sehr langen Endphase dieser Arbeit. Danke, dass ich Dich kennenlernen durfte und so viele tolle Erinnerungen an die Zeit mir Dir!
Ohne Matthias Chung hätte ich vermutlich diese Reise nicht angetreten. Geprägt durch die vielen positiven Erfahrungen während meiner Diplomarbeit habe ich erst Feuer gefangen für den eingeschlagenen Weg. Ich bedanke mich außerordentlich bei Nils Papenberg und Thomas Lange, die mich thematisch auf den ersten Schritten begleiteten. Nils, vielen Dank auch für die Aufbauenden Worte, wenn diese Arbeit kein Ende zu nehmen schien. Für die vielen Gespräche, die wir in einer für uns alle sehr schweren Zeit führten bedanke ich mich herzlich bei Jan Modersitzki. Du hast dafür gesorgt, dass ich auch die allerletzten Meter noch erfolgreich und mit Freude zurückgelegt habe! Danke!
Ein herzliches Dankeschön Prof. Dr. med. Hans-Peter Bruch und Prof. Dr. rer. nat. Heiz Handels für das Übernehmen der Gutachten, sowie

Prof. Dr. rer. nat. Jürgen Prestin für eine Verteidigung, die mir aufgrund der sehr angenehmen Atmosphäre sicherlich noch viele Jahre im Gedächtnis bleibt. Vielen Dank an Herrn Handels für die sehr unkomplizierte Übernahme des ersten Gutachtens!!

Ein großer Dank gilt allen, die diese Arbeit, teils in sehr rohem Zustand Korrektur gelesen haben und mir viele Kommas schenkten: Eric Franz, Katharina Scholz, Petra Kahnefend und vor allem Judith Berger.

Mein Dank gilt auch meinen Bürokollegen Britta Göbel, Konstantin Ens und Marc Hallmann, die mich in verschiedenen Phasen der dieser Arbeit erlebten und immer ein aufmunterndes Wort für mich hatten. Ich bedanke mich beim SAFIR-Team (Bernd Fischer, Björn Beuthien, Britta Göbel, Jan Modersitzki, Konstantin Ens, Nils Papenberg, Stefan Heldmann, Sven Bahrendt) für die unglaublich familiäre Atmosphäre der Anfangsjahre, als wir alle noch zum Institut für Mathematik gehörten und in der Seefahrtschule residierten. Die Kollegen der Mathematik möchte ich an dieser Stelle auch nicht vergessen und danke vor allem Antje Vollrath und Jens Keiner für viele gemeinsame Tassen Kaffee. Allen Anderen danke ich für die entspannte und immer freundschaftliche Atmosphäre auf den Gängen sowie offene Türen und Ohren.

Nach der Wandlung von SAFIR nach MIC kamen in den *letzten Zügen* eine Reihe lieber Kollegen hinzu, die mich auf den finalen (teils wirklich stressigen) Metern begleiteten. Danke an Judith Berger, Kanglin Chen, Marc Hallmann, Constantin Heck, Till Kipshagen, Lars König, Johannes Lotz, Anja Pawlowski, Thomas Polzin, Lars Ruthotto, Jan Rühaak, Mark Schenk und Kerstin Sietas. Besonderer Dank gilt hier Anja, die mich ein ums andere Mal aufmunterte, wenn mir alles über den Kopf zu wachsen drohte, die meinen Blick dann wieder fürs Wesentliche schärfte und mich wieder in die Spur brachte. Danke Anja!! Einen großen Teil dieser Reise hat mich auch Beate Warnecke begleitet. Beate, ich danke Dir für die vielen Gespräche, während wir durch die Welt liefen und die vielen eigenen Erfahrungen, von denen ich lernen durfte!

Ich bedanke mich bei *meinen Mädels* Katharina Scholz, Monika Boll und Petra Kahnefend, die immer gewissenhaft darauf achteten, dass ich wenigstens einmal alle zwei Wochen mit ihnen etwas unternahm. Ihr ahnt nicht, wie wichtig das war!

Meinen lieben Patenkindern Laura, Leya und Finn: ich genieße jede Minute, die ich mit Euch verbringen darf und hoffe, dass ich mir noch einiges, längst vergessen geglaubtes, von eurer uneingeschränkt positiven Einstellung und Unvoreingenommenheit wieder abschauen kann.

Ein riesengroßer Dank gilt natürlich meiner Familie: Allen voran meinen Eltern Inge und Lothar, aber auch Claudia, Mario und Leya: ohne Euch hätte ich das ganz sicher nicht geschafft! Danke, dass ihr immer zu mir hieltet, mich die vielen Jahre unterstützt und mir stets Mut zugesprochen habt!! Ab jetzt kann ich euch wieder häufiger besuchen kommen!

Nicht zuletzt gilt mein Dank Eric Franz. Danke, dass Du auch in dieser manchmal schwierigen Zeit *immer* für mich da warst und mich nach Kräften in Allem unterstützt hast!

Aktuelle Forschung Medizintechnik

Herausgeber:
Prof. Dr. Thorsten M. Buzug
Institut für Medizintechnik, Universität zu Lübeck

Editorial Board:
Prof. Dr. Olaf Dössel, Karlsruhe Institute for Technology; Prof. Dr. Heinz Handels, Universität zu Lübeck; Prof. Dr.-Ing. Joachim Hornegger, Universität Erlangen-Nürnberg; Prof. Dr. Marc Kachelrieß, German Cancer Research Center (DKFZ), Heidelberg; Prof. Dr. Edmund Koch, TU Dresden; Prof. Dr.-Ing. Tim C. Lüth, TU München; Prof. Dr. Dietrich Paulus, Universität Koblenz-Landau; Prof. Dr. Bernhard Preim, Universität Magdeburg; Prof. Dr.-Ing. Georg Schmitz, Universität Bochum.

Themen
Werke aus folgenden Themengebieten werden gerne in die Reihe aufgenommen: Biomedizinische Mikro- und Nanosysteme, Elektromedizin, biomedizinische Mess- und Sensortechnik, Monitoring, Lasertechnik, Robotik, minimalinvasive Chirurgie, integrierte OP-Systeme, bildgebende Verfahren, digitale Bildverarbeitung und Visualisierung, Kommunikations- und Informationssysteme, Telemedizin, eHealth und wissensbasierte Systeme, Biosignalverarbeitung, Modellierung und Simulation, Biomechanik, aktive und passive Implantate, Tissue Engineering, Neuroprothetik, Dosimetrie, Strahlenschutz, Strahlentherapie.

Autorinnen und Autoren
Autoren der Reihe sind in der Regel junge Promovierte und Habilitierte, die exzellente Abschlussarbeiten verfasst haben.

Leserschaft
Die Reihe wendet sich einerseits an Studierende, Promovenden und Habilitanden aus den Bereichen Medizintechnik, Medizinische Ingenieurwissenschaft, Medizinische Physik, Medizinische Informatik oder ähnlicher Richtungen. Andererseits stellt die Reihe aktuelle Arbeiten aus einem sich schnell entwickelnden Feld dar, so dass auch Wissenschaftlerinnen und Wissenschaftler sowie Entwicklerinnen und Entwickler an Universitäten, in außeruniversitären Forschungseinrichtungen und der Industrie von den ausgewählten Arbeiten in innovativen Gebieten der Medizintechnik profitieren werden.

Begutachtungsprozess
Die Qualitätssicherung erfolgt in drei Schritten. Zunächst werden nur Arbeiten angenommen die mindestens magna cum laude bewertet sind. Im zweiten Schritt wird ein Mitglied des Editorial Boards die Annahme oder Ablehnung des Werkes empfehlen. Im letzten Schritt wird der Reihenherausgeber über die Annahme oder Ablehnung entscheiden sowie Änderungen in der Druckfassung empfehlen. Die Koordination übernimmt der Reihenherausgeber.

Kontakt
Prof. Dr. Thorsten M. Buzug
Institut für Medizintechnik
Universität zu Lübeck
Ratzeburger Allee 160
23538 Lübeck, Germany

Tel.: +49 (0) 451 / 500-5400
Fax: +49 (0) 451 / 500-5403
E-Mail: buzug@imt.uni-luebeck.de
Web: http://www.imt.uni-luebeck.de

Stand: Januar 2014. Änderungen vorbehalten.
Erhältlich im Buchhandel oder beim Verlag.

Abraham-Lincoln-Straße 46
D-65189 Wiesbaden
Tel. +49 (0)6221. 345 - 4301
www.springer-vieweg.de

The manufacturer's authorised representative in the EU is Springer Nature Customer Service Centre GmbH, Europaplatz 3, 69115 Heidelberg, Germany. If you have any concerns regarding our products, please contact ProductSafety@springernature.com

Printed and bound by CPI Group (UK) Ltd, Croydon, CR0 4YY

25/03/2026

02078217-0001